完全版 MG
マーティン・ガードナー
数学ゲーム全集
❷
|監訳|岩沢宏和|上原隆平|

ガードナーの
数学娯楽

ソーマキューブ／エレウシス／正方形の正方分割

MG
The New Martin Gardner Mathematical Library

日本評論社

ORIGAMI, ELEUSIS, AND THE SOMA CUBE:
Martin Gardner's Mathematical Diversions
by Martin Gardner

Copyright © Mathematical Association of America 2008

All rights Reserved. Authorized translation from the
English language edition published by Rights, Inc.

Japanese translation published by arrangement with The
Mathematical Association of America through The
English Agency (Japan) Ltd.

本書の成り立ちについて
(訳者まえがきに代えて)

本書は，マーティン・ガードナーの古典的名著の最終改訂版シリーズを本邦ではじめて翻訳した『完全版 マーティン・ガードナー 数学ゲーム全集』の第2巻です．シリーズ全巻とも岩沢と上原が協力して翻訳を行っており，本巻は，上原が訳文を作成し，岩沢は全編に目を通して翻訳・編集作業に協力しました．

まずは，この全集の成り立ちから紹介しましょう．

本全集は，Cambridge University Press 社発行の The New Martin Gardner Mathematical Library という全15巻シリーズの全訳です．原シリーズでは，著者マーティン・ガードナーを次のように紹介しています．

> マーティン・ガードナー (1914–2010) は25年間にわたり「数学ゲーム」というコラムを月刊の科学雑誌『サイエンティフィック・アメリカン』に書いていた．このコラムは何十万人もの読者を，数学という大世界の奥深くに誘ってきた．ガードナーの多大な貢献は，マジック，哲学，疑似科学批判，児童文学といった分野にも及んだ．その著書は60冊を超え，いくつものベストセラーがあり，たいていの著書はいまも書店に並んでいる．1983年から2002年の間には『スケプティカル・インクワイラー』という隔月誌に，定期的な寄稿もしていた．ルイス・キャロルの『アリス』2冊にガードナーが注釈を付けた本は，これまでに100万部以上売れている．

このガードナーの影響力については，アメリカの高名な数学者ロナルド・グレアムが端的に次のように表現しています．

> マーティンは，何千人もの子供たちを数学者にし，何千人もの数学者たちを子供にした

つまり，ガードナーの魅力あふれる著作は，本物の数学者になってしまうほど若者たちを魅了し，本物の数学者たちが熱狂するほど中身が濃かったのです．

そのガードナーによる名コラム「数学ゲーム」こそが，原シリーズのもととなっています．サイエンティフィック・アメリカン誌の編集者デニス・フラナガンによれば，そのコラムは，同雑誌の成功に多大な貢献をしました．ガードナーと読者との間には盛んな手紙のやりとりがあり，その結果，コラムやそれをもとにした本の内容はますます魅力的なものとなりました．それらのコラムが原シリーズに改めて収められる際にも，ガードナー自身の手によって，新たな文章が加えられ，説明図の追加や改良，文献情報の大幅な拡充がなされており，内容はいっそう充実したものとなっています．

本全集は，こうしてできた原シリーズの邦訳です．日本では，「数学ゲーム」すべてを集めたシリーズはこれまで出版されておらず，そもそも未訳の部分もありました．今回の全集で，ようやく全貌を見渡すことができるようになります．また，原シリーズが2008年から順次刊行されはじめたのち，ガードナー本人が2010年に亡くなったため，「数学ゲーム」コラムを一堂に収めたシリーズとしては，同シリーズが正真正銘の最終改訂版ということになりました．その全訳である本全集のことを「"完全版"マーティン・ガードナー数学ゲーム全集」と称するゆえんです．

本書は，原シリーズ第2巻の全訳です．原著の詳細な書誌情報については，巻末の「第2巻書誌情報」（291ページ）をご覧ください．そこにもあるとおり，（i）もとのコラムは1958年4月から1960年1月の間に発表され，（ii）それらをまとめた初版本が1961年に発行され，（iii）改訂版が1987年に発行され，そして（iv）本書

の原書である最終改訂版は 2008 年に発行されました．このように何度も改訂を重ねたため，原書の各部分の書かれた時期は異なります．

原書の本文は，いくらかの改変のあとも見られるものの，基本的にはもとのコラムのままです．「初版序文」および各章の「追記」は初版本に付されたものです．各章の「付記」は最終改訂版において追加されたものであり，各章の「文献情報」は最終改訂版において大幅に拡充されています．

本書では，これらをそのまま訳出しています．そのため，本文の情報が古い場合にも，追記，付記のいずれかで情報が補充されたり更新されたりしている場合がしばしばありますので，ご注意ください．

翻訳にあたっては，現代の日本の読者にとって読みやすいように，細かい点については，いちいち断らずに原文を改変している場合があります．一例は，原書本文に書誌情報が埋め込まれている場合，英語交じりの日本語文となるのをできるだけ避けるため，書誌情報を脚注に入れていることです．図版もすべて作り直しました．訳注は，できるだけ煩わしくならないように厳選して付けました．また，訳者の判断で，各章の文献情報の末尾にいくつかの日本語文献を追加している場合があります．日本語文献の追加にあたっては，高島直昭さんにご協力いただきました．御礼申し上げます．その他のもろもろの点で，本書が読みやすく仕上がっているとすれば，日本評論社の飯野玲さんの力によるものです．深く感謝いたします．

こうして，マーティン・ガードナーの古典的名著の「完全版」がいま，日本語で読めるようになりました．どうぞお楽しみください．

訳者

初版序文

1959年に前著[*1]が出てからこれまでの間，レクリエーション数学に対する人々の興味は高まり続けている．パズルの新しい本が多数発売され，古い本が再版され，レクリエーション数学に関する教材も店で売られている．またトポロジーの新しいゲーム（7章参照）が国中の若者たちの心を掴み，アイダホフォールズに住む化学者ジョセフ・マダチーが素晴らしい雑誌『レクリエーション数学』を発刊した．さらに，知の象徴とでもいうべきチェスのコマが，テレビのCMや雑誌の広告から，アル・ホロヴィッツによる，週刊誌『サタデー・レビュー』の活気あるチェス欄まで，あらゆるところで躍動した．人気テレビ西部劇「西部の男パラディン」の主役パラディンも，拳銃のホルスターや挨拶代わりのカードにチェスのナイトをあしらって意匠を凝らしている．

この喜ばしい活況は，アメリカに限った話ではない．エドゥアール・リュカによる，フランス語で書かれた古典的な4巻の本『レクリエーション数学』[*2]もフランスでペーパーバックで復刊された．グラスゴーの数学者トーマス・H・オバーンはイギリスの科学雑誌でパズルに関するすばらしいコラムを書いている．数学教師のボリス・コルデムスキーは，575ページにもわたるパズルの図鑑をまとめあげて，ロシア語とウクライナ語で出版している．もちろん，これはどれも世界的な数学ブームの一端にすぎない．原子力・宇宙・コンピュータという3つの新しい分野での昨今の膨大な需要を満たすため，優秀な数学者が数多く必要となったことを反映しているのであろう．

[*1] *Scientific American Book of Mathematical Puzzles & Diversions*. M. Gardner. Simon & Schuster, 1959.〔本全集第1巻〕
[*2] *Récréations Mathématiques*. E. Lucas. Gauthier Villars, 1882-1894. 復刻版: Blanchard, 1975-1977.

コンピュータが数学者に取って代わることはない．むしろ彼らを食わせてくれる．確かにコンピュータは，処理しにくい複雑な問題を 20 秒もかからずに解いてくれるかもしれない．しかし，その問題を解くプログラムを作るために，数学者グループが数か月かけなければならないこともありうる．しかも科学研究では，理論における重要なブレイクスルーを，数学者にますます頼るようになっている．例えば，相対性理論による革命は，実験家ではなかった 1 人の人間によって引き起こされたことを思い起こしてほしい．目下の話で言えば，原子物理学者たちは，30 といくつかの基礎的な素粒子のわけのわからない性質に，完全に振り回されている．J・ロバート・オッペンハイマーがいみじくも語るように，「奇妙な無次元数がごちゃごちゃとたくさん現れ，理解も推察もできず，すぐに意味のわかるところがまったくない」のだ．しかし，こうしている間にも，独創性豊かな数学者が，1 人座って紙片になぐり書きをしているとき，あるいはヒゲを剃っているとき，はたまたピクニックで家族と話しているときに，きらめく天啓を経験するのかもしれない．ひとたびそうなると，あまたある素粒子たちは，それ以外に選択の余地のない美しい分類規則にしたがって，しかるべき場所にすっきりと収まるのだろう．少なくとも，素粒子物理学者たちは，そんな物語を本気で望んでいる．もちろん，その謎解きの達人も，実験データをあてにはするだろう．しかしアインシュタインがそうであったように，その謎解きの達人は，おそらく根本においては数学者であろう．

　鍵のかかった扉を数学が開くのは，なにも物理学に限った話ではない．生物学，心理学，社会科学も，数学者の侵略を受けて浮き足だっている．なにせ数学者は，これまで見たことのない統計的手法を身に着けていて，うまい実験を考案し，データを解析し，これから起こりそうな結果を予測してしまうのだ．アメリカ大統領が経済アドバイザー 3 人に重要な案件について助言を求めると，見解の異なるレポートが 4 本提出されるというジョークは，もしかしたら今

でも通用するのかもしれない．しかし，経済におけるこうした意見の相違が，よくある不毛な議論を持ち出さずに，数学者によってきちんと片付けられるようになる日が来るかもしれないと想像するのは，もはや馬鹿げたことではない．アーサー・ケストラーが指摘したように，社会主義と資本主義の間で行われている激しい論争は，近代経済学の理論に基づいた冷静な目で見ると，2通りの卵の割り方をめぐる小人国リリパットでの戦争のごとく幼稚で不毛である．（私は経済学における論争のことを言っている．民主主義と全体主義の衝突は，数学とは無関係だ．）

重たい話はこれくらいにしておこう．本書は気軽に楽しむためのものだ．本書に真剣な目的がいくらかでもあるとすれば，それは数学にもっと興味をもってもらうことである．そうやって好奇心を刺激するのは望ましいことだ．学者たちのやろうとしていることを，専門外の人が理解する手助けとなるからだ．それに，学者たちがやろうとしていることは山のようにある．

最後に，サイエンティフィック・アメリカン誌の出版社・編集者・スタッフにあらためてお礼をいいたい．本書の各章は最初に同誌に掲載されたものだ．私をいろいろと手伝ってくれた妻と，間違いを訂正し，新しい話題を提供し続けてくれた何百人もの親切な読者にも礼を述べたい．また，原稿整理を手助けしてくれたサイモン・アンド・シュスター社のニナ・ボーンにも感謝する．

マーティン・ガードナー

完全版
マーティン・ガードナー
数学ゲーム全集
②

ガードナーの数学娯楽

目　次

CONTENTS

本書の成り立ちについて……………………i
初版序文……………iv

1 5つのプラトン立体 …………… 1

2 テトラフレクサゴン …………… 13

3 ヘンリー・アーネスト・デュードニー …………… 24
——イギリス最大のパズリスト

4 数字根 …………… 40

5 パズル9題 …………… 49

6 ソーマキューブ …………… 64

7 レクリエーション・トポロジー …………… 83

8 黄金比 φ …………… 96

9 猿とココナツ …………… 115

10 迷路 …………… 124

11 レクリエーション・ロジック …………… 134

12 魔方陣 ... 149

13 ジェイムズ・ヒュー・ライリー興業 ... 164

14 パズルもう9題 ... 176

15 エレウシス──帰納法ゲーム ... 193

16 折り紙 ... 204

17 正方形の正方分割 ... 221

18 メカニカルパズル ... 246

19 確率と曖昧性 ... 259

20 謎の人物マトリックス博士 ... 277

第2巻書誌情報 ... 291
事項索引 ... 294
文献名索引 ... 300
人名・社名索引 ... 301

1

5つのプラトン立体

　直線で囲まれた平面上の図形で，辺の長さがどれも等しく，内側の角もすべて等しいものを正多角形という．こうした図形はもちろん無限に存在する．正多角形を3次元に拡張したものを正多面体という．つまり正多面体とは，ある1種類の正多角形で囲まれた立体で，それぞれの頂点に集まっている面の個数がすべて同じで，内側の角も等しいものである．こうした立体も無限個あると思うかもしれないが，そうではない．ルイス・キャロルの言葉を借りれば「いらつくほど少し」しかない．正多面体は，たった5種類しかないのだ．具体的には，正4面体・正6面体（立方体）・正8面体・正12面体・正20面体である（図1）．

　正多面体5種類の系統だった研究をはじめて行ったのは，古代ピタゴラス学派だったらしい．彼らは，正4面体，立方体，正8面体，正20面体が，伝統的な四大元素である火・土・空気・水それぞれの構造の基礎になっていると信じていた．そして漠然とではあるが，正12面体が宇宙全体と同じものであると考えていた．以上のような捉え方がプラトンの『ティマイオス』に詳細に記されていたため，正多面体はプラトン立体という名前で知られるようになった．この5種類の形は，美しいだけでなく，魅力的な数学的性質をもち，プラトンの時代からルネッサンスにいたるまで，多くの学者を虜にして離さなかった．ユークリッドの『原論』という大著の最

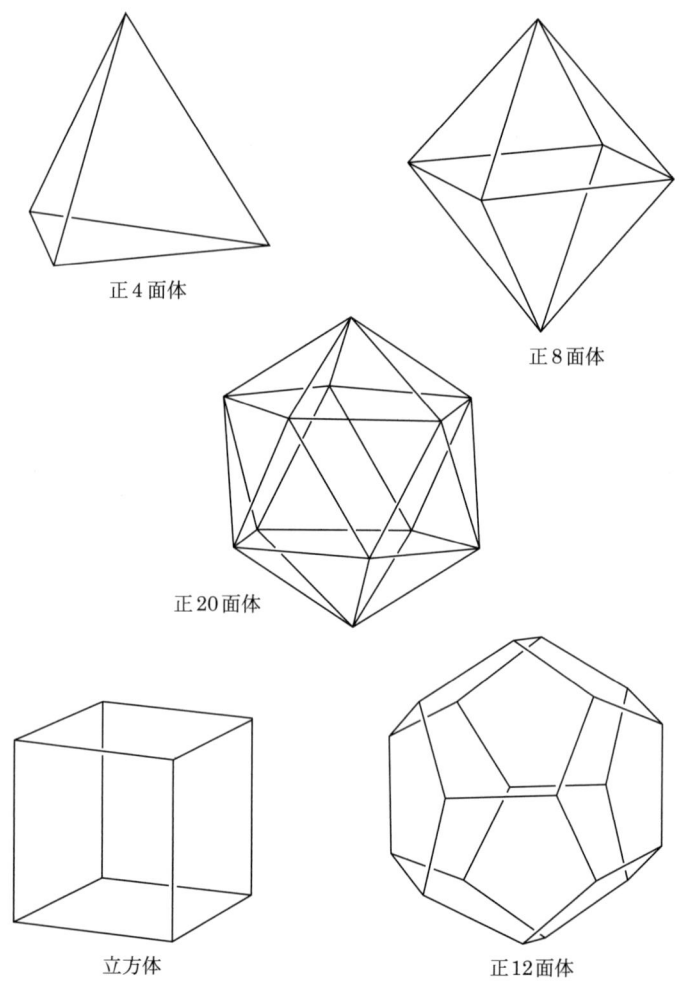

図 1 5種類のプラトン立体．立方体と正8面体は「双対」である．立体の各面の中心に頂点をおき，隣接する面の中心点どうしをすべて直線で結ぶ．こうして得られる立体が双対である．正12面体と正20面体も同様に双対関係にある．正4面体は自分自身の双対である．

1　5つのプラトン立体

高点とも言える最終巻は，プラトン立体の解析である．ヨハネス・ケプラーは，土星の軌道の内側に適切な順序で入れ子にした5種類の立体から，当時知られていた6つの惑星の軌道が得られると生涯信じていた．今日では，もうプラトン立体を神秘主義的にあがめる数学者はいない．しかし，その回転は群論との関連で研究されているし，レクリエーション数学の世界では依然として輝きを失わずに活躍を続けている．ここではちょっとした問題をいくつか取り上げてみよう．

　封筒を切って正4面体を作る方法は4通りある．おそらく最も単純と思われる方法をここで紹介しよう．まず封筒の一端の表裏に正3角形を描く（図2）．次に図中の破線に沿って封筒全体を切り離して，右側は捨てる．そして表と裏に描かれた3角形の辺に沿って紙に折り目をつける．点AとBが同じ場所に来るようにすれば，正4面体の完成だ．

　魅力的な，ちょっとしたパズルの作り方を図3に示した．プラスチック製のものも市販されているが，自作するには，厚紙に図のよ

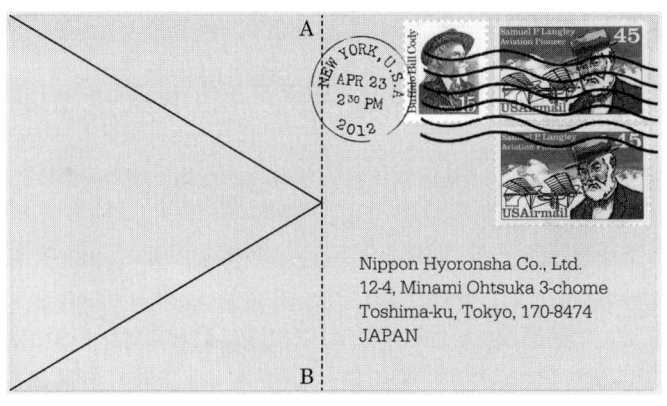

図2　封筒を切って正4面体を折る．

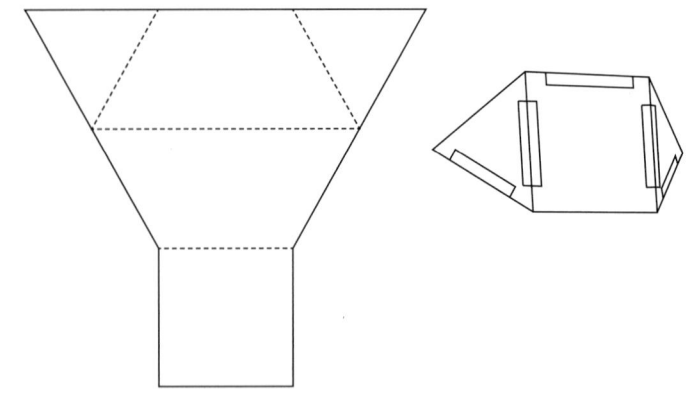

図3 左の型紙を折ると，右の立体ができあがる．これを2つ用意して，正4面体を作ろう．

うな型紙を2つ描いて切り抜く．（一番長い破線を除いて，どの線分もすべて同じ長さにすること．）型紙を線に沿って折って，辺をテープで留めれば，図に示した立体ができあがる．そうしたら，この立体を2つ合わせて正4面体を作ってみよう．私の知っているある数学者は，このパズルを2セット使って友達をからかうのが大好きだ．彼はまず，3つ目のピースを手の中にこっそり握りこんでおく．そして，テーブルの上に2ピースで組んだ正4面体を見せておいて，これを崩すと同時に，手の中に隠しておいた3つ目のピースを混ぜこんでしまう．もちろん，彼の友達が3つすべてのピースを使って正4面体を組み上げるなんてことは，できっこない．

立方体については，自分よりも小さい立方体に空けられた穴を通り抜けられるという驚きの事実を指摘し，続いて電気パズルを1つ紹介するにとどめておこう．まず立方体を手に取って，1つの頂点が自分の方を向くように構えてみよう．すると，輪郭を構成する辺が正6角形を形作っている様子がわかるだろう．この正6角形をじっくりと眺めていると，手の中の立方体の1つの面より少しだけ

大きい正方形の穴を空けるのに，十分な面積があることが見て取れる．電気パズルというのは，図4に示した回路に関する問題だ．立方体のそれぞれの辺が1オームの抵抗だったとすると，電流をAからBに流したとき，全体の抵抗はいくつになるだろうか．電気系の技術者はこの問題を解くために計算用紙を何枚も使うものだが，うまいひらめきがあれば簡単に解ける． 〔解答 p.10〕

プラトン立体は5種類とも，すべてサイコロとして使われてきた．立方体についで，正8面体がよく使われてきたようだ．図5のとおりに各面に番号付けした型紙を折って，辺のところを透明なテープで留めると，きっちりとした正8面体のサイコロができあがる．このサイコロの対面を足すと，普通の立方体のサイコロと同様，合計はいつでも同じ値7になる．さらに，この数字の並びを上手に使うと，ちょっとした読心術トリックを楽しむこともできる．誰か

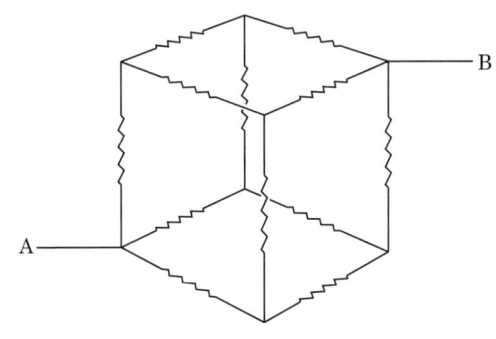

図4　電気回路パズル．

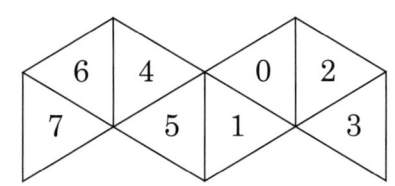

図5　正8面体サイコロを作るための型紙．

に0から7までの数を頭の中に思い浮かべてもらう．そして1, 3, 5, 7だけが見えるように正8面体サイコロを示して，選んだ数がその中にあるかどうかをその人に言ってもらう．もし答えがイエスなら，この答えは，重み1をもつと考えよう．サイコロを持ち替えて，今度は2, 3, 6, 7だけが見えるようにして同じ質問を繰り返す．今度の答えがイエスなら，この答えのもつ重みは2である．最後に4, 5, 6, 7が見えるようにして同じことをする．この答えがイエスなら重みは4である．3つの答えの重みを全部足せば，その合計が彼の選んだ数となる．このトリックは，2進数に馴染みのある人なら簡単に説明できる．サイコロを握る3通りの場所を簡単に見つけられるようにするためには，握りこむ3か所の頂点に，こっそりと何か印をつけておけばいいだろう．あなたが相手の方にサイコロを向けたとき，印をつけた頂点があなたの方を向くようにすればよい．

　正8面体のサイコロの面に番号をつけるには，他にもいくつか面白い方法がある．例えば，1から8までの数字をつけるとき，各頂点の周囲の4個の面の数字の合計を，すべて同じ定数にすることもできる．この定数は18でなければならないが，このように数字を割り当てる方法は（回転や鏡映によって一致するものを除いて）全部で3通りある．

〔解答 p. 10〕

　ヒューゴ・ステインハウスの本[*1]には，正12面体を作る洒落た方法が掲載されている．まず厚紙を切って，図6の左に描いた型紙を2枚作る．それぞれの正5角形の1辺の長さは2cm〜3cmくらいがいいだろう．中央の正5角形の周囲にカッターの先で軽く折り線をいれておいて，特定の一方向にだけ正5角形が簡単に折れるようにしておこう．2枚の型紙を図の右に描かれたように互い違いに配置して，それぞれの型紙が相手側に折れるように向かい合わせに

---

*1　*Mathematical Snapshots*. H. Steinhaus. Oxford Univ. Press, 1969.〔邦訳：『数学スナップショット（新装版）』H・ステインハウス著，遠山啓訳．紀伊國屋書店，1976年.〕

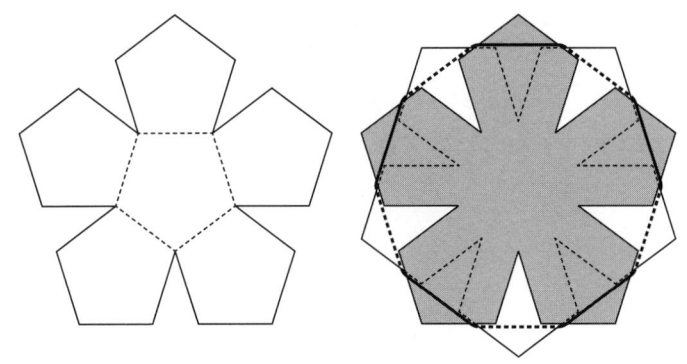

図6 2枚の合同な型紙を輪ゴムで留めると,跳び上がって正12面体になる.

しておく.型紙が平坦なままであるように押さえつつ,突き出た頂点を互い違いに押さえるように全体に大きく輪ゴムをひっかけよう.そして最後に手を離せば,正12面体が魔法のように跳び上がって出現する.

この立体の各面に色を塗って,辺の両側が同じ色にならないようにするには,最低で何色必要だろうか.答えは4色であり,4種類の異なる塗り方を見つけるのはそれほど難しくはないだろう.(ただし4種類のうち2種類は,残りの2種類の鏡像である.) 正4面体も塗り分けには4色必要であり,2種類の方法が存在し,一方は他方の鏡像である.立方体は3色,正8面体は2色がそれぞれ必要であり,色の配置はどちらも1種類しかない.正20面体は3色必要である.この場合は144通りもの異なる塗り分け方が存在し,そのうち鏡像と自分自身が一致する塗り分けは6通りしかない.

ハエが正20面体の30本の辺をすべて訪問するとしよう.すべての辺を最低1回は通るものとすると,歩く全長の最短距離はどのくらいになるだろうか? ハエはスタート地点に戻る必要はないが,それでも何本かの辺は2回以上通ることになる.(ちなみに辺を再訪する必要がないのは正8面体だけである.) この問題を解くには,図7

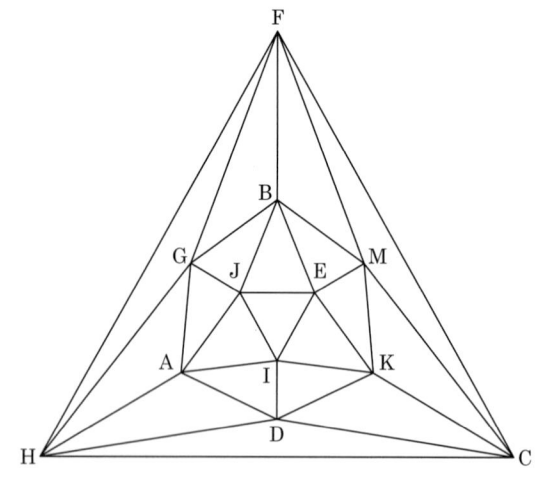

図7　正20面体の平面への射影図.

のような正20面体の平面射影図を使うとよいだろう．ただし，それぞれの辺の長さが1単位長であることを忘れてはいけない．（私は，図にラベルをふるとき，クリスマスにちなんだ簡単な英単語を隠したいという誘惑に勝てなかった．問題を解かなくてもメッセージは見つけられる．）

〔解答 p. 11〕

さて，不可能であることがとっくに証明されたあとでも，角の3等分に挑戦する人や円の正方化問題に偏執的な人が後を絶たないことを考えると，5個しかない正多面体に対して，これ以外の立体を見つけようと努力する人が見受けられないのはなぜだろうか．その理由の1つは，これ以外に存在しないことが，とても容易に見て取れるからだろう．以下に示す単純な証明は，ユークリッドにまで遡る．

多面体の各頂点では，少なくとも3個の面がぶつかっている．これが最も単純な多角形，つまり正3角形の場合を考えてみよう．頂点を形成できる3角形の数は，3か4か5である．5を越えてしまうと，角度の合計が360度以上になってしまって，頂点にはならな

い．したがって，正3角形の面を使って凸な正多面体を作る方法は3通りしかない．同様に考えると，頂点を構成できる正方形の数は3しかないので，正方形を使って作れる立体は1通りしかありえない．同じ理由で，各頂点に3個の正5角形が集まる場合も1通りしかない．3個の正6角形を1か所に集めると，角度が360度になってしまうため，正6角形以降はありえない．

この議論は，5種類の正多面体が実際に作れることを証明しているわけではない．しかし，5種類を越える可能性はないことを明確に示してくれている．より高度な議論を使うと，4次元空間では，専門用語でいうところの正多胞体が6種類あることがわかる．興味深いことに，4を越える次元では，どの次元でもたった3種類の正多胞体しかないことがわかっている．これらは正4面体，立方体，正8面体の高次元版である．

ここから読み取れる教訓がある．数学は，本当の意味で，自然界に存在しうる構造の種類に限界づけを行なうのである．例えば，別の銀河系のギャンブルでは，私たちが知らない形の正多面体のサイコロが使われているなどということはありえない．たとえ神様でも，3次元空間内で6番目のプラトン立体を構成することはできない，と主張する大胆な神学者もいるくらいだ．同様に，幾何学は，結晶の成長の種類に関して絶対に覆せない限界を課している．いつの日か物理学者が，基礎的な素粒子や基本的な規則の個数の，数学的な限界を発見することにさえなるのかもしれない．さらにいえば，「生き物」とよばれる構造の本質を数学が規定する日が来るかもしれない．もちろん，そもそもそんなことがどのように可能なのかすら，誰にもわからない．けれども，例えば炭素化合物がもつある種の性質が生命に不可欠だということはありえる．いずれにせよ，別の惑星で生命を見つけたら衝撃を受けるだろうと覚悟している人類に対し，プラトン立体は，火星や金星で見つかるものは哲学的思考によって思い描くよりも少ないのかもしれない，と古来から教えてくれている．

解答
● 立方体ネットワーク全体の抵抗は 5/6 オームである．まず，A に近い 3 個の頂点を互いに全部導線でつないでショートさせて，B に近い 3 個の頂点も互いにショートさせたと考える．するとこのとき，この 2 つの 3 角形の上は電流が流れない．ショートさせた頂点どうしはもともとすべて等電位だからだ．したがって，まず A と，A に近い方の 3 角形との間に 3 本の 1 オームの抵抗が並列に接続されていて（この部分の抵抗は 1/3 オーム），2 つの 3 角形の間には 6 本が並列に接続されていて（同じく 1/6 オーム），2 つ目の 3 角形と B の間も 3 本が並列に接続されている（1/3 オーム）と考えることができる．これで全体の抵抗が 5/6 オームになることが簡単にわかるだろう．

1960 年，C・W・トリッグは，この立方体ネットワーク問題を雑誌の中で取り上げている[*2]．その中で彼は，E・E・ブルックスと A・W・ポイザーが 1920 年発行の本[*3] の中で，この問題の解答を与えていることを指摘している．この問題と解法は，他の 4 種類のプラトン立体の形をしたネットワークにも容易に拡張できる．

● 正 8 面体の各面に数を割り当てて，各頂点の周囲の数の和が 18 になるようにする 3 通りの方法のうちの 1 つを示そう．ある頂点の周囲に時計回り（あるいは半時計回り）に 6, 7, 2, 3 と割り当てて，反対側の頂点の周囲に 1, 4, 5, 8 と割り当てればよい．このとき，6 は 1 の隣，7 は 4 の隣，以下同様である．この他の 2 通りの方法は，1, 7, 2, 8 と 4, 6, 3, 5 と割り当てるものと，4, 7, 2, 5 と 6, 1, 8, 3 と割り当てるものである．5 種類の立体のうち，各頂点の周囲の和が一定数になるように数を割り当てられるのは正 8 面体だけである．この事実に対する単純な証明は，W・W・ラウス・ボールの本の 7 章に示されている[*4]．

[*2] *Mathematics Magazine* (November-December 1960).
[*3] *Magnetism and Electricity*. E. E. Brooks and A. W. Poyser. Longmans, 1920.
[*4] *Mathematical Recreations and Essays*, 13th ed. W. W. Rouse Ball and H. S. M. Coxeter. Dover Publications, 1987.

●ハエが，正20面体のすべての辺を訪れるように歩くときの最短距離は，35単位である．立体から5本の辺（例えばFM, BE, JA, ID, HC）をうまく削除すると，奇数本の辺が接続している頂点を2つ（GとK）だけもつネットワークがあとに残る．このときハエは，同じ辺を通らないようにGからKまで歩くことができて，移動距離は25単位である．これは，同じ辺を複数回通らないようにして歩ける最長の距離でもある．この経路に，削った辺を1つずつ足していく．ハエがこの辺にたどり着いたときは，この辺を単に往復する．消された辺が5本あり，それぞれ2回ずつ通るので，経路に10単位が追加されて合計35単位になる．

〔訳者補足：図7に隠された英単語とは，Noelである．図中にはLがないのでno-L, つまりNoelという次第．〕

付記
(2008)

2005年5月10日のニューヨーク・タイムズ紙にマーガレット・ヴェルトハイムが「宇宙のカタチ[*5]にぴったりはまる究極パズル」という記事を書いている．その記事の中で彼女は，ネバダ州ジェノア在住の元物理学者ウェイン・ダニエル博士の考案したすばらしいパズルを紹介している．それはオール・ファイブというパズルで，41個の木のパーツからなり，ロシアのマトリョーシカ人形のように5つのプラトン立体が順に入れ子になった形を作ることができる．一番外側が正20面体で，順に正12面体，立方体，正4面体と続き，中央に小さな正8面体が収まっている．そして，これらのパーツどうしには，すき間がまったくない！　ダニエル博士は，5種類の正多面体に基づくパズルを他にも考案してきたが，このパズルが最高傑作である．彼は，パーツがバラバラになったり組み上がったりするさまを映像化したDVDも製作した．本人のウェブサイト[*6]で見ることができる．

[*5] 〔訳注〕「宇宙のカタチ」の原語 "Cosmic Figures" はプラトン立体の別名．
[*6] 〔訳注〕http://www.waynedaniel.net/images/All5_Home.htm

本全集の別の巻でも，5種類の立体と絡んだ問題や面白い話題が数多く言及されることになる．特に第10巻には，細長い帯状の紙を編んで多面体を作るジーン・ペダーセンの手法をとりあげている章もある．そこにあげる参考文献は必見である．また第5巻では，1つの章まるごと全部，正4面体の話題である．

もしオール・ファイブをプラトンやケプラーにあげることができたら，どんなにか驚いたり喜んだりしてくれたことだろう．

文献

"Folding an Envelope into Tetrahedra." C. W. Trigg in *The American Mathematical Monthly* 56: 6 (June-July 1949): 410-412.

Mathematical Models. H. Martyn Cundy and A. P. Rollett. Clarendon Press, 1952.

"Geometry of Paper Folding II: Tetrahedral Models." C. W. Trigg in *School Science and Mathematics* (December 1954): 683-689.

"The Perfect Solids." Arthur Koestler in *The Watershed*（ヨハネス・ケプラーの伝記），Chapter 2. Doubleday Anchor Books, 1960. プラトン立体を用いて惑星の軌道を説明しようというケプラーの試みに関するすばらしい議論がなされている．

●日本語文献

『正多面体を解く』一松信著．東海大学出版局，2002年．

『高次元図形サイエンス』宮崎興二・山口哲・石井源久著．京都大学学術出版会，2005年．

2

テトラフレクサゴン

　ヘキサフレクサゴンは，6角形の形をした面白い紙の構造で，「折り返す」ことで異なる面を順繰りに見せてくれる．本全集第1巻で説明したとおり，これは細長い紙を巧みに折って作ることができる．このヘキサフレクサゴンの親戚とでもよぶべき，4角形の構造がある．多くの変種をもつが，大まかにまとめて「テトラフレクサゴン」とよぶことができるだろう．

　ヘキサフレクサゴンは1939年にアーサー・H・ストーンが考案した．当時彼はプリンストン大学の大学院生であったが，今はイギリスのマンチェスター大学の数学講師である．ヘキサフレクサゴンの性質は，研究しつくされた感がある．実際，ヘキサフレクサゴンに関する数学的に完全な定理が構築されている．一方，テトラフレクサゴンについてわかっていることは，ずっと少ない．ストーンと彼の友人たち（特に，今では著名なトポロジストであるジョン・W・テューキー）は，多くの時間を費やして，こうした4角形の構造を次々と折っては解析したが，幅広い変種をすべてカバーできるような総括的な理論を構築することはできなかった．とはいえ，こうしたテトラフレクサゴンのいくつかの変種は，数学レクリエーションの観点からみると，強烈に面白い．

　まず，最も単純なテトラフレクサゴンを考えよう．3つの面をもつ構造なので，トリテトラフレクサゴンとよぶことができる．こ

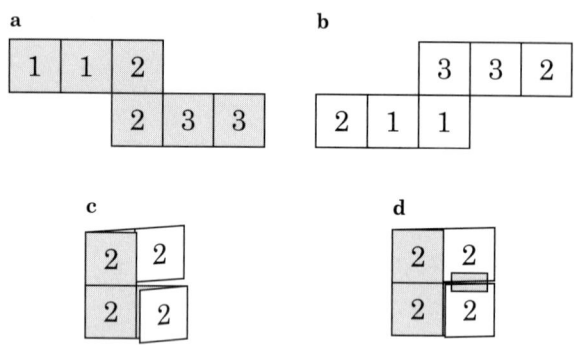

図 8　トリテトラフレクサゴンの作り方.

れは図 8 に示した細長い紙から簡単に折ることができる（図 8a が紙の表で，図 8b が裏である）．紙の各面の小さい正方形に，図に示したとおり数字を書いておく．そして紙の両端を内側に折り込んで（図 8c），両端を透明なテープでつなぐ（図 8d）．正しく完成すると，面 2 が表にきて，面 1 が裏にいく．早速，面 2 の中心の垂直線に沿って全体を後ろにきっちりと折って，構造を変えてみよう．面 1 がフレクサゴンの内側に入り込んで，面 3 がパタリと現れるはずだ．

この面白い構造の第一発見者は，実はストーンや彼の友達ではない．この構造は何世紀も前から，自在蝶番（ちょうつがい）としてずっと使われてきたものだ．例えば私の机の上には，写真の入った小さな 2 つ折りのフォトフレームがある．2 つのフレームは，2 つのトリテトラフレクサゴンでつながれていて，そのおかげで前にも後にも同じくらい簡単に折り曲げることができるのだ．

これと同じ構造は，子供のおもちゃの中でも使われている．よく知られているのは，平たい木の板やプラスチックのブロックを，テープで互い違いに留めたおもちゃだ．このおもちゃを正しく操作すると，ひとつながりにぶら下がったブロックに沿って，1 つのブロックが上から下まで転げ落ちるように見える．実際には，これはトリテトラフレクサゴンの一連の蝶番の動きによる錯覚にすぎな

い．このおもちゃは，アメリカでは 1890 年代にヤコブのハシゴという名前で流行した[*1]．（このおもちゃについては，アルバート・A・ホプキンスが書いたマジックの本[*2]に詳しく述べられている．）現在はクリック・クラック・ブロックスやフリップ・フロップ・ブロックスという商品名で売られている．

4 面あるテトラフレクサゴンは，少なくとも 6 タイプ存在することが知られていて，テトラテトラフレクサゴンとよばれている．そのうちの 1 つを作るには，12 個の正方形に区切った長方形の厚紙からはじめると具合がよい．この両面に図 9a, b のように数字を書き込んで，破線に沿って長方形を切る．図 9a から始めて，中央の 2

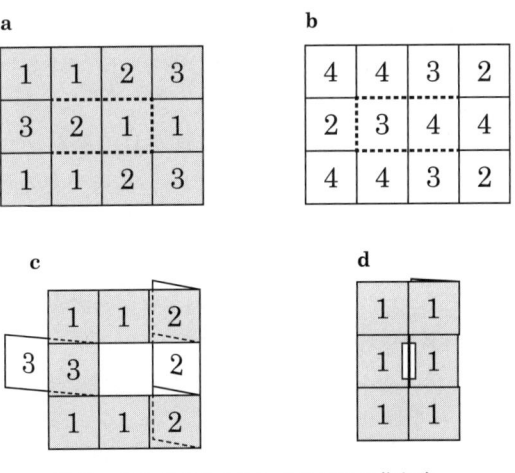

図 9　テトラテトラフレクサゴンの作り方．

[*1]〔訳注〕日本でも古くからあるおもちゃ．「パタパタ」「カタカタ」「変わり屏風」「隠れ屏風」「板返し」などとよばれている．なおヤコブのハシゴとは，天使が現世から天国へと登るハシゴのこと．欧米では，雲のすき間からこぼれる日光の筋のこともヤコブのハシゴという．
[*2] *Magic: Stage Illusions and Scientific Diversions*.　Albert A. Hopkins. Sampson Low, Marston and Company, 1897. 復刻版：Nabu Press, 2010.

つの正方形を後ろの左に折り込む．次に最も右の1列を後ろに折る．厚紙は図 9c の状態になる．ここで右の1列をもう1回後ろに折る．そして左に1つだけ飛び出した正方形を手前に折って右に倒す．これで6個の正方形「1」が，すべて前面に顔を出す．図 9d のように，中央の2つの正方形の間の辺を透明なテープでつなげば完成だ．

　これを操作して，面1，面2，面3を表に出すのは簡単にできるだろう．しかし面4を見つけるのは少し苦労するかもしれない．もちろん紙を破ってはいけない．長方形の型紙からスタートして同じように作れば，このタイプでもっと面の数が多いテトラフレクサゴンを作ることもできる．ただし面の数は偶数に限られる．面の数が奇数の場合は，トリテトラフレクサゴンのときと同じような型紙を使わないとできない．また，こうしたテトラフレクサゴンを作るとき，実際には小さい正方形が縦に2つずつ並んでいれば事足りるが，余計な正方形を追加しておいた方が（そうしても本質的な構造は変わらない），実物の操作はしやすくなる．

　図9のテトラテトラフレクサゴンで4番目の面を見つけることは，ほどよく難しくて楽しいパズルなので，広告業者の販促用品に何度も使われてきた．これまで私は数多くを見てきたが，古いものは1930年代のものだった．また，隠れた面に1セント硬貨が貼り付けられているものもあった．「幸運の1セント硬貨」を見つけることが，このパズルの目標というわけだ．1946年，オクラホマ州のタルサにあるモンタンドン・マジック社のロジャー・モンタンドンは，「レディーを探せ」という名前のテトラテトラフレクサゴンで著作権をとった．このパズルは，若い女性の写真を見つけるパズルだ．マジックショップやアイデア商品店では，古くから知られている子供向けのトリックを「マジック財布」といった名前で販売している．これはトリテトラフレクサゴンの構造を持つ布製の財布で，1ドル札などの平べったい物を消してしまうという，簡単なトリックを演出してくれる．

2 テトラフレクサゴン 17

　テトラフレクサゴンの別の変種には，互いに垂直な2つの軸のどちらに対してもパタパタできるという特別な性質をもつものもあり，これには4つ以上の面を持たせることができる．このタイプのヘキサテトラフレクサゴンの作り方を図10に示した．最初は，図10a（表）と図10b（裏）に示したとおり，全体が正方形状になった細長い紙から始める．小さな正方形の数字の配置は図に示したとおりだ．図10aの輪郭を除くすべての線に沿って，事前に折り目をつけておく．すべて谷折りである．いったん紙を平らに戻したら，矢印をつけた4本の線のところで折る．このとき，先ほどの谷折りの向きにしたがって折ること．紙は図10cのようになるはずだ．次に，矢印のついた3本の線に沿って折れば，正方形のフレクサゴンになる．すべての「2」の正方形が一番上にくるように両端の重なり順を入

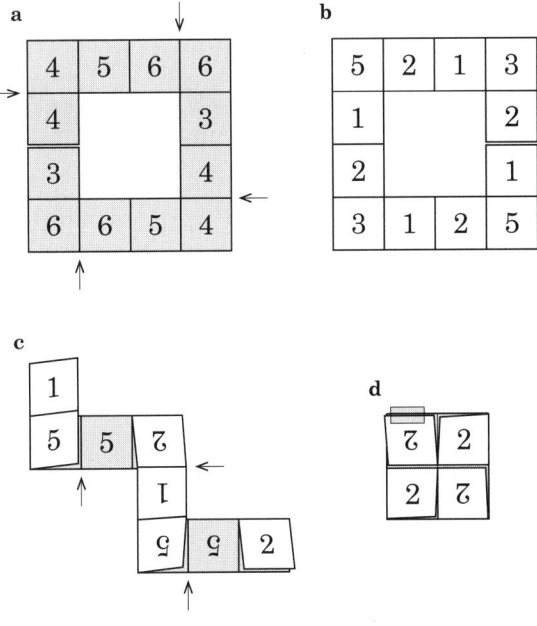

図10　ヘキサテトラフレクサゴンの作り方．

れ換える（図10d）．左上の正方形の上の辺に透明なテープを貼って，裏に折り曲げて，裏面の「1」の正方形の上の辺に留めれば完成だ．

このヘキサテトラフレクサゴンで6種類の面をすべて出すためには，水平軸方向にも垂直軸方向にもパタパタしなくてはならない．より大きな正方形状の紙の帯を使うと，フレクサゴンの面の数を4ずつ増やしていくことができる．つまり10, 14, 18, 22といった具合である．テトラフレクサゴンで，面の数をこれと違うものにするには，別の形状をした紙の帯を使う必要がある．

ストーンがフレクサゴンの直角3角形版をいろいろと試しているときのことだった（彼は手紙の中で「まだ名前をつけていなかったのが，おそらく幸いしたのだが」と書いている）．彼は偶然，極めつきの面白さをもつパズルを見つけ出した．テトラフレクサチューブだ．彼自身は，そもそも平らで全体の形が正方形のフレクサゴンを作ったつもりだった．ところが驚いたことに，これが筒型に開くではないか．このチューブをいじり回したところ，直角3角形の境界に沿ってやこしい方法でパタパタするだけで，チューブを完全に裏返せることに気付いたのだ．

フレクサチューブは4個の正方形が並んだ帯から作ることができる（図11）．それぞれの正方形は，さらに4個の直角3角形に区切られている．すべての線に沿って前後に十分折り癖をつけておいてから，両端をテープで留めて立方体型のチューブを作ろう．これは，与えられた折り線だけを使って，チューブを裏返すパズルだ．もう少し丈夫な物を作りたいなら，厚紙や薄い金属で作った16枚の3角形を布テープで繋げばいいだろう．3角形どうしの間に，折り曲げられるだけのすき間を開けておくことを忘れないように．3角形の片面だけに色をつけておくと，チューブを裏返す作業がどのくらい進んでいるか，いつでも確認できて便利である．

この魅力的なパズルの解法の1つを図11bから図11kに示した．まず2つの角Aを近づけるように押して，図11cに描いたように

2 テトラフレクサゴン 19

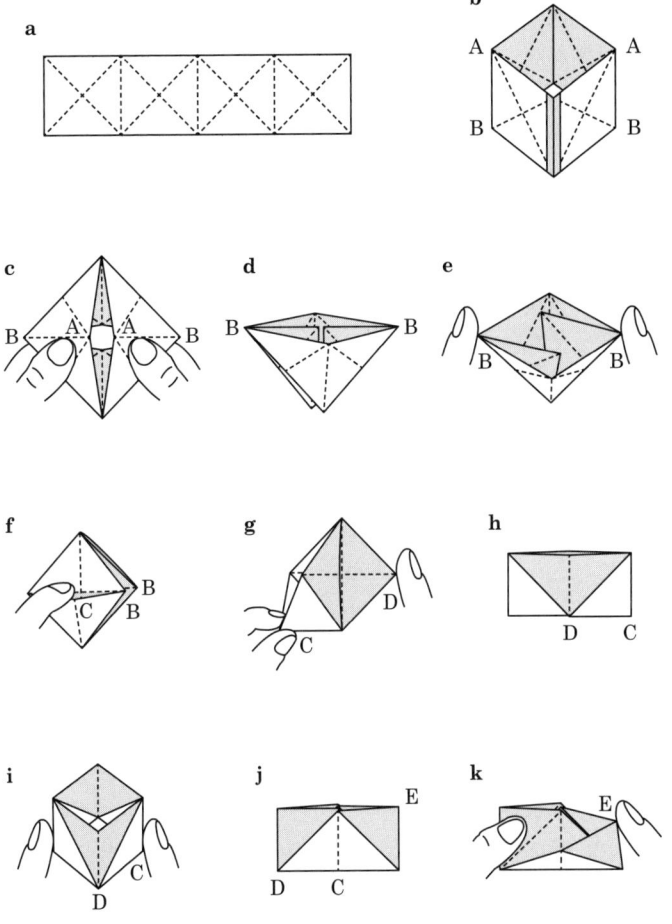

図 11　フレクサチューブの作り方と裏返し方.

立方体を正方形のフレクサゴンになるまでつぶしてしまう．そうしたらこれを軸 BB に沿って折り，図 11d のような 3 角形にする．今度は 2 つの角 B を押し潰して平らな正方形にする．ただしこのとき，中にある 2 つの飛び出た 3 角形どうしが図 11e のように互いに反対側を向くようにする．図 11f のように正方形を開こう．角 C を下に引き出して左にたたみ，図 11g に示したような平らな形状にする．そして角 D を他の部分の後ろに回り込むように左に開きながらたたむと，図 11h に示した平らな長方形になる．この長方形をチューブ状の立方体になるように開くと，もとの半分の高さのチューブができあがる（図 11i）．

さて，これで中間地点にたどりついた．もとのチューブは，ちょうど半分だけ裏返っている．図 11h の状態とは反対側にチューブをつぶして，再び平坦な長方形に戻そう（図 11j）．そして図 11k に示したところから始めて，これまでの操作を逆回しに再現して「解いて」みよう．これでフレクサチューブが裏返る．フレクサチューブを裏返すには，これとはまったく違う方法が，少なくとも 2 通り知られている．どちらも，いま紹介した方法と同様，かなり入り組んでいるし，見つけるのも難しい．

最近ストーンは，どんなに細長い筒型でも，直線に沿って有限回折れば裏返せることを証明した．しかしこの一般的な方法は，ここで紹介するには複雑すぎる．ここで疑問が生じる．紙袋（つまり四角い筒状で，一方の底が箱状に閉じた形状）は有限回折るだけで裏返せるだろうか？ この問題は未解決である．見たところ，これは紙袋の寸法の比率にかかわらず無理そうである．ただし，それに対する申し分のない証明を見つけるのは，相当難しそうであるが[*3]．

[*3] 〔訳注〕この問題は「未解決」というものではなく，個々の「折り」が行われる際に紙袋の底の 1 つの角の周辺の動きがどうなるかに着目すれば，球面上の等周不等式などを用いて，不可能性を証明することができる．折り紙数理分野の専門家であるロバート・コネリー（Robert Connelly）氏によると，不可能性の証明はそれで十分であり，また，専門家からするとこれは自明な話なので，特に論文等で発表されているものはないようだ．なお，コラムが書かれた当時，折り紙数理分野は存在していなかった．

付記
(2008)

ヘキサフレクサゴンと同様，テトラフレクサゴンも興味深い構造をもっている．この構造は，ヒンジ理論とでもいうべき，数学の中でも範囲のはっきりしない一分野に属している．この仕掛けを使うと，両側にヒンジ（蝶番のようなはたらきをする構造）があって右にも左にも開くドアを作ることができる．マジックショップでは，ヒンバー財布というものが今日売られている．この名前は，オーケストラの指揮者であり，これを考案したアマチュアマジシャンでもあるリチャード（ディック）・ヒンバーにちなんだものである．これは，テトラフレクサゴンのヒンジでつながれた2つのパーツからなり，2通りの違った開け方ができ，カードを出したり消したりすることができる．1998年にハリー・ロレインが出したヒンバー財布に関する本[*4]では，1冊まるごとかけて，この財布を使うさまざまなトリックを紹介している．

ちょっと信じがたいことであるが，この財布と同じ構造をもつ不思議なおもちゃが，少なくとも1520年にはすでに知られていた！ 1520年にベルナルディーノ・ルイーニが描いたと推測されている美しい油絵の中で，テトラフレクサゴンを構成する，リボンで互い違いにつながれた2つのブロックを子供が持っているのだ．

この天使のような幼子は，2つの方向に開くブロックを，一方から他方にまさに変形させようとしている．これは，マジシャンの間で「カップとボール」とよばれている古典的マジックをストリートパフォーマーが演じている様子が描かれた絵画を別とすれば，マジックのトリックを描いた絵画として知られている絵画の中では最も初期のものである．

図12のルイーニの絵画は，奇術に関する世界中の歴史を扱う質の高い専門誌[*5]からの転載である．その雑誌はこの絵画の写真を，イギリスのマジックに関する雑誌[*6]からとったのだ

[*4] *The Himber Wallet Book*. Harry Lorayne. L & L Pub, 1998.
[*5] *Gibecière* 1: 1 (Winter 2005).
[*6] *The Magic Circular* (January 1968).

図 12　ルイーニの絵画.

が，元の雑誌ではレオナルド・ダ・ビンチの作品と誤って記されている．

　ルイーニの絵画を説明している 2005 年のフォルカー・フーバーの記事は，ヤコブのハシゴをはじめとする多くの変種をあげながら，このおもちゃの歴史を丹念に追いかけて解説している．1993 年の拙著[*7]には，361 ページから 3 ページにわたってテトラフレクサゴン「レディーを探せ」の写真を掲載したが，この本はマジック・グッズの店にしか置かれていない．

[*7] *Martin Gardner Presents.* M. Gardner. R. Kaufman and A. Greenberg, 1993.

文献

"A Trick Book." "Willane" in *Willane's Wizardry*, pp. 42-43. 私家版（ロンドンにて），1947. 本書の図 9 に描かれたテトラテトラフレクサゴンの作り方が示されている．

"A Deformation Puzzle." John Leech in *The Mathematical Gazette* 39: 330 (December 1955): 307. フレクサチューブパズルについて初めて言及した出版物．解答は与えられていない．

"Flexa Tube Puzzle." Martin Gardner in *Ibidem* 7（カナダのマジック雑誌）(September 1956): 13. フレクサチューブのサンプルがついている．T. S. ランソンによる解答が同誌の 9 (March 1957): 12 に掲載されている．ランソンの解答は本書で与えたものと同じである．

Mathematical Snapshots, revised edition. Hugo Steinhaus. Oxford University Press, 1960. ランソンの解答（前項参照）とは違うフレクサチューブの解答が，190 ページから連続写真で掲載されている．〔邦訳：『数学スナップショット（新装版）』H・スティンハウス著，遠山啓訳．紀伊國屋書店，1976 年.〕

"Square Flexagons." P. B. Chapman in *Mathematical Gazette* 45 (1961): 193-194.

"Self-Designing Tetraflexagons." Robert E. Neale in *The Mathematician and Pied Puzzler*, eds. Elwyn Berlekamp and Tom Rodgers. A K Peters, 1999.

"It's Okay to Be Square if You're a Flexagon." Ethan J. Berkove and Jeffrey P. Dumont in *Mathematics Magazine* 17 (December 2004): 335-348.

●さらなる研究のために（訳者による追加）
以下の Web サイトは熱心なフレクサゴン研究家のサイトである．第 1 巻のヘキサフレクサゴンの章も参照のこと．
Flexagon portal: http://www.flexagon.net/
Ann Scwalz: http://www.eightsquare.com/index.html
Dr. McIntosh: http://www.eightsquare.com/index.html
Les Pook: http://www.pook.org.uk/
Scott Shernan: http://loki3.com/flex/index.html

| 3 |

ヘンリー・アーネスト・デュードニー
―― イギリス最大のパズリスト

　ヘンリー・アーネスト・デュードニーはイギリスの偉大なパズル作家である．おそらく，史上最高のパズリストだろう．今日店頭に並んでいる，ほとんどのパズルの本が，デュードニーの豊かな想像力が生み出した，すばらしい数学パズルを（たいてい断りもなく）数多く含んでいる．

　彼は 1857 年，イギリスのメイフィールドという村で生まれた．アメリカのパズルの天才，サム・ロイドよりも 16 歳若いことになる．彼らが実際に会ったことがあるかどうかはわからないが，1890 年代にはイギリスの雑誌『ティット・ビッツ』に一連のパズルの記事を共同で書いている．また後年，雑誌や新聞のコラム用のパズルを互いに交換している．ロイドとデュードニーが書いたものの中に少なからず重複があるのは，このためであろう．

　この 2 人を較べると，デュードニーの方が数学者としては優れていたようだ．ロイドは，市販のおもちゃや，販促用品を作って，一般大衆の人気を博す手腕に長けていた．ロイドの考案した，中国人剣士が 1 人消えてしまう「地球追い出しパズル」は世界的に流行したが，デュードニーが生み出したパズルの中には，これほど著名なものはない．一方，数学的な視点からみると，デュードニーの業績のほうが洗練されている．（デュードニーはかつて，ロイドが数百種類も作り出したような判じ絵やだまし絵の類は，馬鹿げた単なる「子供だまし」の代

物だと書いたこともある.) ロイド同様, デュードニーも自分の問題に, 楽しい逸話を絡めるのが好きだった. デュードニーの妻のアリスは, 30編以上の恋愛小説を書いていて, 当時幅広く読まれていた. デュードニーの創作した逸話には, アリスの助けもあったかもしれない. パズルに関する彼の6冊の本は, パズル界の文献の中で, 今でも比類のないものである. (なお6冊のうち3冊は, 1930年の彼の死後に編纂された本である.)

デュードニーの初めてのパズルの本『カンタベリー・パズル』[*1]は1907年に発行された. 同書は, 一群の巡礼者達が, 風変わりな問題を次々と出し合っている. その巡礼者達は,『カンタベリー物語』で, 詩人チョーサーが語り部としてその話を書き留めているのと同じ人々である[*2]. デュードニー自身によれば「私は, こうした話を入手するにいたった奇妙な経緯を語るために話を中断するような野暮はやめておく. 話を先に進めておいて, ……読者にそれを解くチャンスを与えようと思う」ということだ. この本に収められた小間物屋の問題は, デュードニーの幾何学における発見のうち最も有名なものである. それは正3角形を4つに切って, 正方形になるように並べ替えろというものだ.

図13の左上に切り方を示してある. ABの中点をD, BCの中点をEとする. AEの延長線上に, EFとEBの長さが等しくなる点Fをとる. AFの中点Gを中心にして, 円弧AHFを描く. ただし, EBの延長線上の点をHとする. 今度はEを中心として円弧HJを描く. そしてJKとBEの長さが等しくなるように点Kを決める. DとKからEJ上に垂線を降ろして, それぞれの交点をLとMとする. こうして得られた4ピースを並べ替えると, 図の右

[*1] *The Canterbury Puzzles.* 〔文献欄参照〕
[*2] 〔訳注〕イギリスの詩人ジェフリー・チョーサーは, 14世紀後半に活躍した実在の人物.『カンタベリー・パズル』の前半は, チョーサーの主書『カンタベリー物語』のパロディーの体裁をとっている. 元の『カンタベリー物語』はカンタベリー大聖堂へ向かう巡礼者たちが語る体裁の説話集.

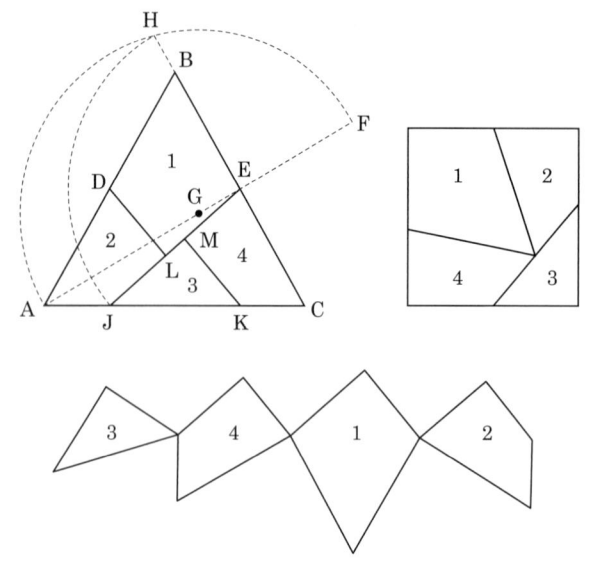

図 13 正 3 角形から正方形に変化するデュードニーの 4 ピースのハトメ返し.

上に描いたとおり，完璧な正方形が出来上がる．この裁ち合せは，驚くべき特徴をもっている．図の下に描いたように，3つの頂点でひと繋がりになるよう各ピースを蝶番で留めてみよう．すると時計回りに閉じれば正 3 角形，反時計回りに閉じれば正方形を形作ることができる．つまり，これはいわゆるハトメ返しにもなるのだ．デュードニーはこの図を元にして，マホガニーの木のピースを真鍮の蝶番でつないだ模型を作り，それを使って 1905 年にロンドン王立協会で，この問題の紹介を行なった．

　どんな多角形でも，有限個のピースに切り離して並べ替えるだけで，同じ面積の好きな多角形に変形できる．これは偉大なドイツの数学者，ダフィット・ヒルベルトが最初に証明した定理である．証明は長いが，難しくはない．次の 2 つの事実を使う．

（1）　どんな多角形でも，対角線に沿って切り離していけば，有

限個の3角形に分けることができる.
（2）　どんな3角形でも，有限個のパーツに切り離して，好きな長さの底辺をもつ長方形に並べ替えられる.

これは，どんなにひねくれた形の多角形でも，好きな長さの底辺をもつ1つの長方形に並べ替えられることを意味している．つまり，まず与えられた多角形をばらばらの3角形に切り離し，次に1つずつ底辺の長さが同じ長方形に並べ替えて，最後に全部縦に積み上げればいい．元と同じ面積をもつ他の多角形に並べ替えるには，この積み上げた長方形から始めて，今の作業を逆順に行なえばよい．

　意外なことに，これと同様な定理は，多面体，つまり多角形で囲まれた立体に対しては成立しない．与えられた多面体を平面で切り，同じ体積をもつ別の多面体を組み立てる方法は，もちろん特別な場合には存在するが，一般には存在しないのである．一般的な方法への希望は，1900年に打ち砕かれた．角柱を有限個のピースに分けて正4面体を組み立てることは不可能であることが証明されたのだ．

　ヒルベルトの方法を使えば，ある多角形を他の多角形に有限個の分割で変換できる．それは確かだ．とはいえ，途中のピース数は，とても多くなってしまうかもしれない．必要最小限のピース数で裁ち合せる方が，ずっとスマートだ．しかし，この数を決定することは，一般にとてつもなく難しい．デュードニーは，この奇妙な幾何に関する技法でめざましい活躍を見せて，長らく破られていなかった記録をいくつも更新した．例えば，正6角形は5ピースに分ければ正方形に並べ替えられるが，正5角形は少なくとも7ピースに分ける必要があるだろうと長い間信じられてきた．デュードニーはこの数を6に減らすことに成功した．この記録は今でも破られていない．正5角形を正方形に並べ直す彼の方法を図14に示す．デュードニーがどうやってこんな方法にたどり着いたのかという背景に興味がある読者は，本人の手による本[*3]を参照されたい．

---

*3　*Amusements in Mathematics.*〔文献欄参照〕

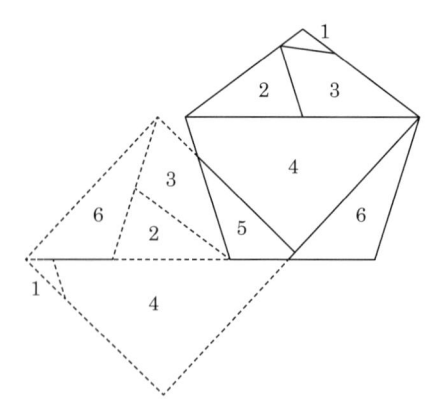

図 14　正 5 角形を正方形に並べ替える方法.

デュードニーのパズルの中で最も有名なものは，クモとハエが登場するもので，測地線に関する初等的だが見事な問題である．この問題は最初，1903 年にイギリスのとある新聞で出題されたが，ロンドンの新聞『デイリー・メール』に 2 年後に再出題されるまで，それほど人々の注目を集めなかった．図 15 に示した寸法の直方体の部屋がある．クモは突き当たりの壁の中央，天井から 1 フィートのところにいる．ハエは反対側の壁の中央，床から 1 フィートのところに止まっていて，恐怖のあまり，すくんで動けなくなっている．クモがハエのところまで這っていくとすると，その最短距離はどれくらいだろうか？　　　　　　　　　　　　　　　　〔解答 p. 34〕

この問題は，部屋を切って壁と天井を平たく展開してしまうと解くことができる．展開図上で，クモからハエに直線を描けばよい．とは言え，部屋を展開する方法はいくつもあるので，最短経路を求めるのは，最初に思うほどには簡単ではない．

これほど有名ではないが，最短経路に関するよく似た問題がデュードニーの別の本[*4]に掲載されている．今度は図 16 に示す円

---

*4　*Modern Puzzles.*〔文献欄参照〕

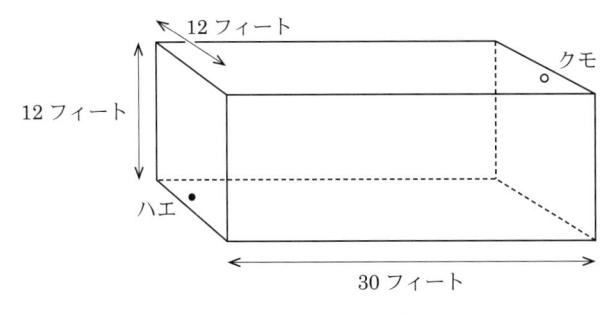

図 15　クモとハエの問題.

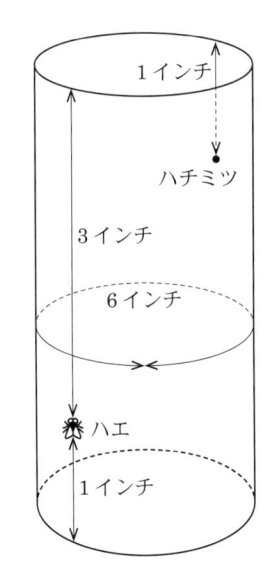

図 16　ハエとハチミツの問題.

筒形のコップが舞台だ．コップの高さは 4 インチで，周長は 6 イ ンチである．コップの内部の，上から 1 インチのところに，ハチミツ が一滴ついている．コップの外側には，ちょうど反対側の下から 1 インチのところにハエが止まっている．ハエがハチミツのところに 歩いて行くときの最短経路はどんな道筋で，ハエが歩く正確な距離 はどれくらいだろうか？

〔解答 p.34〕

経路を見つけるパズルや，駒を入れ換えるパズルを解くときに は，トポロジーの技法が有効なことがある．当時のトポロジーはま だ黎明期であり，もちろんデュードニーも馴染みがなかったにもか かわらず，彼がこれを巧みに使いこなしているのは，非常に興味 深い．彼自身はこれを「ボタンと糸の方法」とよんでいる．図 17 に示した古いチェスの問題で，典型的な使い方を説明しよう．これ は，白いナイトと黒いナイトを最少の手数で入れ換えろという問題 である．まず，外側の 8 個の正方形をボタンで置き換えて，ナイト の可能な動きのすべてを直線で表現する（図の中央）．この直線をボ タンをつなぐ糸と見なせば，個々の要素や，要素間の接続関係のト ポロジー的な構造を変えることなく，糸を円形に広げることができ る（図の下）．円周に沿ってナイトをどちらかの方向に動かしていき， 白と黒を入れ換えて，その移動の様子を記録しておけば，元の正方 形の盤面の上での移動も再現できることが，一目でわかるだろう． このようにすれば，一見難しく見える問題が，馬鹿らしいくらい簡 単になってしまう．

デュードニーの数論絡みの多くの問題の中で，おそらく最も難し いものは，『カンタベリー・パズル』の登場人物の 1 人である医者 が出題したものだろう．この名医は，2 つの球形の薬瓶を取り出す． そのうち 1 つは周長がちょうど 1 フィートで，もう 1 つは周長が ちょうど 2 フィートである．そして彼は，こんなことを言う．「私 は，この 2 つの瓶の容量と，正確に同じ容量の瓶 2 つが欲しいので

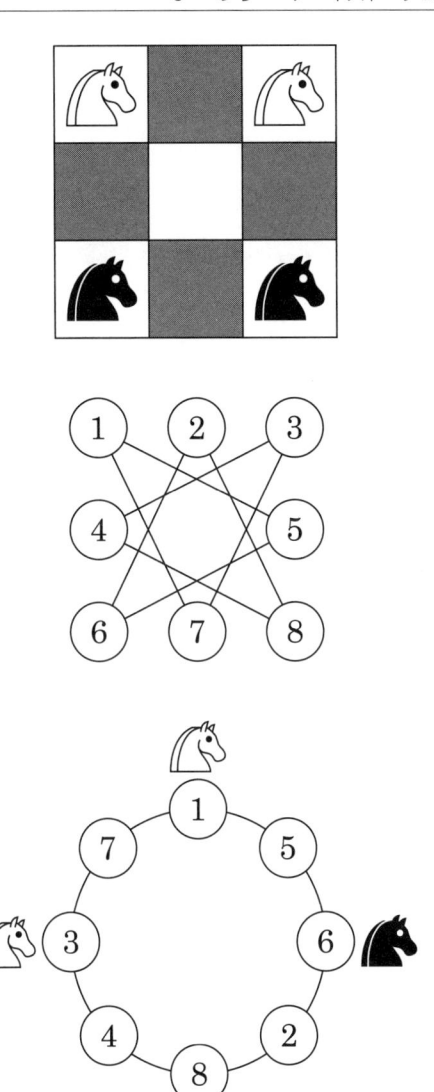

図 17　デュードニーの「ボタンと糸の方法」.

す．つまり，この2つの瓶の液体を合わせると，ちょうどその2つの瓶に入るようにしたいのです．形は同じく球形で，周長はきっかりと整数比で表せる長さで，しかし容積がこれとは違うものがよいのです」

相似な立体の体積の比率は，対応する部分の長さの3乗の比と同じなので，これは，1と2以外の2つの有理数で，3乗して足したときに9になるペアを見つけるというディオファントス方程式を解く問題である．どちらの数も，もちろん分数で表現できるはずである．デュードニーの解答は

$$\frac{415280564497}{348671682660} \quad と \quad \frac{676702467503}{348671682660}$$

であった．

この分数の分母は，当時知られていたものより小さいものだった．デュードニーの時代には，昨今のようなコンピュータなど存在していなかったという事実を考えてみれば，この業績には，驚きを禁じ得ない．

こうしたタイプの問題が好きな読者には，もうちょっと単純な問題をお薦めしておこう．それは，3乗して足したとき，ちょうど6になる2つの分数を探せという問題だ．かつて19世紀のフランスの数学者アドリアン・マリ・ルジャンドルは，こうした分数が存在しないという「証明」を書いた．しかしそれは，デュードニーが解を見つけたことで覆されてしまった．デュードニーが見つけた分数はどちらも，分子・分母ともに，たった2桁でしかない．〔解答 p.35〕

追記 (1961)

正3角形から正方形を作るデュードニーのハトメ返しについて，読者から，とても多くの興味深い手紙を受け取った．ロンドンのジョン・S・ガスキンと，ニュージャージー州モリスタウンのアーサー・B・ニーモラーは，それぞれ独立に，正3角形でない多くの3角形に対してデュードニーの方法を拡張して適用できることを発見した．ブルックリンのある女性は，息子が彼女のために，4個のひと繋がりのテーブルを作ってくれたと書いて寄越してくれた．彼女の手紙によると，このテーブルの天板を合わせると，正方形にも正3角形にもなり，それが会話を盛り上げることは間違いないそうだ．ニューヨークのL・ヴォスバーグ・ライオンズは，デュードニーの構成方法を使って，正方形と正3角形の絡み合った無限に続くモザイク模様で平面を埋めつくした．

何人かの読者は，図13の点JとKがDとEの真下にあると思い込んで，4片を合わせても完璧な正方形にはならないという「証明」を送ってきてくれた．しかしデュードニーの構成では，JとKがDとEの真下に来るわけではない．このハトメ返しが正確であることには，チェスター・W・ホーリーがちゃんとした証明を与えている[*5]．

デュードニーのクモとハエの問題の面白いバリエーションが，モリス・クライチックの本[*6]に載っている．直方体の部屋のある壁の中心から上に80インチ上がった1点をスタート地点として，8匹のクモが一斉に歩きだす．クモたちは8方向，それぞれ異なった経路で，反対の壁の中心から下に80インチの点に止まっているハエに向かっていく．クモはどれも時速0.65マイルのスピードで移動して，最終的に625/11秒たったところで，すべてのクモが同時にハエにたどりついた．さて，部屋の大きさはどのくらいだろうか？

[*5] "A Further Note on Dissecting a Square into an Equilateral Triangle." C. W. Hawley in *The Mathematics Teacher* (February 1960).
[*6] *Mathematical Recreations*. M. Kraitchik. Dover, 1953, p. 17.〔邦訳：『100万人のパズル（上）』モリス・クライチック著，金沢養訳．白揚社，1968年，18ページ．〕

解答

- クモがハエにたどり着くまでに歩く最短距離はちょうど 40 フィートである．具体的な経路を図 18 の部屋の展開図に示した．驚いたことに，この最短経路を通ると，クモは部屋の 6 面のうち 5 面を通過することになる．

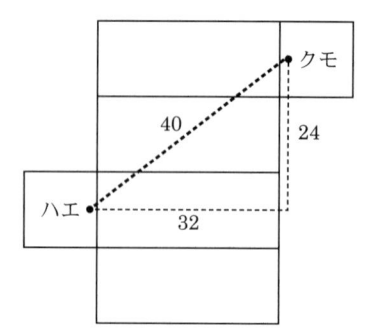

図 18 クモとハエの問題に対する解答．

- ハエがハチミツにたどり着くには，5 インチ歩く必要がある．経路を図 19 の円筒の展開図に描いておいた．これは，長方形の上の辺が光を反射すると仮定して，長方形の中でハエからハチミツに仮想的に照明をあてたときに得られる光の経路と同じである．したがって，図から明らかなように，長さ 3 の辺と 4 の辺をもつ直角 3 角形の斜辺の長さと同じである．

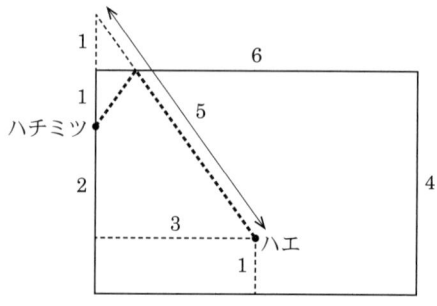

図 19 ハエとハチミツの問題に対する解答．

● 3乗して足したときの和が6になる2つの分数は17/21と37/21である.

追記の中で出題したクモ8匹とハエのパズルの解答については,参考文献にあたってもらいたい.

付記 (2008)

裁ち合せに関する世界最高の権威,グレッグ・フレデリクソンは,この分野に関するまるまる1冊の本[*7]を出版している.この本は彼が独自に発見した作品を集めたすばらしい本である.デュードニーの正3角形から正方形に変化する美しい作品と同様,彼の作品も各ピースが蝶番で留められていて,それを動かすと,1つの多角形から別の多角形に変形させることができる.

特定の立体の表面上を歩いていく,アリやハエに基づいたパズルも,数多く考案されてきた.次の問題を考えてみてほしい.アリが$1 \times 1 \times 2$のブロックの角Aにいるとしよう.そして,スタート地点とは反対側の1×1の面のどこかの点Bに最短経路をたどっていくとする.さて,最短経路を最長にするためには,Bをどこに設定すればよいだろうか? 直感的に,Aと3次元対角線を隔てて反対側の角Xだと誰しも思うだろう.なんと言っても,Aから空間的に最も離れた点なのだから.しかしなんと,そうではない! 最近,日本の数学者である小谷善行がこの問題の答えが面白いことを発見した.Aからの最短経路が最長である点Bは,実はAから最も遠い角から対角線の上を1/4下がったところなのだ(図20)!

詳細や証明は,私の記事[*8]や,ディック・ヘスが書いたもの[*9]を参照してもらいたい.ヘスは,この問題の一般化やさまざまな変種についても考察している.またデイビッド・シング

[*7] *Piano-Hinged Dissections: Time to Fold*! G. Frederickson. A K Peters, 2006.
[*8] "The Ant on the $1 \times 1 \times 2$" in *Math Horizons* (February 1996). これは *Gardner's Workout* (A K Peters, 2001) にも再掲されている.
[*9] "Kotani's Ant Problem" in *Puzzler's Tribute* (A K Peters, 2002).

図 20

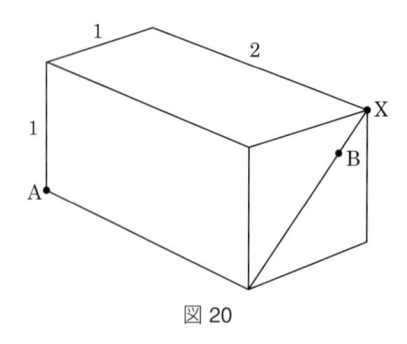

マスターのウェブページでも，クモとハエの問題を扱った章[*10]が定期的に更新されている．

3×3の盤面上で黒いナイトと白いナイトを入れ換えるというデュードニーの問題に対して，難しい発展問題がクリフォード・ピックオーバーの本[*11]に掲載されている．この問題の盤面は3×4である．黒い4個のナイトがA, B, C, Dとラベルづけされて，一番上の行に並んでいる．白い4個のナイトも同様にラベルづけされて，一番下の行に並んでいる．ゴールは，ナイトの動きで駒を動かして，Aというラベルがついた駒2つ，Bの駒2つ，同様に，C2つ，D2つを入れ換えるというものである．もちろん最少手数を目指す．ジョン・コンウェイとバリー・シプラは，最少手数が32であることを証明した．

私は，幸いなことにヘンリーの娘，アリス・デュードニーに生前会うことができた[*12]．彼女によると，父親のパズルの本の挿絵のほとんどは，彼女が描いたそうだ．また，彼女の有

[*10] "Spider and Fly Problems" in *Sources in Recreational Mathematics*, sixth edition (1993).〔2015年現在，2004年に改訂された eighth preliminary edition がウェブページ http://www.gotham-corp.com/source.htm で公開されている．〕
[*11] *A Passion for Mathematics*. C. Pickover. Wiley, 2005, p. 185.〔邦訳:『数学のおもちゃ箱（下）』クリフォード・A・ピックオーバー著，糸川洋訳．日経BP社，2011年，198ページ．〕
[*12] 〔訳注〕原著の記述ではこうなっているが，アリス・デュードニー（1866-1945）はデュードニーの妻であり，デュードニーの娘の名前はマージェリー・ジャネット（1890-1977）である．おそらくこれはアリスではなく，マージェリーであろう．

名な母親の日記は，2000年に公開される予定だと言っていた．彼女と私は，数学パズルに関するデュードニーの最後の2冊の本を1冊にまとめて1967年に出版した[*13]．出版にあたって，私はパズルを再分類して，導入部を書いた．この本は1995年，バーンズ・アンド・ノーブル社から再版された．しかし今はどちらも品切れである．

デュードニーは1884年にアリス・ウィッフィン（1866-1945）と結婚した．彼女は当時18歳だった．ウィキペディアによれば，デュードニーは，ピアノとオルガンを巧みに弾きこなす，英国国教会派の敬虔な教徒であった．また，彼とアリスはしばらく別居していたことがある．デュードニーは1930年に咽頭癌で亡くなった．デュードニー夫妻は，彼らが1914年に移り住んだ，イギリスのルイスに埋葬されている．

アリスの日記は，ダイアナ・クルック編集のもと，1998年に出版された[*14]．ウィキペディアによると，この日記は「自分の文学者としてのキャリアと，聡明ではあるが気まぐれな夫との結婚生活のバランスをいかにとるべきか，彼女が四苦八苦している様子を生き生きと描いている」ということだ．

文献

●デュードニーの書籍

The Canterbury Puzzles. Thomas Nelson and Sons, 1907. Reprinted by Dover Publications, 1958.〔邦訳：『カンタベリー・パズル』H. E. デュードニー著，伴田良輔訳．ちくま学芸文庫，2009年．〕

Amusements in Mathematics. Nelson, 1917. Reprinted by Dover Publications, 1958.〔邦訳：『パズルの王様(1)〜(4)』H. E. デュードニー著，(1),(2)は藤村幸三郎，林一訳．(3),(4)は藤村幸三郎，高木茂男訳．ダイヤモンド社，1974年．また『パズルの王様傑作集』H.E. デュードニー著，高木茂男編訳，ダイヤモンド社，1986年もある．〕

[*13] *536 Puzzles and Curious Problems*. H. E. Dudeney. Scribner, 1967.
[*14] *A Lewes Diary, 1916-1944*. Mrs. Henry Dudeney. The Tartarus Press, 1998.

Modern Puzzles. C. Arthur Pearson, 1926.

Puzzles and Curious Problems. 1931.

A Puzzle-Mine. James Travers 編, 日付けなし.

World's Best Word Puzzles. James Travers 編, 1925.

● デュードニーによる記事

デュードニーのパズルや記事の多くは，イギリスのさまざまな新聞や定期刊行物に散らばっている. 具体的には *The Strand Magazine*（彼のパズルコラム "Perplexities" が 20 年間掲載された），*Cassell's Magazine*, *The Queen*, *The Weekly Dispatch*, *Tit-Bits*, *Educational Times*, *Blighty* その他である.

次の 2 つの文献は特に興味深い:

"The Psychology of Puzzle Crazes" in *The Nineteenth Century* 100: 6 (December 1926): 868-879.

"Magic Squares" in *The Encyclopedia Britannica*, 14th ed.

● デュードニーについて書かれた文献

"The Puzzle King: An Interview with Henry E. Dudeney." Fenn Sherie in *The Strand Magazine* 71 (April 1926): 398-404.

アリス・デュードニーによる，上記にあげた文献 *Puzzles and Curious Problems* の前書き.

"The Life and Work of H. E. Dudeney." Angela Newring in *Mathematical Spectrum* 21 (1988-1989): 38-44.

イギリスの人名事典 *Who Was Who* には，アリス・デュードニーの略伝が載っている. 彼女は当時, 夫ヘンリーよりも有名人だった.

● 裁ち合せに関する文献

Geometric Dissections. Harry Lindgren. D. Van Nostrand, 1964.

Dissections: *Plane & Fancy.* Greg N. Frederickson. Cambridge, 1997.

Hinged Dissections: *Swinging & Twisting.* Greg N. Frederickson. Cambridge, 2002.

Piano-Hinged Dissections. Greg N. Frederickson. A K Peters, 2006.

●日本語文献

『サム・ロイドの「考える」パズル』伴田良輔訳．青山出版社，2008 年．

『パズリカ』伴田良輔著．小学館，2009 年．

『巨匠の傑作パズルベスト 100』伴田良輔著．文藝春秋社，2008 年．

『分割の幾何学』砂田利一著．日本評論社，2000 年．2 次元および 3 次元空間での裁ち合せについては，本書が詳しい．

|4|

数字根

　あなたの電話番号を紙に書き下してもらいたい．次に，数字の順番をあなたの好きなように並べ直して新しい別の数を作って欲しい．大きい方から小さい方を引いて，出た答えの数字をすべて足し合わせて覚えておこう．さて，ミステリアスな記号が丸く並んだ図21の中の星に指をあてて，そこから時計回りに，星を1，3角形を2，と順番に数えていく．さっきの方法であなたが最後に得た数字

図 21　電話番号のトリックに使う絵文字．

になったとき，あなたの指は渦巻を指しているはずだ．

このちょっとしたマジックの種を理解するのはそれほど難しくない．そしてこのトリックは，あの偉大なドイツの数学者，カール・フリードリッヒ・ガウスが定式化した，数の合同という概念へのさりげない導入となっている．2つの数は，与えられた数 k で割った余りが同じとき，「k を法として合同である」という．例えば 16 と 23 は，7 で割ると両方とも 2 余るので，7 を法として合同である．

どんな数をもってきても，各桁の数字の和をとると，9 を法として，いつでも必ず元の数と合同である．これは，10 進法で最大の数字が 9 であることによる．各桁の数字の和をとってできた数に対して，さらに各桁の数字を足し合わせて第 3 の数を作れば，これも前の 2 つと合同である．この操作を 1 桁の数になるまで続ければ，それは余りと一致する．例えば，4157 は 9 で割ると 8 余る．この数字の各桁を全部足すと合計は $4+1+5+7=17$ であり，これも 9 で割ると 8 余る．さらに 17 の各桁を足すと，8 になる．この最後の数字を，元の数の数字根とよぶ．数字根は通常 9 で割った余りと同じであるが，余りが 0 の数字は例外的に数字根は 0 ではなく 9 である．

数字根を求めることは，かつては「9 去法」とよばれていた．これは計算機が発明される以前には，会計係の間で計算結果の検算のテクニックとして広く用いられていた．初期の電子計算機，例えば IBM の NORC では，計算の正確さを計算機が自己チェックするための方法の 1 つとして組み込まれていた．この方法は，数を加減乗除したときの答え（そう，除算も含まれるのだ）と，それぞれの数の数字根を加減乗除したときの答えが，9 を法として一致するという事実に基づいている．

例えば足し算をしていて，合計がとても大きな数になったときにこれを素早く検算するには，元の数の数字根をそれぞれ求めて，これを全部足して，この合計の数字根を求める．そして検算したい大きな合計値の数字根と，今計算した数字根がちゃんと合っているか

どうかを見ればよい．数字根どうしが合わないなら，どこかで計算間違いをしているはずだ．もちろん数字根どうしが合っていて計算が間違っていることもあるが，正しい確率はかなり高い．

さて電話番号のトリックの謎解きをしよう．電話番号の数字を混ぜ返しても，数字根は変わらない．つまりここでは，ある数から，同じ数字根を持つそれより小さな数を引き算していることになる．すると，計算結果は必ず9で割り切れる数になるのだ．これはなぜか．まず大きい方の数を，9の倍数に，ある数字根（元の大きな数を9で割ったときの余り）を足したものだと考えてみる．すると小さな方の数は，前のものより小さい9の倍数に，**同じ数字根**を足したものだ．だから大きい方から小さい方を引くと，2つの数字根は互いに打ち消し合って，9の倍数だけが残るというわけだ．

$$\begin{array}{r} (9 の倍数)+数字根 \\ -(9 の倍数)+ 同じ数字根 \\ \hline (9 の倍数)+0 \end{array}$$

残った答えは9の倍数だから，数字根は9になる．各桁の数字を足し合わせた小さい数も，数字根は変わらず9のままだから，最後の結果も当然9の倍数になる．図21のミステリーサークルには9つの記号が描かれていた．だから順番に数えていくと，最初の位置からちょうど9つ目の記号のところで指が止まるというわけだ．

数字根の知識があると，とてつもなく難しく見える問題を解くときに，面白いくらい近道できることがある．例えば，0と1だけからなる225の倍数で，一番小さいものを求めたいとしよう．ここで225の数字根は9なので，求める数も数字根9をもたなければならない．1だけで作れる数で，数字根9をもつ最小のものは，明らかに111111111である．しかるべき場所に0を挿入すると，数は大きくなるが，数字根は変わらない．つまり考えるべきことは，

225で割れるように，しかもなるべく小さい増加量になるように111111111を大きくすることである．ここで225は25の倍数なので，探している数ももちろん25の倍数である．25の倍数は，最後が必ず00, 25, 50, 75のいずれかになる．最後の3つは使えないので，111111111に00を付け足して，解答11111111100を得る．

　数学的なゲームの中にも，数字根の解析と相性がとてもいいものがある．例として，サイコロを1つ使ったこんなゲームを取り上げてみよう．前もって好きな自然数を1つ決めておく．ゲームを面白くするため，通常20よりも大きい値にすることが多い．先手のプレーヤーはサイコロを転がして，出た目の数をスコアとする．後手のプレーヤーは，そこからサイコロを好きな方向に90度転がして，出た目の数を先ほどのスコアに加える．2人のプレーヤーは交互に，90度回転と，出た目をスコアに加える操作を繰り返す．自分の番のときにスコアを前もって決めておいた値にぴったり一致させるか，あるいは相手の番のときに，その値を越えるように仕向けることができたら勝ちである．このゲームを解析するのは大変である．なにせ毎回サイコロの位置を決める方法が4通りも考えられるのだ．それぞれのプレーヤーに可能な最適戦略とは，どのようなものだろうか？

　最適な戦略で鍵を握るのは，ゴールの数と同じ数字根を持つ数である．あなたがゴールと同じ数字根を持つスコアのどれかになるように1回でもできるか，あるいは相手が同じことをするのをずっと阻止することができるならば，あなたには必勝法がある．例えば，このゲームはゴールとして31が選ばれることが多いのだが，この数31の数字根は4である．先手が確実に勝つためには，最初に4を出す以外に道はない．もし先手が最初に4を出すことができたら，以降の自分の手番でスコアを数列4-13-22-31のどれかになるようにするか，それができない場合は，相手が次の手でこの数字列のどれにもできないような手を打つことである．そして，この2つの手のどちらかは必ず実行できる．とはいえ，相手がこの数字列

に入り込まないように防ぐ方法は，ちょっと手が込んでいるので，ここでは要点だけを記しておこう．まずサイコロの目5を上か下にしながら，スコアを数字列の中のどれかの数より5だけ少ない数にできるなら，そうしよう．サイコロの目4を上か下にしながら，数字列の中のどれかの数よりも4か3だけ少ない数にできるか，あるいは1だけ多い数にできるなら，そうすればよい．

　大抵の場合，最初に出るサイコロの目のうち，先手に必勝法のある目は少なくとも1つ，ときには2つか3つある．ただしゴールの数の数字根が9になった場合は例外だ．この場合は最初のサイコロの目に関係なく，いつでも後手が勝てる．ゴールの数字をランダムに選ぶと，後手が勝つ方に賭けた方がだいぶ分がよい．あなたが先手で，ゴールの数を選べるとしよう．自分の勝ち目を最大にするためには，数字根がいくつの数を選べばよいだろうか？　〔解答 p. 47〕

　数字根の性質を活かして，自動的にうまくいくようになっているトランプ手品は数知れない．マジックショップで「未来の記憶」という題の4ページの小冊子として売られているものが，個人的には最高傑作だと思う．これはカナダのオンタリオ州コートライトに住むマジシャン，スチュアート・ジェイムズが考案したものだ．彼は，良質な数学カードトリックを考えだすことにかけては，おそらく古今の誰にも引けをとらないだろう．ジェイムズの許可のもと，ここでそれを紹介しよう．

　よくシャッフルされたデック（トランプ1組の山）から，Aから9までを1枚ずつ抜き出す．そしてAが一番上にくるように順に裏向きに積んでいく．観客には，積んでいく様子をよく見せておこう．そうしたら，カードの位置がわからなくなるようにカットしましょう，などと言っておいて，カードを伏せてランダムにカットするふりをする．しかしこのとき必ず，下から3枚取って上に移動させた状態で終わること．つまりカードは上から7, 8, 9, A, 2, 3, 4, 5, 6と並んでいる．

伏せたカード9枚の束から，上から順にゆっくりと1枚ずつカードを取っては元のデックの一番上に乗せていく．1枚カードを取るたびに，観客の1人にそのカードを選ぶかどうか決めてもらう．もちろん，9枚の中の1枚を必ず選んでもらう．彼が「それ」とカードを指定したら，そのカードは手元の束の一番上に戻し，その束を脇によけておく．

　今度はデックを観客に渡して，好きなところで2つの山に分けてもらう．片方の山の枚数を数えよう．そして1桁の数になるまで，繰り返し山の枚数の各桁の数を足していってもらう．数字根を取るわけだ．もう一方の山についても同じことをする．2つの数字根が出揃ったら，これを足そう．そしてもし必要ならもう1度数字根を取って，1桁の数にする．さて，横に置いておいた束の一番上にある，観客に選んでもらったカードを見せるときがきた．この数字が，まさに最後に得られる数を正確に予言しているのだ！

　これは，どういう仕掛けになっているのだろう？ 9枚のカードがきちんと手順どおりに仕込まれていると，一番上には7が来ているはずだ．デックには43枚のカードが残っていて，43の数字根は7だ．もし観客が7を選ばなければ，これはデックに戻され，カードの枚数が44枚になる．このときカードの束の一番上には8が来ていて，この8は44の数字根になっている．以下同様である．つまり，観客の選んだカードが，いつでも必ずデックのカードの枚数の数字根になるように仕組まれているのだ．デックを2つに分けてからそれぞれの枚数の数字根を合わせるのは，単なる目くらましだ．もちろん，これはいつでもデック全体の枚数の数字根と同じ数になる．

追記
(1961)

　本章の最初で，私たちが 10 進数を使っていることを根拠として，どんな数でも，9 で割ったときの余りが数字根と一致すると主張した．この事実の証明はそれほど難しくないので，その証明の概要を紹介すれば，面白いと感じてくれる読者もいるであろう．

　4 桁の数，例えば 4135 を取り上げよう．これは次のような 10 の冪乗の和と考えることができる．

$$(4 \times 1000) + (1 \times 100) + (3 \times 10) + (5 \times 1)$$

ここでそれぞれの 10 の冪乗から 1 を引くと，同じ数を次のように書くこともできる．

$$(4 \times 999) + (1 \times 99) + (3 \times 9) + (5 \times 0) + 4 + 1 + 3 + 5$$

この式のカッコの中身は，どれも 9 の倍数である．これを全部払ってしまえば，残るのは $4 + 1 + 3 + 5$，つまり元の数の各桁の数字の和だ．

　一般の数字の列 $abcd$ で与えられた数も，同様に以下のように書ける．

$$(a \times 999) + (b \times 99) + (c \times 9) + (d \times 0) + a + b + c + d$$

したがって 9 の倍数を取り除いたあとも，$a + b + c + d$ はそのまま残る．この残った部分は，もちろん 1 桁に収まらないかもしれない．しかしその場合でも，その数の各桁の数字の和が，その数から 9 の倍数を取り除いた後に残る余りと一致することが，同じ方法で示せる．そしてこれを 1 桁になるまで繰り返せば，最後に残るのが数字根だ．この一連の方法は，どんなに大きな数にでも適用できる．つまり，可能なかぎり 9 を取り除いていって，最後に残るものが数字根なのだ．それは要するに，9 で割った余りに等しい．

　数字根は，大きい数が平方数や立方数になっているかどうかのネガティブチェック，つまり平方数や立方数になっていないことを確認するときにも便利だ．平方数の数字根は必ず 1, 4, 7, 9 のどれかになり，最後の桁は 2, 3, 7, 8 にはならない．立方数の最後の桁は，どんな数にもなりうるが，数字根は 1, 8, 9

のどれかにしかならない．完全数（自分以外の約数の和が自分と同じ値になる数）についても面白いことが知られている．偶数の完全数は最後が 6 か 28 で終わっていて，一番小さい完全数 6 を除いて，数字根は 1 になる．なお，これまでに奇数の完全数は 1 つも見つかっていない．

解答

● サイコロを使ったゲームで先手がゴールの数を選べるときは，数字根が 7 の数を選ぶのが最もよい選択である．ゴールの数字根は 9 通りあるわけだが，それぞれの場合について，先手が最初に出せば勝てる目を表 22 にまとめておいた．7 の場合は，他のどの数字根よりも分がよく，最初に出せば勝てる目が 3 つある．つまりこの場合，正しい手を打てば勝てるような目が最初に出る確率は 1/2 である．

ゴールの数の数字根	出すと勝てるサイコロの目
1	1, 5
2	2, 3
3	3, 4
4	4
5	5
6	3, 6
7	2, 3, 4
8	4
9	なし

表 22

付記
(2008)

本全集の中にも，数字根に基づくパズルやマジックのトリックは数多く散りばめられている．ここでは，謎なぞを 1 つ追加しておこう．11 に 3 を足すと 2 になる国はどこかわかるだろうか？ 実は，どんな国でも正解だ．11 時に 3 時間を足すと 2 時になるからだ．

文献

"Doctor Daley's Thirty One." Jacob Daley in *The Conjuror's Magazine* (March and April 1945).

Remembering the Future. Stewart James. Sterling Magic Company, 1947.

"The Game of Thirty One." George G. Kaplan in *The Fine Art of Magic*, 275-279. Fleming Book Company, 1948.

"Magic with Pure Numbers." Martin Gardner in *Mathematics, Magic and Mystery.* Dover Publications, 1956.〔邦訳:『数学マジック』マーチン・ガードナー著,金沢養訳.白揚社,1959年(1999年に再刊).〕

5

パズル9題

問題1 ボルトの回転

同じ形の2つのボルトを,ネジの溝が互いに噛み合うように配置する(図23).親指どうしをくるくる回すときのように,2つのボルトを矢印の方向に回してみよう.このとき,両手の指で2つのボルトの頭の部分をしっかりと押さえて,ボルトが自転しないようにしておくこと.さて,2つのボルトの位置関係はどうなるだろう? 次の中から選んでほしい.(a)近づく.(b)離れる.(c)距離は同じで変化しない.本物を用意して試してみるのは,なしだ.

〔解答 p.55〕

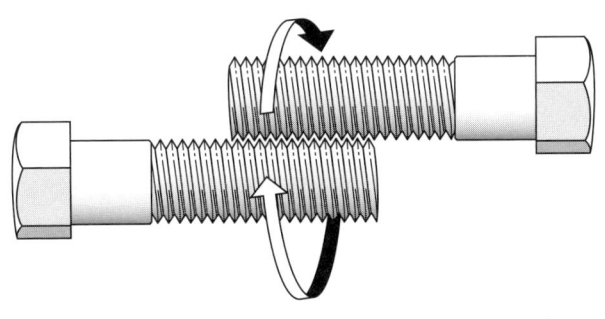

図23 ボルトの回転.

問題2 世界一周飛行

たくさんの飛行機が小さい島のある基地に配備されているところを想像してもらいたい．それぞれの飛行機の燃料タンクには，世界をちょうど半周できるだけの燃料が入るものとする．たとえ飛行中であっても，飛行機の燃料タンクから，他の飛行機の燃料タンクに好きな量の燃料を移すことができる．燃料を補給できる基地はその島にしかない．話を簡単にするために，空中や基地で燃料を補給したり移し替えたりするのに，時間はまったくかからないとしよう．

1機の飛行機を地球の大円に沿って飛ばし世界一周させるためには，最低何機の飛行機を用意すれば足りるだろうか？　ただし飛行機はどれも同じ一定速度で飛行して，燃費も同じと仮定する．もちろんすべての飛行機は，離陸した島の基地に安全に戻らなくてはならない．

〔解答 p.55〕

問題3 チェス盤に描いた円

チェス盤はご存じのとおり，市松模様で塗り分けられている．1つのマスの1辺を2インチとしよう．この上に円を描く．ただし円周は黒いマスだけを通らないといけない．さて，円の半径は，どこまで大きくできるだろうか．

〔解答 p.56〕

問題4 コルク栓の問題

コルクを削って，正方形と円と3角形の穴にそれぞれぴったりと収まるようにするにはどうしたらいいだろう．そう，これは昔のパズルの本によく載っている問題だ（図24）．では，このコルク栓の体積を求める問題はどうだろう．これはなかなか面白い．まず，この立体の底面を半径1の円としよう．すると立体の高さは2で，上の辺は，底面の円のある直径の真上にあって，底面と平行な長さ2

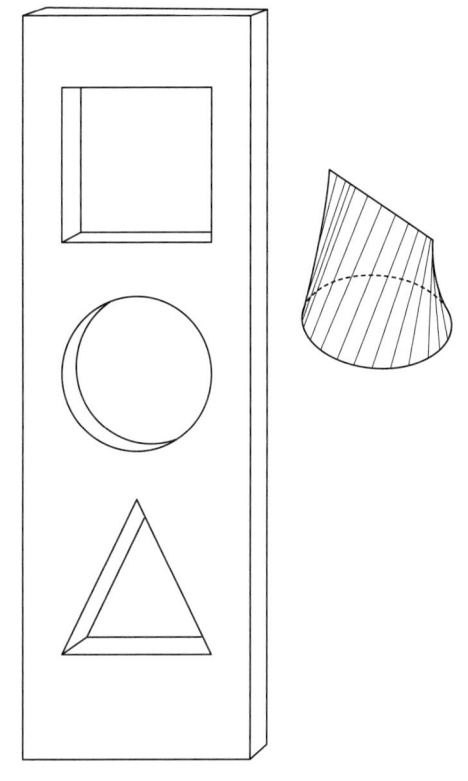

図 24　コルク栓.

の線分になるはずだ．上の辺と垂直な平面でコルクを切ると，断面はいつでも 3 角形になっている．

　言いかえると，この立体の表面は，上の辺と円周上の点をつなぐ線分を，上の辺に垂直な平面に平行になるよう保ったまま動かした軌跡だ．ここから積分計算をすれば，もちろんコルク栓の体積を求めることはできる．でも「円柱の体積 = 底面積 × 高さ」という関係さえわかっていて，あとほんの少しのひらめきさえあれば，ごく簡単な方法で体積を求めることができるのだ．さて，その方法がわ

かるだろうか. 〔解答 p. 56〕

問題 5 反復数

一風変わった手品を紹介しよう. まず, 観客 A に 3 桁の数を書いてもらう. そしてそれをそのまま 2 回繰り返して, 6 桁の数にしてもらう (例えば 394394 といった具合だ). あなたは後ろを向いているので, この数を見ることはできない. 観客 A に, 紙をそのまま観客 B に渡してもらって, B にこの数を 7 で割ってもらうようにお願いする.

あなたはそこでこんな風に言う.「余りについては気にしないでいいですよ. だって割り切れるでしょう？」B は, あなたがずばり言い当てたことに気付いて驚く. (例えば 394394 を 7 で割った商は 56342 になる.) 割った結果の値については何も教えてもらうことなく, その数を観客 C に渡してもらって, 今度は C に 11 で割ってもらおう. 再びあなたは余りがでないことを予言して, ずばりそのとおりになる. (56342 を 11 で割ると 5122 だ.)

あなたは, まだ後ろを向いたままだ. この一連の計算の結果も知らない. 今度は 4 人目の観客 D に最後の結果を 13 で割ってもらう. 再び割算がうまくいって, 余りはでない. (5122 を 13 で割ると 394 になる.) 最後の計算結果が書かれた紙を折り畳んで, 返してもらおう. そしてそれを開かずにそのまま観客 A に渡す.

ここで, おもむろに宣言しよう.「この紙を開いて見てください. 最初に書いた 3 桁の数が書かれています」

最初の観客がどんな数を書いても, この手品が絶対にうまくいくことを証明してもらいたい. 〔解答 p. 57〕

問題 6 ミサイル正面衝突

2 つのミサイルが互いを狙って飛んでいる. 一方は時速 9000 マ

イルで，他方は時速 21000 マイルである．2 つのミサイルは 1317 マイル離れた地点から発射された．正面衝突 1 分前，2 つのミサイルはどのくらい離れているだろうか．紙や鉛筆を使わないで計算してもらいたい．
〔解答 p. 57〕

問題7 硬貨のスライドパズル

6 枚の硬貨を平らな面に図 25 上のように並べよう．図の下に描かれた配置になるように，最少手数で硬貨を移動してもらいたい．硬貨は 1 枚ずつ平らな面の上をスライドして動かすことしかできない．硬貨は，他の硬貨を押すことなく動かして，新しい位置で必ず他の 2 つに触れるようにしなくてはならない．
〔解答 p. 57〕

図 25　硬貨のスライドパズル．

問題8　握手定理

ごく最近開催された，生物物理学の年次総会に参加した科学者の中で，奇数回握手した人の数が偶数人であったことを証明してもらいたい．この問題を視覚的に表現すると，次のようになる．紙の上に好きなだけ点を打とう．この点1つひとつが生物物理学者だ．今度は好きな2点を選んで，その間を線で結ぼう．この操作も好きなだけ繰りかえす．この線が握手を表している．1つの点は，望むならいくらでも握手してよいし，まったく握手しない点があってもいい．あとは，奇数本の線がつながっている点の個数が偶数個であることを証明すればよい．

〔解答 p.58〕

問題9　3つ巴戦

スミスとブラウンとジョーンズが拳銃を使った決闘に挑むことになった．決闘は，次のような，いささか風変わりな方法で行なわれる．まず最初にくじ引きをして，撃つ順番を決めたあと，3人は正3角形の3つの頂点に立つ．彼らは自分の番が来たら，1発だけ発射する．以下，最初に決めた順番にしたがって1発ずつ繰り返し撃ち続け，2人死んだら決闘は終わる．自分の番が来たときに，狙いを定める先は自分で決めてよい．決闘に挑む彼らは，互いを熟知している．スミスは狙った的は絶対に外さない．そしてブラウンは80%の命中率で，ジョーンズは50%の命中率である．

3人とも最適な戦略を取ると仮定しよう．また，狙った的が外れた結果として別の誰かが死ぬことはないとする．さて，生き残る可能性が最も高いのは誰だろう．もっと難しい問題も用意してある．3人それぞれが生き残る正確な確率を計算してもらいたい．

〔解答 p.58〕

解答

1. 2つのボルトは近づきも遠ざかりもしない．この状況は，のぼりのエスカレーターに乗った人が，同じ速度で歩いて降りているところに似ている．（この問題に注意を向けてくれたセオドア・A・カリンに感謝する．）

2. 1機の飛行機を世界一周させるには，実は3機の飛行機があれば事足りる．実施方法は何通りもあるが，次の方法が一番効率がよさそうだ．この方法は，タンクを5回満タンにするだけの燃料で足り，2機の飛行機のパイロットは基地で燃料を給油しているときにゆっくりと食事する時間も取れ，おまけに手順は対称的で美しい．

飛行機A, B, Cは一緒に離陸する．1/8周したところで，Cはタンクの燃料の1/4をAに，1/4をBに移す．その結果Cのタンクには燃料が1/4だけ残り，これを使えば，ちょうど基地まで戻れる．

飛行機AとBはそのまま，もう1/8周飛行する．そしてBはタンクの1/4をAに移す．このときBのタンクには1/2だけ燃料が残っている．これを使って戻れば，ちょうど基地についたところで燃料タンクが空っぽになる．

燃料が満タンになった飛行機Aは，これが空っぽになるまで飛び続ける．そうすると基地まであと1/4周のところまでたどり着ける．その地点で，燃料を満タンにして基地から迎えにきてくれたCと合流する．Cはタンクの燃料の1/4をAに移して，2機揃って基地を目指す．

2機の飛行機は，基地まであと1/8というところで燃料が尽きてしまう．しかしここで，燃料を満タンにして迎えに来てくれた飛行機Bと合流できる．飛行機Bは他の2機の飛行機に燃料を1/4ずつ分け与える．この時点で3機の飛行機は，基地に戻るのにちょうどぴったりの燃料を積んでいるので，無事に基地まで飛んで，そこでタンクは全部空っぽになる．

全体の運行表を図26に示した．横軸が距離で，縦軸が時間である．運行表の両端は，もちろんつながっていると考える．

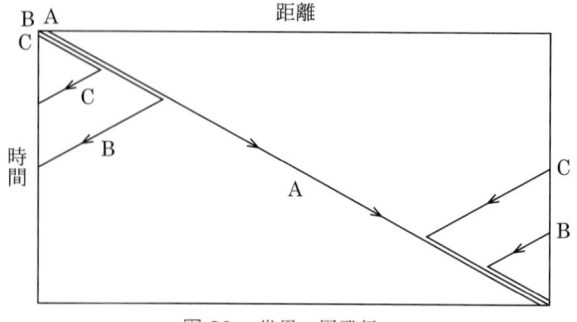

図 26　世界一周飛行.

3. コンパスの針を中央付近にある1個の黒いマスの中心にあてて，半径は $\sqrt{10}$ インチに調整しよう．するとコンパスは，ちょうど黒い正方形の中だけを通過して円を描く．そしてこれが可能な最大の円である．

4. 上の辺に垂直な平面でコルクを切ると，そこにはいつでも3角形が現れる．コルク栓がもともと同じ高さの円柱だったとすると，この3角形に対応する断面はいつでも長方形だ．そして，この長方形と較べると，3角形は，いつでも面積が1/2になっている．断面をすべて寄せ集めたものが立体だと考えると，このコルク栓の体積は，円柱の体積の1/2になっているはずだ．円柱の体積は 2π なので，求める解答は π だ．（この解答はブッチャートとモーザーの論文[*1]の中に書かれている．）

実は，この3つの穴にぴったりはまるコルク栓は無限個ある．問題文で与えた形は，3つの穴にぴったりはまる凸立体の中で体積が最小のものだ[*2]．一方，体積が最大のものは，図 27 に示したような，円柱の一部を2つの平面で切り落とした形である．コルク栓のパズルが出題されている本では，こちらの形

[*1] "No Calculus, Please." J. H. Butchart and Leo Moser in *Scripta Mathematica* (September-December 1952).
[*2] 〔訳注〕原文では凸立体となっているが，実はこの立体は凸ではない．

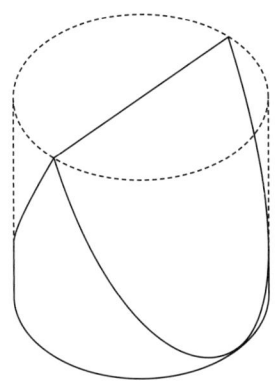

図 27　コルク栓の切断.

を解答としていることが多い．その体積は $2\pi - 8/3$ だ．（計算してくれたニューヨーク州イーストセタウキットの J・S・ロバートソンに感謝する．）

5． 3 桁の数を 2 回書くということは，元の数を 1001 倍することと同じだ．この数 1001 は，7 と 11 と 13 を素因数にもつ．つまり選んだ数を 2 回書くということは，選んだ数に 7 と 11 と 13 を掛けることに等しい．得られた積を，この 3 つの数で順番に割っていくと，当然のことながら最後に残るのは最初に選んだ数だ．

6． 2 つのミサイルが接近する相対速度は，時速 30000 マイルである．つまり分速 500 マイルだ．衝突する瞬間から時間を逆回しにして考えてみれば，衝突の 1 分前のミサイルどうしは，500 マイル離れているはずだ．

7． ピラミッドの頂上の硬貨を 1 として，次の段の硬貨を 2, 3，一番下の段の硬貨を 4, 5, 6 としよう．正解はいくつもあるが，一例は次の 4 手だ．まず 1 を 2 と 4 に触れるように置

く．次に4を5と6に触れるように置いて，さらに5を1と2の下に動かして，最後に1を4と5に触れるように置けば完成だ．

8. 1回の握手には2人の人間が必要なので，総会に参加した人の握手した回数を1人分ずつ全部足し合わせると2で割り切れる数，つまり偶数になるはずだ．このうち，偶数回握手した参加者に対してだけ，各自が握手した回数を全部足し合わせてみよう．これももちろん偶数になる．総会の参加者全体の握手の回数から，偶数回握手した参加者の握手の回数を引くと，奇数回握手した参加者の握手の回数の総和が得られるはずだが，これは上記の2つが偶数であることから偶数になる．奇数だけを足して偶数を得ようと思ったら，奇数を偶数個足さないといけない．したがって，奇数回握手した人の数は偶数人である．

この握手定理を証明する方法は他にもある．アメリカ海軍医務局のジェラルド・K・ショーエンフェルドが私に送ってくれた次の証明は，最も優れたものの1つだろう．会議が始まったばかりで，まだ誰も握手していないときには，奇数回握手した人の数は0である．1回目の握手で，2人の「奇人」が生まれる．この時点から，1回の握手は3つの型に分類できる．2人の偶人の間か，2人の奇人の間か，1人の奇人と1人の偶人の間だ．偶人と偶人の握手は，奇人の人数を2人増加させる．奇人と奇人の握手は，奇人の人数を2人減少させる．そして偶人と奇人の握手では，奇人が偶人になって，偶人が奇人になるので，奇人の人数は変化しない．つまり，奇人の人数の偶奇を反転する握手は存在せず，奇人は，いつでも必ず偶数人である．

どちらの証明も，点を線でつないだグラフに適用できる．一般のグラフ上で，奇数本の線がつながった点の個数は偶数個である．この握手定理は，ネットワークをたどるパズルとの関連で，7章でまたお目にかかることになる．

9. この3つ巴戦の決闘では，最も下手な撃ち手であるジョーンズの生き残る可能性が最も高い．次に高いのは，決して撃ち損じないスミスである．ジョーンズが相手をする2人は，自分達の番になると互いにもう1人に狙いをつけるので，ジョーンズの最適戦略は，1人死ぬまで，空に向けて撃ち続けることである．1人死んだ時点で，次は必ずジョーンズの番になるので，この時点で彼はとても有利になる．

スミスが生き残る可能性を求めるのが一番易しい．対ブラウン戦において，スミスが先手を取れる確率は1/2であり，このとき彼は確実にブラウンに勝てる．一方，確率1/2でブラウンが先に撃つことになるが，ブラウンの命中率は4/5なので，スミスは1/5の確率で生き残ることができる．したがって対ブラウン戦でスミスが生き残る確率は，1/2に $1/2 \times 1/5$ を足した値3/5だ．そしてこの時点で，命中率50%のジョーンズがスミスを狙う．彼が撃ち損じれば，スミスは確実に勝てる．したがって対ジョーンズ戦でスミスが生き残る確率は1/2だ．まとめると，スミスが生き残る確率は $3/5 \times 1/2 = 3/10$ となる．

ブラウンの場合は，確率の無限級数になるため，もうちょっとややこしい．まず対スミス戦で彼が生き残る確率は2/5だ．（先にスミスが対ブラウン戦で生き残る確率は3/5であることを見た．2人のうちのどちらかは生き残るので，この3/5を1から引けば，ブラウンが対スミス戦で生き残る確率を求めることができる．）ブラウンはここでジョーンズに狙われるはめになる．ジョーンズが外す確率は1/2であり，そのときはブラウンが4/5の確率でジョーンズを射殺する．この時点で，ブラウンがジョーンズに勝つ可能性は $1/2 \times 4/5 = 4/10$ だ．しかしブラウンは1/5の確率で外してしまうので，そのときはもう一度ジョーンズが撃つ番になる．ブラウンが生き残る可能性は1/2だ．生き残れば4/5の可能性でジョーンズを射殺する．したがって彼がこの第2ラウンドで生き残りを確定する確率は $1/2 \times 1/5 \times 1/2 \times 4/5 = 4/100$ だ．

ブラウンがここで再び外してしまうと，第3ラウンドに突入

する．ここでブラウンがジョーンズを射殺して生き残る可能性は 4/1000 になる．ここでまたまたブラウンが撃ち損ねてしまうと，第 4 ラウンドにおける彼の生存確率は 4/10000 になる．以下同様である．まとめると，ブラウンが対ジョーンズ戦で生き残る確率は，次の無限級数で与えられる．

$$\frac{4}{10} + \frac{4}{100} + \frac{4}{1000} + \frac{4}{10000} + \cdots$$

これは循環小数 0.444444…，つまり分数 4/9 の小数展開である．

すでに見たように，ブラウンは対スミス戦で 2/5 の確率で生き残るのだった．そして対ジョーンズ戦では 4/9 の確率で生き残る．したがって彼が生き残って最後の 1 人になる確率は $2/5 \times 4/9 = 8/45$ である．

ジョーンズの生き残る可能性も同じような方法で計算することができる．しかしもちろん，スミスの生き残る確率 3/10 とブラウンの生き残る確率 8/45 を 1 から引いた方が簡単だ．すると，ジョーンズが最後に生き残る確率は 47/90 であることがわかる．

決闘全体の流れの様子は樹形図を使うと，わかりやすく図示できる（図 28）．ジョーンズが 1 番を引き当てても，彼はパスするので，最初の枝分かれは等確率な 2 つの可能性しかない．つまり，スミスが先に撃つ可能性とブラウンが先に撃つ可能性である．この木の 1 本の枝は，無限に続いて終わりがない．

この樹形図を使って個別の生き残りの可能性を計算するには，次のようにすればよい．

（1） 調べたい人が最後の生き残りになる端点にすべて印をつける．

（2） 各端点から木の根にいたる道筋をたどり，途中で現れる確率を全部掛け合わせる．この積が，その端点の事象が起こる確率である．

（3） 印がついた端点の事象が起こる確率を全部足し合わせ

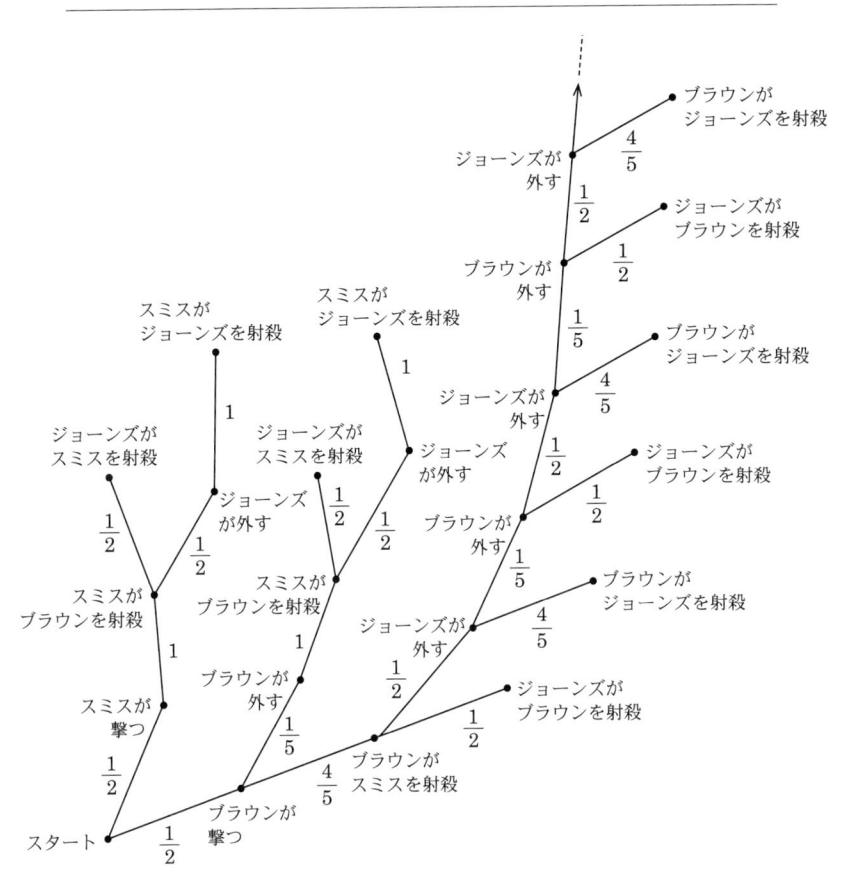

図 28　3つ巴戦問題の樹形図.

る．この合計がその人の生き残る確率である．

　ブラウンとジョーンズが生き残る確率を計算しようと思ったら，無限個の端点について計算しなくてはならない．しかしこの樹形図を使えば，それぞれの場合についての無限級数がどのような式になるか，すぐに見てとれるだろう．
　この問題の解答を最初に出版したとき，私は，おそらくこの

答えの中のどこかしらに国際政治に関するいくばくかの教訓があるのかもしれないとつけ加えておいた．オハイオ州デイトンのリー・キーンはそれについて，こんなコメントを寄越してくれた．

> 前　略
> 　国際政治の舞台における各国が，一個人と同じくらい賢明に振舞うと期待してはなりません．的中率半々のジョーンズは，最適な戦略に反して，自分にとって一番危険と思われる相手を，可能なときに撃ちまくるでしょう．そんな場合であっても，彼の生き残る確率がやはり最も高くて，44.722% です．そしてブラウンとスミスの生き残る確率は順位が逆転します．命中率 8 割のブラウンが生き残る可能性は 31.111% で，百発百中のスミスが生き残る確率は 24.167% になってしまいます．国際政治に関する教訓としては，おそらくこちらの方が，より意味深長でしょうね．

この問題は，パズルの本にさまざまな形で何度も登場している．私の知る限りで最も古いものはヒューバート・フィリップスの本[*3]である．この問題の変種がクラーク・キナードの本[*4]に載っているが，解答は間違っている．キナードの問題の正しい確率は『アメリカ数学月報』[*5]に載っている．

付記
(2008)
　3 つの穴にぴったりはまる 1 つの栓については，グェン・ロバーツが面白い変種を考えている[*6]．この変種では 3 つの穴が円と十字架と正方形だ．また，グェンの勤めている高校の生徒たちは，伝統的な栓を構成する立体，つまり円錐・球・円柱は，

[*3] *Question Time.* Hubert Phillips. J. M. Dent and Sons, 1938, Problem 223.
[*4] *Encyclopedia of Puzzles and Pastimes.* Clark Kinnaird. Grosset & Dunlap, 1946.
[*5] *The American Mathematical Monthly*, December 1948, p. 640.
[*6] "Shadows and Plugs." Gwen Roberts in *Puzzler's Tribute*, eds. David Wolfe and Tom Rodgers, A K Peters, 2002.

体積が 1 : 2 : 3 という比率になっていることを指摘した.

ロバーツは, ハトメ返しを使った, ピタゴラスの定理の美しい証明の図も同封してくれた (図 29).

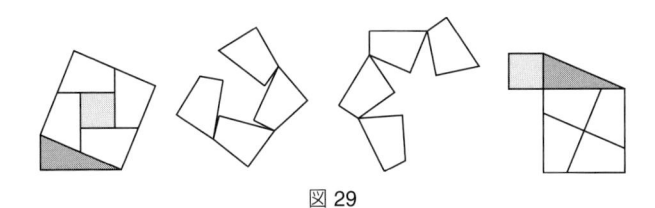

図 29

デイビッド・シングマスターは, 面積の比を用いた議論で, 丸い穴に四角い栓をするよりも, 四角い穴に丸い栓をした方が, よりぴったりと収まると結論づけている[*7]. 後者の比は $\pi/4$ で, 前者の比 $2/\pi$ よりも大きい. この話を一般化して n 次元に拡張すると, 驚くべき結果が得られる. 実は, n 次元球に n 次元立方体をはめるよりも, n 次元立方体に n 次元球をはめる方がぴったりと収まるのは, n が 8 以下のときであり, かつそのときに限るのだ.

3 つ巴戦に関する文献は, 今なお増え続けている. ドナルド・クヌースは, 決闘に臨んだ 3 人すべてにとっての最適な戦略が, ずっと空に向かって撃ち続けることであるという論考を論文[*8]の中で示している! ただし, 彼のこの物議をかもす解は, 決闘に臨んでいる人数が 3 人のときに限る. ウィキペディアを始めとする各種ウェブサイトでは, 一般の問題について, 今なお活発な議論が行なわれている.

[*7] "On Round Pegs in Square Holes, and Square Pegs in Round Holes." David Singmaster in *Mathematics Magazine* 37 (1964): 335-337.
[*8] "The Triel: A New Solution." Donald Knuth in *The Journal of Recreational Mathematics* 6 (1973): 1-17.

6

ソーマキューブ

> 快楽から離れる暇がない，座り込んで考えたりする暇がない——それともまた，もしかりに，たまたま運わるく，ぎっしり詰まった彼らの気ばらしにポカリとそういう時間の穴があいたとすれば，つねにソーマが待ちかまえている，あの快いソーマがだ．
> ——オルダス・ハックスリー『すばらしい新世界』[*1]

タングラムとよばれている中国のパズルゲームは，薄い正方形の板を7つの部品に分割したものである（18章を参照のこと）．この部品をすべて並べて他の図形を作るのが目的だ．このパズルの3次元版を考案する試みは，これまで何度もなされてきた．しかし，ピート・ハインが発案したソーマキューブほど成功したものは，他に類をみないだろう．彼はデンマークの著述家で，彼の数理ゲーム，ヘックスとタック・ティックスについては本全集第1巻で取り上げた．（なおデンマークでは，ピート・ハインは，クンベルというペンネームで何冊も出している警句詩集の著者として最もよく知られている．）

ピート・ハインは，ウェルナー・ハイゼンベルクの量子物理の授業中にソーマキューブの着想を得た．この著名なドイツの物理学者が1つの空間をいくつかの立方体（キューブ）にスライスする話をしているとき，とても興味深い幾何的な定理の片鱗が，ピート・ハインの脳裡

[*1] 松村達雄訳．講談社文庫，69ページ．

をちらりとよぎった．それは，同じ大きさの4個以下の立方体を面で貼り合わせて作れる変則的な立体をすべて集めると，全体で，1つの大きい立方体を作れるのではなかろうかというものである．

もう少し話をはっきりさせよう．ここでいう「変則的」とは，凸でない，つまりどこかに凹んだところがある立体のことを指している．最も単純で変則的な立体は，3つの立方体を図30のピース1のように接着したものである．立方体を3つ使っただけだと，可能な形はこれだけである．（もちろん，立方体を1つ，または2つ使っただけでは，変則的な形は作れない．）4つの立方体を使うとすると，立方

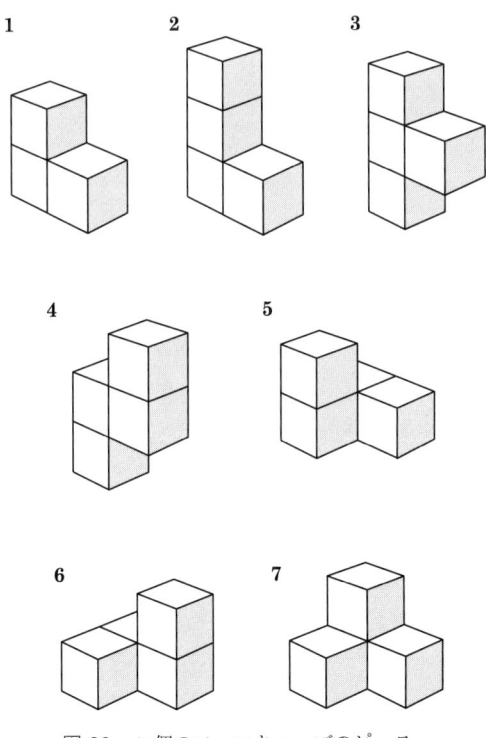

図30　7個のソーマキューブのピース．

体の面どうしを接着して作れる変則的な形が，全部で6通りあることがわかる．これが図中のピース2からピース7である．この7ピースを明確に区別するため，ピート・ハインは各ピースに番号を割り当てた．ピース5と6は互いに鏡像関係にあるが，それ以外のどの2ピースを取ってみても，お互い似ても似つかない形をしている．ピート・ハインの指摘によれば，2つの立方体をつなぐときには，ある1つの座標軸に沿ってつなぐ以外に方法はなく，3つの立方体をつなぐときに，最初の軸と垂直な2番目の軸が追加され，4つの立方体をつなぐときに初めて，他の2つの軸と垂直な，第3の軸が追加される．私たちには，4次元空間に入り込んで，第4の軸に沿って5つ目の立方体をつなぐことはできないので，ソーマのピースのセットを7つに留めておくことには妥当性があるだろう．このような初等的な組み合わせで合同な立方体をつなぎあわせて，それを集めると再び1つの大きな立方体が作れるというのは，面白い事実である．

ハイゼンベルクの授業の間，ピート・ハインは紙の上に7つのピースを描き並べて，これが全部で27個の小さな立方体からなっていることから，きっと$3\times 3\times 3$の大きな立方体が作れるだろうと確信した．授業の後，彼は27個の立方体を糊付けして7つのピースの形を作り，自分の洞察の正しさを見出した．このピースのセットはソーマという商品名で発売され，それ以来，このパズルは北欧諸国で人気のあるものとなっている．

ソーマキューブを作るには子供の積木でもあれば十分だ．読者のみなさんもぜひ作ってみてほしい．家族の誰もが何時間も熱中してしまうゲームが出来上がるだろう．7つのピースを作るのは簡単だ．接着剤を正しい面に塗って，少し乾かして，そして貼り合わせればよい．

ソーマに慣れるための最初の問題として，ピースのうちどれか2つを組み合わせて，図31の段構造を作ることができるかどうか，

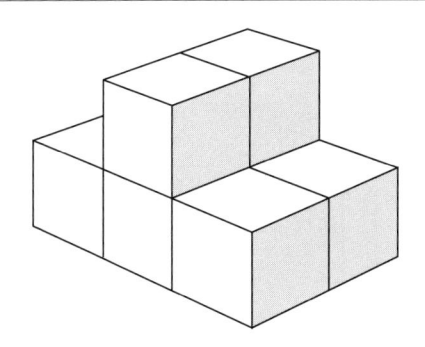

図 31　2 個のソーマのピースから作ることができる形.

試してみよう．この簡単な問題を習得したら，次に 7 つのピースをすべて使って，立方体を作ってみよう．実はこれはソーマの問題の中で，最も簡単なものの 1 つだ．シンガポールにあるマラヤ大学のリチャード・K・ガイは，（回転や鏡像によるものを除く）本質的に異なる解が 230 個以上あることを表にまとめているが，解の正確な個数については，まだ決着がついていない．他のソーマの問題でも同様だが，このパズルを解くには，特に変則的な形 (5, 6, 7) の置き方を最初に決めるという戦略を採用するのがよさそうだ．それ以外のピースは，構造の中に残ったすき間に当てはめやすいからだ．特にピース 1 を最後に残しておくとよい．

1 つの立方体ができたら，図 32 に示した，もっと難しい形状に挑戦してもらいたい．どれもすべてのピースを使う．単純な試行錯誤で時間を無駄遣いするのではなく，構造を解析して，幾何的な洞察を使って時間短縮をした方が，より深い満足感が得られると思う．例えば，ピース 5 やピース 6 やピース 7 を使っても，井戸の階段の部分を作ることは絶対にできない．何人かで集まったときは，各自がソーマのセットを持って，与えられた形状を最短時間で作れるのは誰か，競い合っても楽しそうだ．誤解を避けるために注意しておくと，ピラミッドや蒸気船の見えない裏側は，見えている表側

井戸

ピラミッド

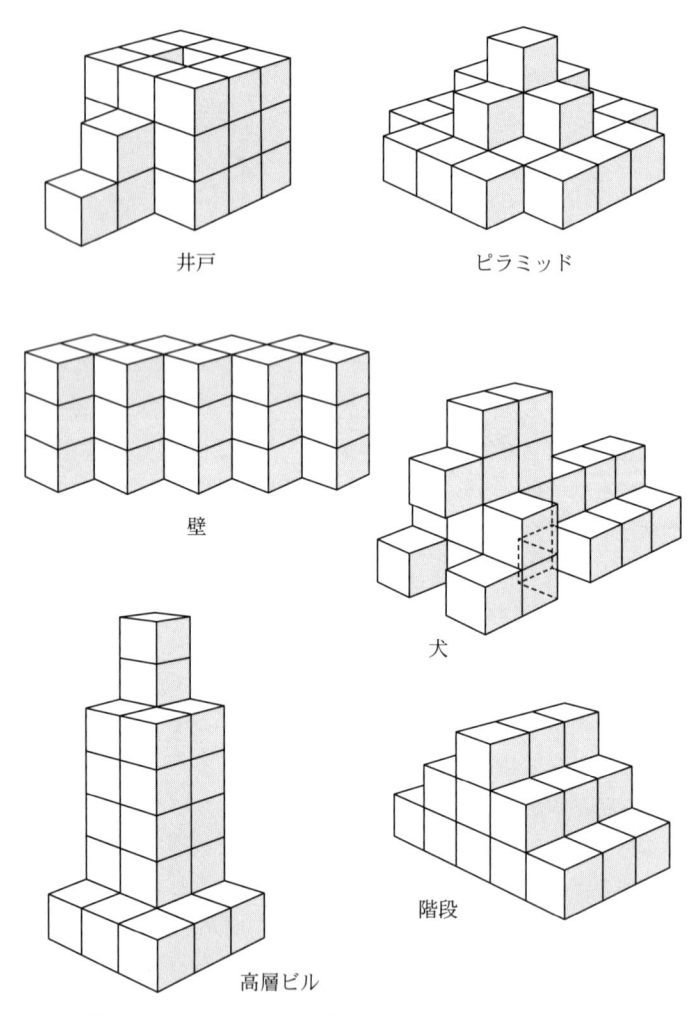

壁

犬

高層ビル

階段

図32 ソーマのピースで作れる形12種類．ただしこのうち1つだけ作れないものが混ぜてある．

椅子

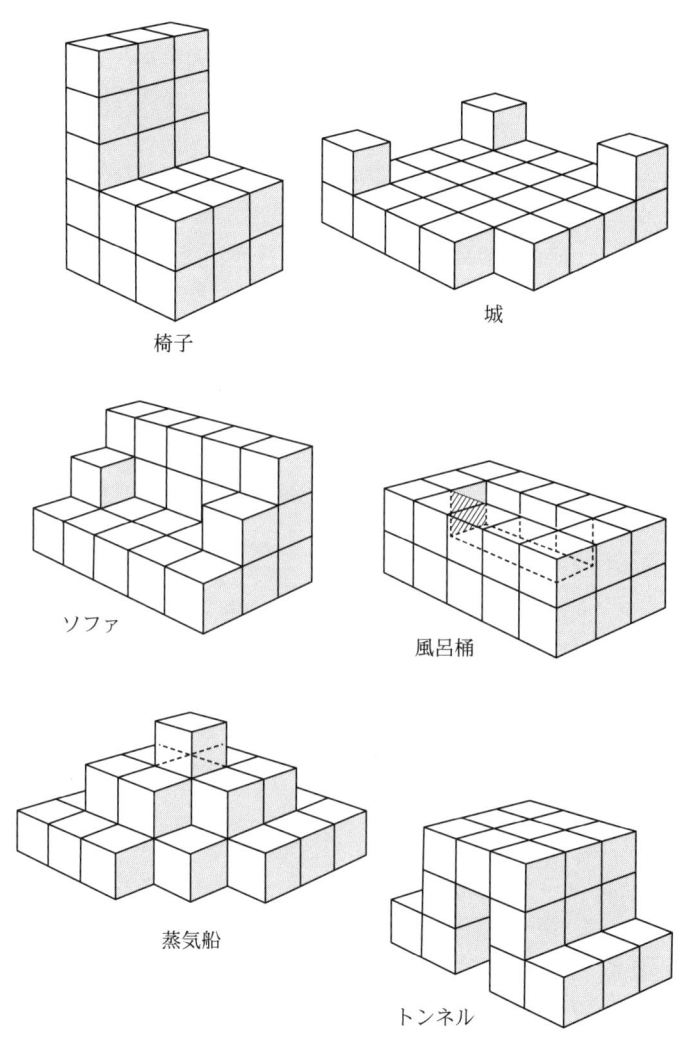

城

ソファ

風呂桶

蒸気船

トンネル

図 32 （続き）

と正確に対称な形をしている．また，井戸と風呂桶の内部の穴は，どちらも立方体3つ分だ．そして高層ビルの裏側には，穴も空いていないし，突き出た部分もない．犬の後頭部にあたるところは，縦に4つの立方体があり，一番下の1つは，ちょうど図では見えない位置にある．

このソーマのピースと数日間戯れていると，それぞれの形に馴染んでくるため，ソーマの問題を頭の中だけで解けるようになる人も多い．ヨーロッパの心理学者たちは，彼らが作ったテストを使って，ソーマの問題を解く能力と，一般にいう「知能」との間に大雑把な相関があることを示したが，その一方で，知能指数曲線の両端にいる人には特異な乖離が見られることも分かった．ソーマが極端に苦手な天才がいる一方，ソーマの問題の空間把握に関する特別な能力が備わっているように見える知的障害者もいる．こうしたテストを受けた人たちは，誰もがテストが終わった後も引き続き遊びたがった．

2次元のポリオミノと同じく，ソーマの組み立ては，組合せ幾何の魅力的な定理や不可能性の証明を生み出してくれる．図33の左に描いた構造を考えてみよう．この構造は，誰にも作ることができなかったので，最終的に不可能性の証明が編み出されたものだ．ここでは，南カリフォルニア大学の数学者ソロモン・W・ゴロムが見出した，あざやかな証明を紹介しよう．

まず，図の右に示したようにこの構造を上から見下ろして，チェス盤と同じような市松模様になるように，縦の柱に色を塗る．それぞれの柱は，中心を除いて立方体2つ分の高さで，中心の柱だけ立方体を3つ含んでいる．つまりここには8個の白い立方体と，19個の黒い立方体があり，個数にかなり極端な差があることがわかる．

次に考えるのは，7個のピースのそれぞれを市松模様の中に置いたときに，可能なすべての置きかたの中で，最大いくつまで黒い立方体の個数に貢献できるかという点である．それぞれのピースごと

6 ソーマキューブ 71

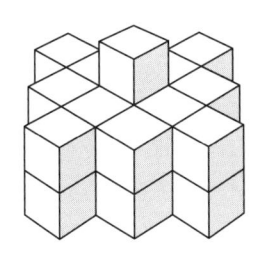

ソーマのピースで作れない形　　　色の塗り方

図 33

ソーマのピース	黒い立方体の最大値	白い立方体の最小値
1	2	1
2	3	1
3	3	1
4	2	2
5	3	1
6	3	1
7	2	2
計	18	9

表 34　不可能性の証明のための表.

に最大値を求めて，表34にまとめておいた．見てわかるとおり，黒い立方体の個数の合計は，どれだけがんばっても18までである．したがって，19と8に分けるには，1つ足りない．一番上に1つだけ飛び出した黒いブロックを，白いブロックの柱のどれかの上にずらしてやると，黒と白の比率は18個と9個になり，この構造は実際に組み立てが可能になる．

ここで図32にあげた形状の中で，作るのが不可能なものが1つあることを白状しておこう．とはいえ，どれが不可能であるかを見つけようと思ったら，普通の読者なら何日もかかるだろう．解答の欄では，どれが不可能であるかだけを示して，それ以外の形状を構

築する方法は示さないことにしよう．（できることさえわかれば，あとは時間の問題だろう．）　　　　　　　　　　　　　　　　　〔解答 p. 82〕

　タングラムの7つの部品を使って作れる図形の数が限りなくたくさんあるのと同じように，7つのソーマのピースを使って作ることができる楽しい形状も，限りなくたくさんあるように思われる．例えば，ピース1を脇にどけておいて，残った6つのピースを使うと，ピース1と同じ形で，大きさがどこもちょうど2倍になったものを作れる，というのは面白いことだ．

追記
(1961)

ソーマについての記事を書いたとき，私は，ソーマの一式を実際に作って熱中する読者はそれほど多くなかろうと高をくくっていた．しかしそれは間違いだった．何千人もの読者が，新しいソーマの問題図のスケッチを送って寄越した．また多くの人が，ソーマ熱にかかったせいで，せっかくの余暇が台無しになったと文句を述べていた．先生たちは教室の中でソーマを活用し，心理学者たちは心理テストの中にソーマを取り入れた．ソーマ大好き人間は入院中の友達へのクリスマスギフトにまで，ソーマの一式を贈るにいたっている．山ほどの業者が工業所有権について問い合わせてきた．読者から寄せられた数百の新しいソーマの形から，12個選んで図35に掲載しておいた．この中には，複数の読者から寄せられたものもある．今回のはどれも，ちゃんと組み立てられるものばかりだ．

これほどまでにソーマが人々を魅了する理由の1つは，たった7ピースしか使わないという事実ではないかと私は思う．複雑すぎて，圧倒されることがないのだ．その一方で，もっと多くのピースを使ったさまざまな変種も考えられていて，私はそれについての説明も，たくさん受け取っている．

シアトルのセオドア・カツァニスは，1957年12月23日付（つまりソーマの記事が掲載される前）の手紙の中で，4つの立方体から作られる8種類のピースから構成される，別のセットを提案している．このセットはソーマのピースと同じものを6種類と，4つの立方体を直線状につないだものと，同じく4つの立方体を2×2につないだものだ．カツァニスはこれをクアドラキューブとよんでいるが，のちに他の読者たちからテトラキューブというよび名が提案されている．この8個のピースでは，もちろん大きな立方体は作れない．しかし，巧妙に組み合わせると2×4×4の直方体に収めることができる．これはテトラキューブのピースの1つを辺々2倍に拡大したものと同じだ．他の7つのピースのそれぞれについても，同様に2倍体を作ることができる．カツァニスは，8つのピースを4つずつ2つのセットに分けて，それぞれのセットで別々に2×2×4

水晶

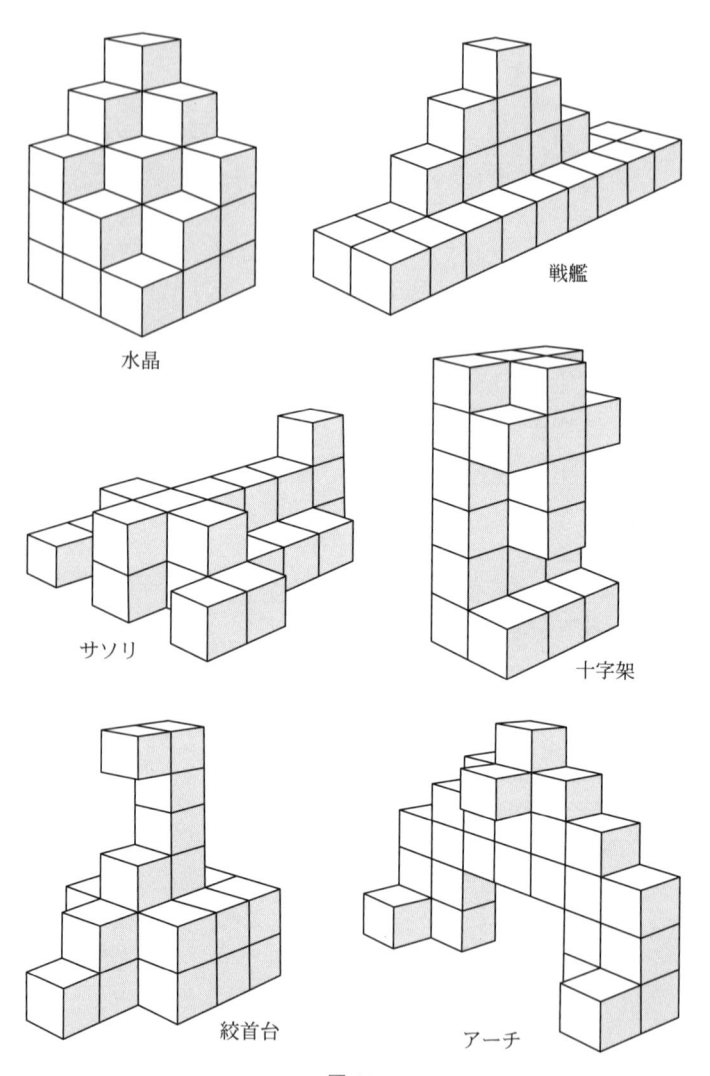

戦艦

サソリ

十字架

絞首台

アーチ

図 35

6 ソーマキューブ 75

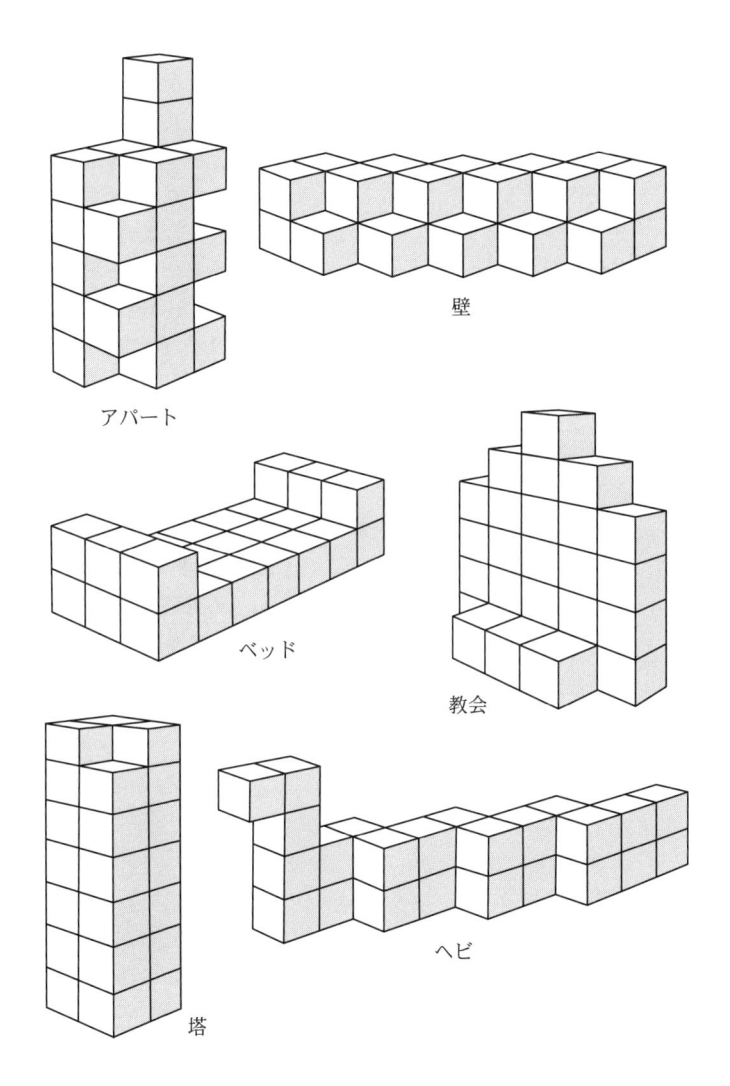

壁

アパート

ベッド

教会

塔

ヘビ

図35 （続き）

の直方体を作れるということにも気付いた．この2つの直方体をいろいろな方法でつなげば，8つのピースのうちの6つについて，2倍体を作ることができる．

以前のコラム（本全集第1巻の13章）で，12個のペントミノについて紹介した．単位正方形を可能なすべての方法でつないで作られる，平らな形だった．カリフォルニア大学バークレー校の数学教授を夫にもつR・M・ロビンソン夫人は，ペントミノに3つ目の次元を与えて厚みを1単位にすると，12個のピースで$3 \times 4 \times 5$の直方体が作れるということを発見した．これはバーモント州サウス・ヒーローの医学博士チャールズ・W・スティーブンソンをはじめ，何人かが独立に発見した．スティーブンソン博士は，この3次元型ペントミノを使うと，$2 \times 5 \times 6$の直方体や$2 \times 3 \times 10$の直方体も作れることを指摘している．

複雑さの次の段階では，可能なすべての方法で5個の立方体をつないで得られる29個のピースにたどり着く．先にあげた手紙の中で，カツァニスはこの一式を提案してペンタキューブとよんでいる．ペンタキューブには，鏡像関係にあるピースが6対ある．各対から一方を除くと，ペンタキューブは23個になる．しかし29も23もどちらも素数なので，どちらのセットを使っても直方体を作ることはできない．カツァニスは3倍体問題を提案している．それはこんな問題だ．まず29個のピースから1つ選ぶ．そして残った28ピースの中から27個を使って，選んだピースの3倍体を作るというものだ．

1960年，カリフォルニア州ナパのデイビッド・クラーナーは，見事な出来栄えのペンタキューブのセットを私に送ってきてくれた．私はうかつにも，きれいに収まった木の箱の中から，中身を全部ぶちまけてしまったのだが，いまだに元に戻せないでいる．クラーナーは，少なからぬ時間を費して，ペンタキューブの独特の形状の数々を考案してくれた．私も少なからぬ時間を費して，そのうちのいくつかを組み立てようと試行錯誤している．彼はまた（6つの立方体をつないで作られる）ヘキサキューブのピースの数が166個であることを指摘してくれた

うえ，そのセットを親切にも送って寄越さないでくれた．

付記
(2008)

単位立方体を面でつないで作られる多面体は，こんにちポリキューブとよばれている．ソーマの7つのピースは，ポリキューブの部分集合というわけだ．1958 年のコラムで私がソーマキューブを紹介してからというもの，世界中にある無数の玩具会社がソーマキューブを製作して販売した．私の手元にあるのは，パーカー・ブラザーズ社のものだが，これにはピート・ハインが書いた使用説明の冊子がついている．この会社では，ゲーム販売業者のトーマス・アトウォーターが編纂した「ソーマ大好き人間」という 3 冊組のニュースレターも配布している．

回転や鏡像によるものを除くと，ソーマキューブの組み方は全部で 240 通りあることが，コンピュータのプログラムで確認された．ジョン・コンウェイは彼が言うところのソーマップを作った．ソーマップの実物は『ウィニング・ウェイズ』の 911 ページと 912 ページ[*2]に掲載されている．この興味深いグラフによれば，大きな立方体の作り方のうち，239 個の解のうちの 1 つを出発すると，2 つか 3 つのピースの入れ換えだけで別の解にたどり着ける．そして，この方法ではたどり着けない孤立した解が 1 つある．

J・エドワード・ハンラハンは，彼が考案したソーマの問題を送ってくれた．問題は $4 \times 4 \times 2$ の直方体を作ることだが，このときにできる 5 つの「穴」を上の層に集めて，この穴で 12 個のペントミノのそれぞれのピースを作れというものだ．この問題は，まっすぐなペントミノ（I ペントミノ）を除いて，すべて解をもつ．I ペントミノは 4×4 に収まらないから，不可能なことは自明だ．

[*2] *Winning Ways*, Vol. 4. Elwyn Berlekamp, Conway, and Richard Guy. A K Peters, 2004.〔邦訳（初版の抄訳）:『「数学」じかけのパズル＆ゲーム――「1 人遊び」で夜も眠れず…』エルウィン・バーレキャンプ，リチャード・ガイ，ジョン・コンウェイ著，小谷善行，滝沢清，高島直昭，芦ケ原伸之訳．HBJ 出版局，1992 年，108-109 ページ．〕

パズル収集家のジェリー・スローカムは，$3 \times 3 \times 3$ 立方体を 7 つ以下のピースに分けるパズルだけで，数十種類の異なるものを持っているが，そのほとんどは，ソーマキューブに関する私のコラム以降に発売されたものだ．本全集第 11 巻のポリキューブの章で，私はビクトリア朝時代のイギリスで売られていたディアボリカルキューブについて叙述した．これは古くから知られていた $3 \times 3 \times 3$ 立方体の分割で，6 つのポリキューブで立方体を作るものだが，13 通りの解がある．またミクシンスキーキューブについても説明した．これも 6 つのポリキューブのピースからなるが，たった 2 通りしか解がない．

　解の個数を制限するため，単位立方体の面にいろいろと彩色をしたり，形を工夫した $3 \times 3 \times 3$ 立方体の分割も，数多く考案されてきた．例えば，単位立方体を白黒に塗り分けて，表面や，内部にいたるまで市松模様にしろといったパズルがある．別の例では，単位立方体に 1 つから 6 つまでの点を描いておいて，組み上げた立方体がサイコロになるようにせよというものもある．単位立方体にさまざまな色をつけたものもある．この場合は，与えられた色のパターンが各面に出るように立方体を組むことになる．市販されたものの中には，単位立方体に 1 から 9 までの数字が書かれているものもあり，これは，立方体の各面を魔方陣にすることが目的だ．ウィスコンシン州マジソンのパズル会社では，9 つのポリキューブをセットにしたものを使ったゲームを販売している．プレーヤーは，サイコロを 2 つ転がして，7 つのポリキューブをランダムに選んで，そのピースを使って $3 \times 3 \times 3$ 立方体を作らなくてはならない．1969 年に「インパザブル(不可能パズル)」という名前で販売されたパズルは，立方体を 6 通りの方法で分割したパズルセットで，それぞれが 5 個～7 個のポリキューブでできている．

　$3 \times 3 \times 3$ 立方体を 6 つ以下のポリキューブに分割して，立方体に組む方法が 1 通りしかないようにするのは，比較的簡単である．しかし，7 つの印のないピースに分けてそれを実現するのは，それほど簡単ではない．それぞれの単位立方体と，組

み上げた大きな立方体をすべて斜め方向に歪ませて傾けたソーマが，ローマという名前で売られている．もっと大胆に形をつぶしたソーマも日本で売られていたことがある．こうした歪みのおかげで，これらのパズルは解が1通りしかない．

カンザス州ローレンスのジョン・ブリューワーは，彼がかつて刊行していた小雑誌[*3]の中で，ソーマの各ピースに違った色をつけるという，ちょっとした工夫について紹介している．各単位立方体に適切な彩色をしておけば，組み上がった立方体の3つの面を示すだけで，解のそれぞれを表現することができる．彼は，各解をこうした絵で表現して作った完全なソーマップを私に送ってくれた．彼はまた，ソーマキューブの解の全体像を最初に公表したマーガレット・ウィルソンの所在をつきとめようと奮闘した挙げ句，失敗に終わった顛末についても雑誌の記事の中で紹介している．

MITの物理学者アラン・グースは，ビッグバンの直後の瞬間に，宇宙は急速に膨張したという仮説の提唱者として有名であるが，彼は雑誌『ディスカバー』の中でこう言っている[*4]：

> 私にとって，いつもお気に入りのパズルは，ソーマとよばれるゲームである．私が大学生のときに発売されたように思う．これは7つの変な形のピースからなっていて，全部集めて大きな立方体を作ることもできるし，それ以外にも，バラエティに富んだ数多くの3次元立体を作ることができる．一度に2セットを使って遊んでも楽しいものだ．説明の冊子には，立方体を作る方法が何通りあるかということに関する記述があって，私は，その個数を確認するコンピュータのプログラムを作ったことも覚えている．そこに書かれた数字は正しかったが，彼らの数え方では，立方体の24通りの向きのそれぞれに対する組み方が「違う

[*3] *Hedge Apple and Devil's Claw* (Autumn 1995 issue).
[*4] *Discover* (December 1997).

方法」として数え上げられていたことを見つけ出したものだ．

　2006年9月のミネソタ州フェア*5 のとき，聖パウロ市で会場に設えられたのは，特大のソーマキューブだった．これはミネアポリスのエド・ヴォゲルの手によるものだ．彼は私に2枚のCDを送ってくれた．一方には，このフェアの写真がたくさん入っていて，もう一方には，この巨大ソーマを使っていろいろな立体を作っている様子の写真がたくさん入っていた．ヴォゲルの許可を得て，この写真の1枚を本書にも収録させてもらった（図36）．

　ヴォゲルによると，彼はサイエンティフィック・アメリカ

図36　写真提供：エド・ヴォゲル*6．

---

*5　〔訳注〕ミネソタ州で毎年開催される祭．
*6　〔訳注〕この写真は，日本語訳の出版にあたり，ヴォゲル氏に送ってもらったもので，原著とは異なる．

ン誌に本章の内容が最初に掲載されたときに読んで以来，すっかりソーマ熱にかかってしまったそうだ．数年後，彼は段ボール箱を使って巨大なソーマキューブを作るようになり，2006年には友人のスティーブン・ジェブニングの助けを借りて，ついに世界最大のソーマキューブを作るにいたったという次第だ．自身のことをなんと紹介してもらいたいかヴォゲルに聞いてみたところ，「多芸を誇り，無芸を自認する男」との返信があった．

ソーマキューブに関しては，本全集第 11 巻のポリキューブの章で，もう一度取り上げることになる．

ドナルド・クヌースは 2007 年に私のファイルを眺めていて，アンネケ・トゥリープから送られた 1988 年後半の日付の手紙を見つけ出した．その手紙の中でトゥリープは，立方体にする方法が 1 つしか存在しない 7 つのポリキューブについて説明していた．彼女のピース構成を図 37 に示す．そのときの私は，彼女の主張を確認することも反証することもできなかったが，クヌースはさらさらとコンピュータのプログラムを書い

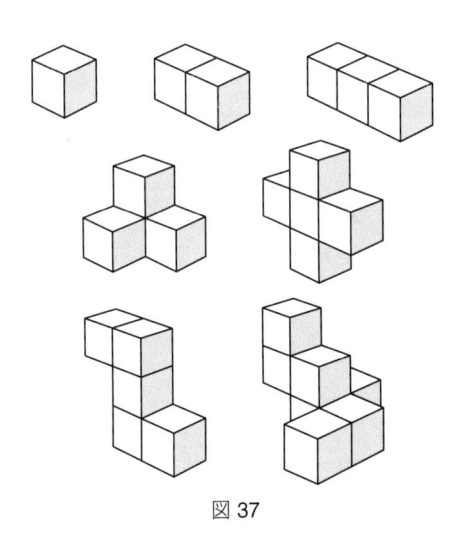

図 37

て，彼女が正しかったことを証明してくれた．トゥリープはその後も，似たようなうまいピース構成をいくつか見つけている．ピーター・ファン・デン・ムイジェンベルグも，私に同様の結果を知らせてくれた．

トルステン・シルケは，単位立方体を3個から5個つないだ7つのピースを使った（おそらく彼自身が構成した）まったく違ったピース構成を2007年にウェブサイトで公開した．またクヌースがウェブでアンネケについて調べたところ，彼女は独特のメカニカルパズルをいくつも発明して，それらはカドン社から発売されているということだ．

解答 ●図32でソーマのピースで組み立てるのが不可能なのは，高層ビルだ．

文献 *Soma Puzzle Solutions*. M. Wilson. Creative Publications, 1973.

"Soma Cubes." G. S. Carson in *Mathematics Teacher* (November 1973): 583-592.

Soma Cubes. S. Farhi. Pentacubes Puzzles, 1979. この15ページの小冊子には，111個のソーマの問題と解答が載っている．

"Soma: A Unique Object for Mathematical Study." D. Spector in *Mathematics Teacher* (May 1982): 404-407.

"The Computerized Soma Cube." J. Brunrell et al. in *Symmetry Unifying Human Understanding*, ed. I. Hargittai. Pergamon, 1987.

"Solving Soma Cube and Polyomino Problems Using a Microcomputer." D. A. Macdonald and Y. Gürsel in *Byte* (November 1989): 26-41.

●日本語文献

「ジャグラー小田原の箱詰めパズル天国」（http://www.torito.jp/puzzles/hakozume.shtml）小田原充宏執筆，2001年以降．

「ちょいとパズルでも」（http://puzzlewillbeplayed.com/index.html）石野恵一郎作成，2000年以降．

|7|

レクリエーション・トポロジー

　トポロジストたちは，コーヒーカップとドーナツの違いがわからない数学者であるとよばれてきた．コーヒーカップのような形は，連続した変形によってドーナツのような形にできるため，これら2つの物体はトポロジー的な観点からは理論的に同等であり，大雑把にいって，トポロジーとは，こうした変形のもとで不変な性質を研究する分野なのだ．数学レクリエーションの幅広い領域にわたるさまざまなもの（手品のトリック，パズル，ゲームを含む）が，トポロジーの解析と密接に結び付いている．それらはトポロジストにとっては当り前に思えることかもしれないが，門外漢の私たちにとってはなお新鮮な驚きをもたらしてくれる．

　数年前，オハイオ州シンシナティのマジシャン，スチュアート・ジューダは面白い手品を考え出した．まず靴ヒモがしっかりと鉛筆とストロー[*1]に巻き付けられる．この靴ヒモの両端を引っ張ると，靴ヒモは鉛筆を通り抜けて，ストローだけを真っぷたつにしてくれる．ジューダの許しのもと，この仕掛けを公開しよう．

　まず，ストローを押し潰してぺちゃんこにして，そのストローの下端と，削っていない鉛筆の下端を，短い輪ゴムでしっかりと留める（図38(1)）．ストローを下に折り曲げて，誰かに鉛筆の上下の端

[*1]　〔訳注〕これは紙ストロー．なければ通常のストローの紙袋が良い．

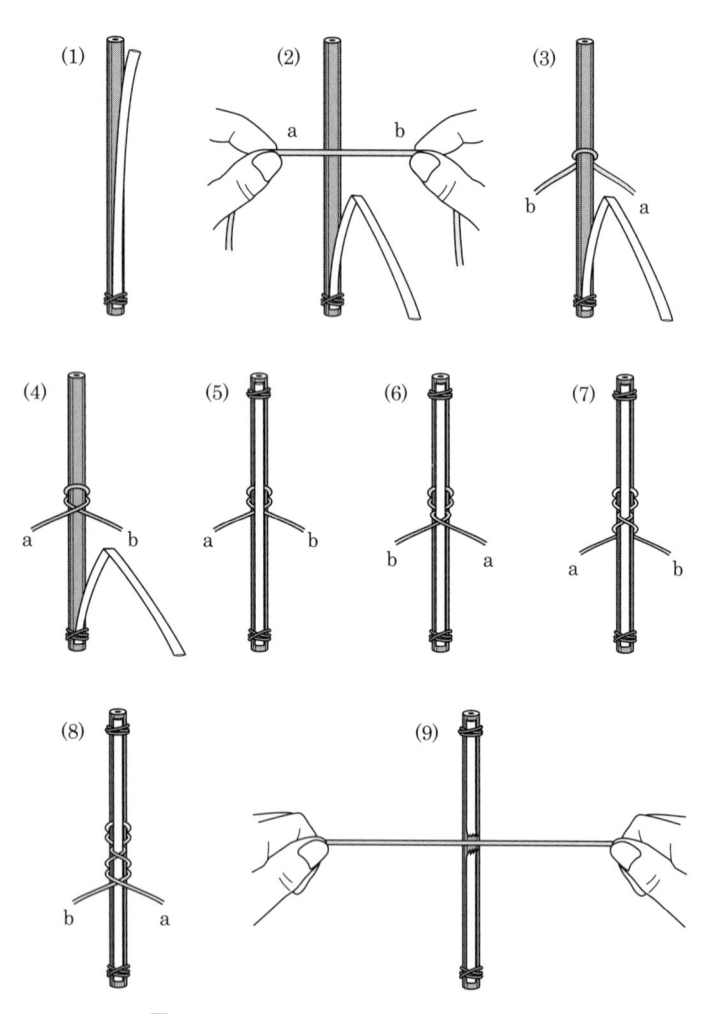

図 38　スチュアート・ジューダの貫通手品.

をしっかりと持っていてもらおう．このとき鉛筆の上端が自分から見て45度分，向こう側に倒れるように保持してもらう．靴ヒモの中央部分を鉛筆の上に置き（図38(2)），靴ヒモを鉛筆の裏側で交差させる（図38(3)）．このように靴ヒモを巻きつけていて，ヒモどうしが交差するときには，必ず同じ側の端（例えば端a）がいつでも他方の上にくるようにすること．そうでないと，仕掛けがうまく働かない．

両端を前方に回り込ませて，鉛筆の前で交差させる（図38(4)）．ここでストローを上に伸ばして鉛筆と重ねて（図38(5)），ストローと鉛筆の上端どうしを，もう1つの輪ゴムできっちりと留める．今度は靴ヒモをストローの上で交差させる（図38(6)）が，このときも端aを端bの上に重ねることを忘れてはいけない．両端を鉛筆の後ろでもう1度交差させ（図38(7)），最後に前でもう1度交差させる（図38(8)）．この図の中では，巻きつける操作をわかりやすくするため，鉛筆に沿った靴ヒモの間隔が広くなっている．実際には，もっと鉛筆の中央付近にぴったりと寄せて，詰めて巻いた方がよい．

見物人に頼んで，鉛筆を強くしっかりと握ってもらって，あなたは靴ヒモの両端を外側に引っ張って締めつけよう．3つ数えて，両端を勢いよく素早く引く．図38の最後に，驚きの結果を示しておく．靴ヒモはピンとまっすぐ張られて，まさに鉛筆を通り抜けて，ストローを切断したように見える．あなたは，魔法の貫通の衝撃にストローが耐え切れなかったのだと言えばいい．

手順を詳細に解析すれば，明快な説明にたどりつくことができる．靴ヒモの両端は，鉛筆の周囲で互いに鏡像関係にある2つのらせんをなすように巻かれているので，靴ヒモと演者自身が作る閉じた曲線と，見物人と鉛筆が作る閉じた曲線とは，互いに絡んではいない．両端を強く引かれた靴ヒモは，2つのらせんをしかるべき場所で押さえていたストローを切断してしまう．そして2つのらせんは，まるで素粒子と反粒子がぶつかったときのように，互いに打ち消し合って消えてしまうのである．

昔からあるパズルの中には，トポロジーを利用したものが数多くある．そもそもトポロジーの起源にしても，1736年にレオンハルト・オイラーが，ケーニヒスベルクの7つの橋を一筆書きで渡る（つまり同じ橋を2度渡らず，すべての橋を渡る）方法を見つけろというパズルに対し，古典的な解析を行なったことに由来する．オイラーはこのパズルが，ある閉じたネットワークを，1本の連続した線で同じところを2回通らずにたどることと，数学的に同値であることを示した．道をたどるこの手の問題は，パズルの本によく出てくる．こうした問題に取り組むときはまず，偶数本の線につながっている節点（線分の端点になっている点）と，奇数本の線につながっている節点がそれぞれ何個あるかに注意しておく．（「奇数」の節点はいつでも偶数個ある．5章の問題8参照．）もしすべての節点が「偶数」ならば，どこから始めても，同じ節点に戻ってくる「周回路」が必ず存在する．「奇数」の節点が2つあれば，このネットワークをたどることはできるものの，その経路は奇数の節点の一方から出発して，他方で終わるものになる．また，このパズルが1つでも解をもつなら，自分自身と交差しない経路でも必ず解くことができる．奇数の節点が3つ以上あるなら，このパズルは解をもたない．奇数の節点は明らかに経路の端点にならないといけないにもかかわらず，連続したどんな経路も端点は2個か0個しかないからである．

　こうしたオイラーの規則を心に留めておくと，この手のパズルはだいたい簡単に解ける．しかし，問題に何か条件を追加すると，こうしたパズルは，時として一級品の問題に化ける．例えば図**39**に示したネットワークを考えよう．すべての節点は偶数なので，1つの周回路で全体をたどることができる．しかし今回は，ネットワークのどの部分も好きなだけ繰り返し訪れてよく，しかもどの節点から出発して，どの節点で終わってもよい．問題は次のとおりだ．1本の連続した線で，最少の回数の方向転換でネットワーク全体をたどってもらいたい．1度止まって，来た方向に後戻りするのも，もちろん方向転換と考える．

〔解答 p.93〕

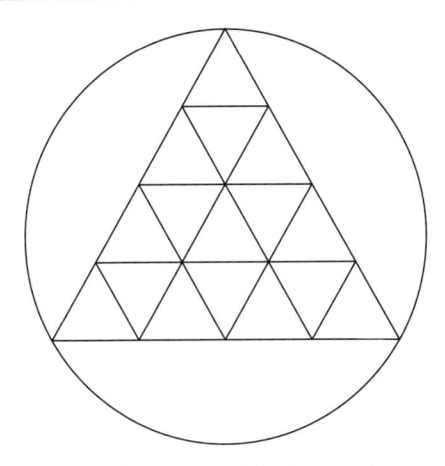

7 レクリエーション・トポロジー　87

図 39　ネットワークを巡回するパズル．

　ヒモやリングを使ったメカニカルパズルは，トポロジーの結び目理論と強い結び付きがあることが多い．こうしたパズルの最高峰だと私が考えるのは図 40 に示したものだ．これは厚手の段ボールと，ヒモと，ある程度大きなリングがあれば簡単に作ることができる．リングは十分大きなものを用い，段ボールのパネルの中央の穴を通り抜けることができないようにする．段ボールが大きいほど，そしてヒモがしっかりしたものであるほど，パズルの操作性がよくなる．問題は単純で，リングをループ A からループ B に移動せよというものだ．もちろんヒモを切ったり，両端を解くのは反則だ．
〔解答 p. 93〕

　このパズルは，数多くの古いパズルの本で出題されているが，かなりひどい書かれ方をしていることが多い．例えば，ここで示したようにヒモの両端をパネルに結び付けるのではなく，それぞれの端を穴に通してからビーズに結び付けて，ヒモが穴から抜けないようにしているものがある．こうしてしまうと，ループ X をそれぞれの穴から引っ張り出して，ビーズの周囲を回り込ませるという，不粋な別解を許してしまう．このパズルは実際には，ヒモの両端が何

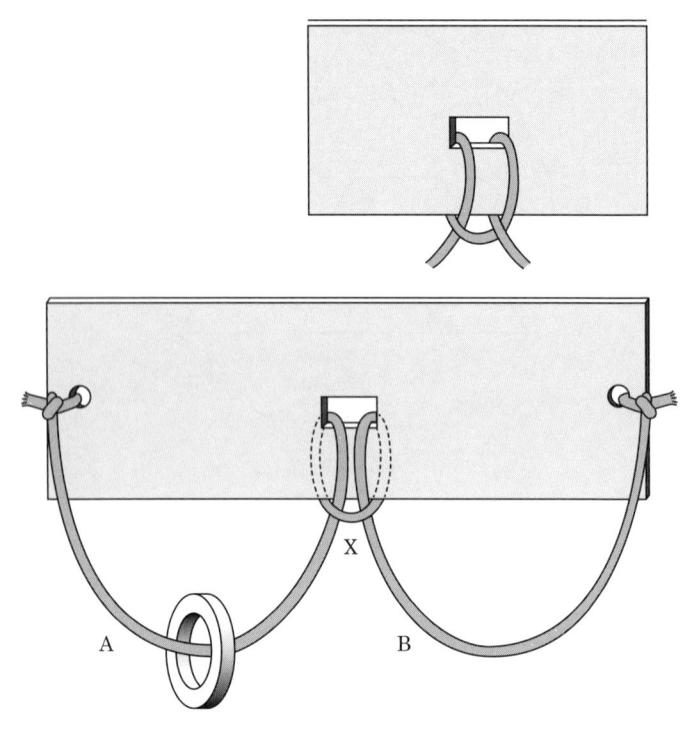

図 40　リングをループ B に移せるだろうか？

の役割りも果たさないような，巧妙な方法で解くことができるのだ．またループ X を，図 40 の右上に描かれたように 2 重になったヒモの上下に互い違いに通してしまうと，このパズルは解けなくなってしまうという面白い点も指摘しておく価値がありそうだ．

　トポロジー的に興味深い性質をもつ数学的なゲームといえば，アジアの偉大なゲームである「碁」や，子供向けのお馴染みのゲームである「ドットとボックス」が好例である．ドットとボックスは，長方形状に並んだ格子点を使って始めるゲームで，プレーヤーは交互に水平または垂直に隣り合った点どうしを線で結ぶ．ある線を描

いて1つまたはそれ以上の単位正方形ができたときは，プレーヤーは自分の頭文字をその正方形の中に書いておいて，さらに次の線を引くことができる．すべての線が描かれるまでゲームは続き，より多くの正方形を取ったプレーヤーが勝者となる[*2]．このゲームは，あとで多くの正方形を取るために一部の正方形を犠牲にするといった，策略の機会をたくさん仕込めるため，熟練者どうしでやると，かなり白熱する．

このドットとボックスは，3目並べと同じくらい幅広く遊ばれているが，完全な数学的解析はいまだに行なわれていない．実際，例えば16個の正方形状の点配置でも，びっくりするほど複雑なのだ．

ブラウン大学の数学の准教授デイビッド・ゲールは，とても魅力的な点つなぎゲームを考案した．考案者に敬意を表して，このゲームを勝手ながらゲールとよばせてもらおう．このゲームの第一印象は，本全集第1巻で説明したトポロジーゲームのヘックスに似ている．しかし本当のところ，これは完全に違った構造をもっている（図41）．ゲームの盤面は，長方形状に並んだ黒い点と，同様に長方形状に並んだ色つきの点をずらして重ねたものだ．（図では色のついた点を白丸で，色のついた線を破線で表してある．）プレーヤーAは通常の黒い鉛筆を使う．Aは自分の手番のとき，垂直または水平方向に隣り合った2つの黒い点どうしを線でつなぐ．目的は，盤面の左側と右側を連続した黒い線分でつなぐことだ．プレーヤーBは色鉛筆を使って，隣り合った色つきの点どうしを同様につなぐ．彼の目的は，盤面の上下を色つきの線分でつなぐことだ．相手の線分と交差するところには線を引くことができない．各プレーヤーはそれぞれの手番のときには1本の線しか引けない．そして，盤面の端どうしを連続する線で先につないだ方が勝ちだ．図は，色鉛筆をもった方が勝ったところである．

[*2] 〔訳注〕日本でも，このゲームとよく似た「3角取り」というゲームがあり，主に関西地方で遊ばれているようだ．3角取りでは，点を適当に打ったところから始めて，互いに交差しないように線を引いていき，3角形をより多く取った方が勝つ．

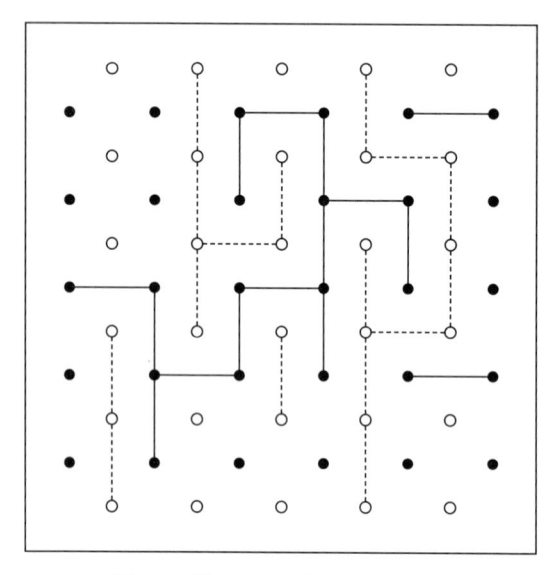

図 41　ゲールのトポロジーゲーム．

　ここで示した例よりも盤面が小さいと，解析が簡単すぎて初心者以外には面白くないが，ゲールはどんな大きさの盤面でも遊ぶことができる．そしてどんな大きさの盤面でも，先手が必勝手順をもっていることが証明できる．そのことは，ヘックスが先手必勝であることの証明と同じ方法で示せる．しかし残念ながら，どちらの証明も必勝手順そのものの手がかりは，まったく与えてくれない．

追記
(1961)

　本書で紹介した形の盤面そのままで遊べるゲールが，1960年にロードアイランド州セントラルフォールズの会社ハセンフィールド・ブラザーズからブリジットという名前で発売された．ブリジットの盤面では，点が上に突き出ていて，小さなプラスチック製の橋で盤面上の2点をつないで遊べるようになっている．そのためこのゲームでは，説明書にも書かれているように，面白い変種を遊ぶこともできる．各プレーヤーの橋の数に，例えば10本といった制限を設けるのだ．もし合計20本の橋がすべて架けられたあとでも決着がついていないときは，各プレーヤーは自分の手番で，すでにある橋を別のところにつけかえるという操作を繰り返してゲームを続ける．

　私が自分のコラムでゲールのことを紹介する7年前の1951年，クロード・E・シャノン（現在はマサチューセッツ工科大学のコミュニケーションサイエンスと数学の教授）がゲールをプレイするロボットの1号機を作っていた．シャノンはこのゲームを鳥カゴとよんでいた．彼の機械は，抵抗器のネットワークを使ったアナログ計算に基づく，単純な計算回路によるもので，完全ではないものの，かなり巧妙な打ち手であった．1958年には，当時イリノイ工科大学の防衛研究機構のエンジニアであったW・A・デビッドソンとV・C・ラファーティが別のゲールプレイ機械を設計した．彼らはシャノンの機械を知らなかったが，その設計は，シャノンが先に発見したものと同じ基本原理を使っている．

　その基本原理とは，次のようなものだ．抵抗器は，プレーヤーのどちらか（ここではAとしよう）が引ける線に対応している（図42）．各抵抗器の抵抗値は同じものとする．Aが線を引くことは，その抵抗をショートさせることに対応する．Bが線を引くことは，Bの手によって引かれた線と**交差する**Aの線を切断することに対応する．したがって回路全体は，Aがゲームに勝てば完全にショートする（つまり抵抗値が0になる）し，逆にBがゲームに勝てば電流が完全に遮断されてしまう．機械の戦略は，抵抗器の両端で最大電圧が発生しているところ

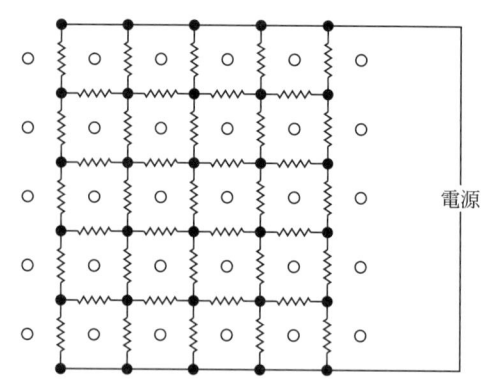

図 42　ゲールを自動的にプレイするロボットの抵抗回路.

を選んでショートまたは切断するというものだ．同じ最大電圧が2か所以上あったら，どこか1か所が適当に選ばれる．

実際には，シャノンは1951年，鳥カゴ機械を2台作っていた．彼の最初の機械では，小さな電球を抵抗器にしていて，どの電球が一番明るいかということを目で見て機械の手を決めていた．しかし，いくつもの電球のうち，どれが一番明るいかを見極めるのはなかなか難しい．そこでシャノンは2台目の機械を作ったわけだ．今度は電球をネオンランプで置き換えて，回路内の1つのランプしか点灯しないようにした．つまりランプの1つが点灯すると，ロックアウト回路が働いて，他のランプの点灯を防ぐようにしたのだ．ゲームの1手はスイッチで実現されていて，ゲーム開始時は，すべてのスイッチは中間の位置になっていた．一方のプレーヤーは自分の手番でスイッチを入れて，もう一方のプレーヤーは自分の手番でスイッチを切るというわけだ．

シャノンの記録によると，機械が先手をとったときは，ほとんど常に勝ち続けたということだ．数百回のゲームの対戦のうち，機械が先手を担当したときには2回しか負けず，その2回も，どうやら回路の故障か，ゲームの進め方に不適切なところがあったようだ．人間が先手をとったときに機械を打ち負かす

ことはそれほど難しくはなかったが，人間がうっかりポカでもすると，すぐに機械に負けてしまったそうだ．

解答

● 巡回パズルは，13回の方向転換で解くことができる．まず図39の大きな3角形の底辺の左から2番目の点を出発する．右上に行けるだけ行って，左に方向転換して進んだのち，右下に降りて大きな3角形の底辺に戻ってきたら，右上に行き，突き当たるまで左に行き，右下に降りて，大きな3角形の右下の頂点に行く．そして大きな3角形の辺に沿って，上の頂点，左下の頂点と順番に行き，大きな円全体をなぞり，右に方向転換して大きな3角形の底辺の中心の頂点に行き，左上に突き当たるまで行ったら右に突き当たるまで行って，そして左下に向かって底辺に戻って終了だ．

● ヒモとリングのパズルの解き方は以下のとおりだ．まず中央のループを十分緩めて，リングをその中に通しておく．リングを段ボールの前側に押さえておいて，中央の穴に入っている2本のヒモをつまんで手前に引く．すると中央の穴から2重になったループが引き出される．そこで，この2重になったループの中にリングを通そう．そうしたらパネルの裏側から2重になったループを先ほどとは逆向きに引っ張って穴を通して，初めのヒモの配置に戻す．あとはリングを中央のループに通せば，目的達成だ．

付記
(2008)

エルウィン・バーレキャンプは，ドットとボックスの世界的権威だ．まだ一般の場合は解けていないものの，小さな盤面上で行なうゲームについては，かなりのことがわかっている．詳しくはバーレキャンプの本[*3]を参照してもらいたい．彼が私に教えてくれたところによると，このゲームは16点の正方形の場合は完全に解析が済んでいて，後手必勝だということだ．

---

*3　*The Dots-and-Boxes Game.*〔文献欄参照〕

図 43 サム・ロイドの *Cyclopedia of Puzzles* より.

　図 43 はサム・ロイドの有名な本[*4]からの再録である. 彼の問題は「次に打つべき最適な手は何か. またそのときにボックスをいくつ取ることができるか」というものである. ボックスの数が奇数であるため, このゲームは引き分けに終わることはありえない. ロイドの与えた解答については, 私が編集した本[*5]を参照してもらいたい.

　すでに書いたように, 私がゲールのゲームを紹介したすぐ後, これはブリジットという名前のボードゲームとして発売さ

[*4] *Cyclopedia of Puzzles*. Sam Loyd. Lamb Publishing Company, 1914.
[*5] *Mathematical Puzzles of Sam Loyd*, Vol. 1, 152-153. Ed. Martin Gardner. Dover, 1959.〔邦訳:『サム・ロイドのパズル百科 (2)』マーチン・ガードナー編, 田中勇訳. 白揚社, 1966 年, 147-148 ページ.〕

れた．オリバー・グロスは，このゲームを単純なペアリング戦略によって完全に解いた．この戦略を使えば，いつでも先手が勝てる．グロスのエレガントな解答は，本全集第3巻のブリジットとその他のゲームの章で紹介しよう．シャノンのゲーム，ブリジット，その他多くの変種については，キャメロン・ブラウンのすばらしい本[*6]を参照されたい．

文献

"Judah Pencil, Straw and Shoestring." Stewart Judah. 日付のない4ページのタイプ原稿，オハイオ州コロンバスのマジック業者，U. F. Grant による発行．

On the Tracing of Geometrical Figures. J. C. Wilson. Oxford University Press, 1905.

Puzzles Old and New. Professor Hoffmann （Angelo Lewis のペンネーム）. Frederick Warne and Company, 1893.

The Dots-and-Boxes Game: Sophisticated Child's Play. Elwyn Berlekamp. A K Peters, 2000.

[*6] *Connection Games.* Cameron Browne. A K Peters, 2005.

8

黄金比 φ

　小数展開しても循環せず無限に続く数を無理数というが，その中で最も有名なのは，おそらく円周と直径の比である円周率 π だろう．無理数 φ(ファイ) はそこまで有名ではないが，π と同じくらいに至るところで現れる基本的な比率であり，思いもよらぬところで出くわすという楽しい性質も同じように持ち合わせている．（例えば 13 章のスポット・ザ・スポットの議論を参照されたい．）

　図 44 の直線分を見れば，φ の幾何的な意味は明らかになるだろう．この直線は通常「黄金比」とよばれる比率で分割されている．具体的には，A に対する線分全体の比と，B に対する A の比は等しい．この比率が φ である．B の長さを 1 とすると，以下の式から φ の値を簡単に計算することができる．

$$\frac{A+1}{A} = \frac{A}{1}$$

これは単純な 2 次方程式 $A^2 - A - 1 = 0$ に書き換えることができて，A は正なので，

図 44　黄金比：A の B に対する比率と $A+B$ の A に対する比率が同じ．

$$A = \frac{1+\sqrt{5}}{2}$$

が得られる．

　これが A の長さであり，そして ϕ の値でもある．小数に展開すると $1.61803398\cdots$ となる．逆に A の長さを 1 とおくと，B は ϕ の逆数 ($1/\phi$) である．試しに計算してみると，この値は $0.61803398\cdots$ となる．実は ϕ は，1 を引いたら自分自身の逆数になる唯一の正の数なのである．

　π と同様，ϕ はいろいろな方法で無限数列の極限として表現することができる．次の 2 つの表現方法の非常な簡明さは，ϕ の基本性質を際立たせてくれる．

$$\phi = 1 + \cfrac{1}{1 + \cfrac{1}{1 + \cfrac{1}{1 + \cfrac{1}{1 + \cdots}}}}$$

$$\phi = \sqrt{1 + \sqrt{1 + \sqrt{1 + \sqrt{1 + \cdots}}}}$$

　古代ギリシャ人は黄金比に慣れ親しんでいた．ギリシャの建築や彫刻に，意識的に黄金比が使われたものがあることには，ほとんど疑いの余地がない．特にパルテノン神殿には，それが顕著である．アメリカの数学者マーク・バーは 50 年前，このことが頭にあったため，この比率に ϕ という名前をつけた．ϕ はパルテノン神殿を造営した偉大なフェイディアスの名前をギリシャ語で書いたときの最初の文字であり，フェイディアスは自分の作品の中で頻繁に黄金比を使ったと信じられている．ピタゴラス学派の人々が 5 芒星形（☆）を自分達の理念の象徴として選んだ理由の 1 つは，この図形のどの線分を見ても，次に短い線分との比率が黄金比になっているという事実であろう．

中世やルネッサンス時代の数学者たち，特にケプラーら筋金入りの神秘主義者たちの中には，ほとんど強迫観念的といっていいほど ϕ に没頭したものも多い．H・S・M・コクセターは，黄金比に関する見事な論文[*1]の冒頭部分で，ケプラーの次のような言葉を引用している：「幾何には偉大な宝物が2つある．1つはピタゴラスの定理であり，もう1つは直線の外中比分割である．前者は黄金にたとえられ，後者は美しい宝石と言えよう」．ルネッサンス時代の著述家たちは，この比を「神の比」またはユークリッドに倣って「外中比」とよんだ．「黄金比」という用語は，19世紀に入るまで，使われていなかった．

　1509年にルカ・パチョーリが書いた論文「神の比率」は，レオナルド・ダ・ビンチが図を描画しており，数多くの平面図形や立体図形に現れる ϕ についてまとめた魅力的な調査研究である（1956年にミラノで豪華版が再版されている）．例えば，正10角形の1辺と，それに内接する円の半径の比は黄金比である．また，3つの黄金長方形（辺の比が黄金比になっている長方形）を，互いに他の2つに垂直になるように対称に交差させると，長方形の角が正20面体の12個の頂点になり，同時に正12面体の12個の面の中心点にもなる（図45，図46）．

　この黄金長方形は，変わった性質をたくさんもっている．黄金長方形の一端から大きな正方形を切り取ると，残った長方形は小さい黄金長方形になる．正方形を切り取る操作を繰り返し行なうと，図47のように，小さな黄金長方形が次々と現れてくる．（これは位数無限大の完全正方分割長方形の例である．詳しくは17章を参照されたい．）　各辺を黄金比に分割している点の列は，対数らせん上に載っている．この対数らせんは内側に無限に巻いていくが，その中心は点線で示した2つの対角線の交点である．この「渦巻き正方形」とよばれる正方形たちは，もちろん外側にも延長できて，より大きな正方形を

[*1] "The Golden Section, Phyllotaxis and Wythoffs Game."〔文献欄参照〕

8 黄金比 ϕ 99

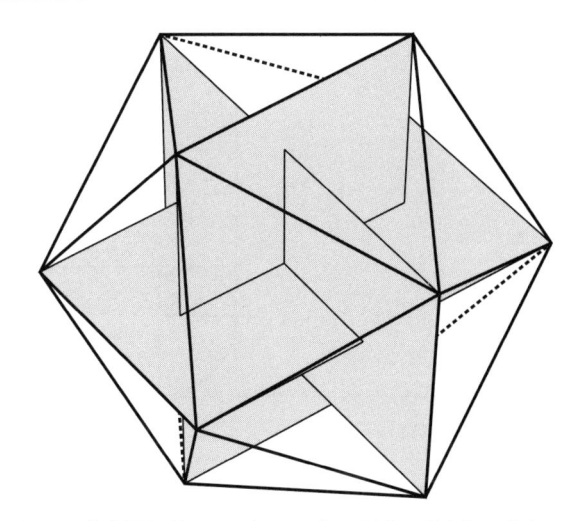

図 45 黄金長方形 3 つの角は，正 20 面体の頂点と一致する．

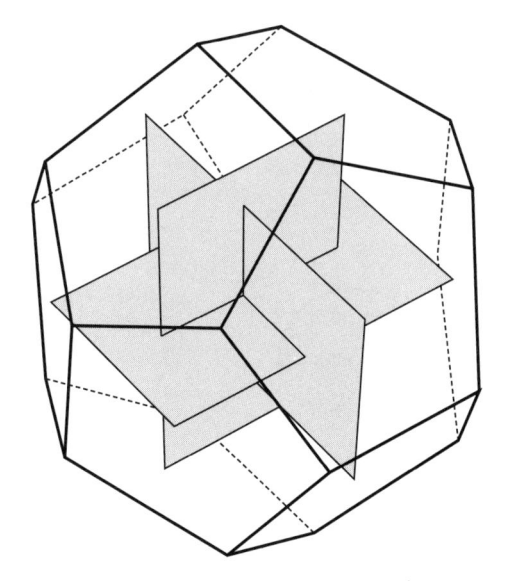

図 46 黄金長方形 3 つの角は，正 12 面体の各面の中心にも同様に一致する．

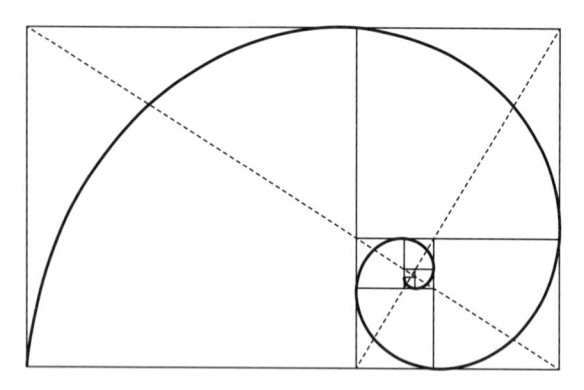

図 47　「渦巻き正方形」から生じる対数らせん.

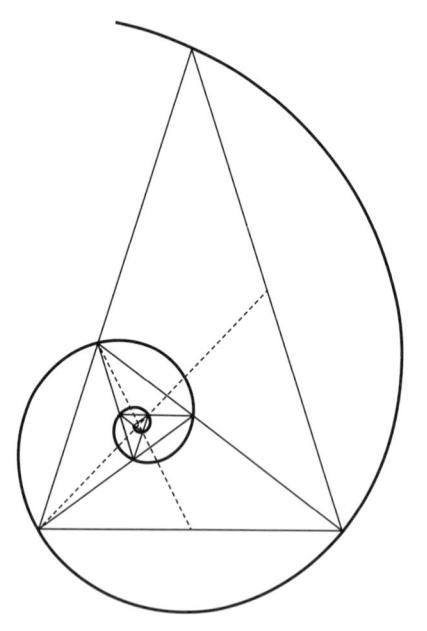

図 48　「渦巻き 3 角形」から生じる対数らせん.

繰り返し無限に描くことができる．

対数らせんは，ϕ を使って描いたいろいろな図に顔を出す．見事な例は，底辺に対して 2 辺が黄金比になっている 2 等辺 3 角形を用いたものである（図 48）．底角はそれぞれ 72 度で，これは 36 度の頂角に対して 2 倍になっている．これは 5 芒星形を作図するときに現れる黄金 3 角形である．底角を 2 等分すると，2 等分線は対辺を黄金比に分割し，より小さい 2 つの黄金 3 角形を作り出すが，このうちの一方は元の 2 等辺 3 角形と相似である．この相似な方の 3 角形の底角を選んで再び 2 分割する．この操作は無限に続けることができ，その結果，渦巻き正方形と同様の渦巻き状の 3 角形群が得られるが，これもまた対数らせんを生み出す．このらせんの中心は，図中に点線で示した 2 本の中線の交点である．

対数らせんは，拡大しても形が変わらない唯一のらせんであり，自然界に現れることが多い理由も，まさにそこにある．例えばオウムガイは，中の宿主が成長するにつれて，貝殻も対数らせんに沿って大きくなるため，結局のところ宿主は，いつでも同じ形の家に住むことができる．対数らせんの中心部分を顕微鏡で拡大して覗いても，あるいは対数らせんを銀河系サイズにまで延長して宇宙の果てから眺めても，この 2 つは同じに見えて区別がつかないだろう．

対数らせんは，フィボナッチ数列（$1, 1, 2, 3, 5, 8, 13, 21, 34, \cdots$ と並ぶ数列で，先頭 2 項以外の各項は直前の 2 つの項の和で与えられる）と密接なつながりをもつ．生物の成育には，フィボナッチ数のパターンが現れることが珍しくない．よく持ち出されるのは，植物の茎に沿って並んだ葉の間隔や，花弁・種子の配置といった例である．そしてここにも，フィボナッチ数の 2 つの連続する項の間の比率として ϕ が現れてくる．数列が先に進むにつれて，2 項の比率はだんだん ϕ に近づいていく．つまり 5/3 は，わりと ϕ に近い（実際，サイズ 3×5 の索引カードは黄金長方形と見分けがつきにくい）が，8/5 はもっと近く，21/13 はほぼ 1.619 であり，さらに近い．実は，どんな 2 つの数から出発して和の数列を計算したとしても（例えば $7, 2, 9, 11, 20, \cdots$），

同じ収束が起こる．つまり数列の先に行けばいくほど，連続する 2 項の比は ϕ に近づいていくのだ．

この様子は渦巻き正方形を使って巧妙に図解することができる．まず好きな大きさの小さな正方形を 2 つ用意して，図 49 のように A, B と名前をつけておく．すると A と B の辺の長さの和を辺とする正方形 C を図のように決めることができる．同様に B と C の和で D を決めて，C と D の和で E を決めて，以下同様である．最初の 2 つの正方形の大きさとは関係なく，渦巻き正方形は黄金長方形に近づいていくことがわかるだろう．

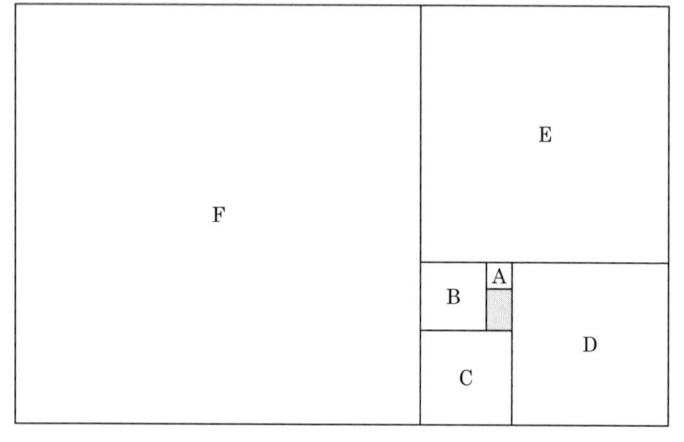

図 49　どんな 2 数の和から始めた数列でも連続する項の間の比率は ϕ に向かって収束することが，この正方形の列からわかる．

ϕ とフィボナッチ数がどんな具合に繋がりをもつのかを教えてくれる，古典的な幾何パラドックスを紹介しよう．64 個の単位正方形からなる正方形を，図 50 のように 4 つのピースに切り離すと，65 個の単位正方形からなる長方形に並べかえることができるのだ．このパラドックスは，この 4 つのピースが長い対角線のところで正確にはピッタリとあっていないという事実で説明できる．この部分

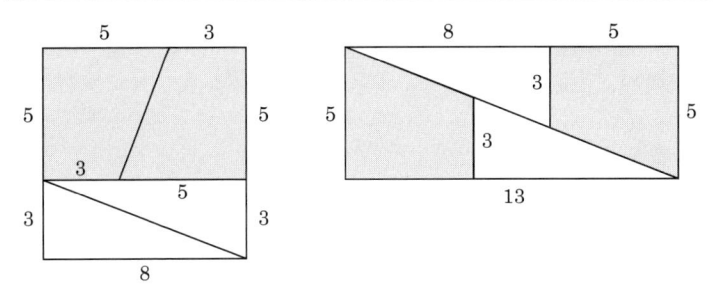

図 50 和で作られる数列の性質に基づいたパラドックス.

には狭いすき間があって，それがちょうど単位正方形1つ分の面積をもっているのだ．この図の中に出てくる線分の長さが，それぞれフィボナッチ数になっていることに注意しよう．実際，正方形を切り離すときの線分の長さは，和によって作られる数列の連続する項であればよく，そうすればこうしたパラドックスを得ることができる．ただしこの例のように長方形の面積が増えることもあれば，対角線のところで重なりが起こって，逆に面積が減ってしまうこともある．これは，和によって作られる数列の連続する項の比が，交互に ϕ より大きくなったり小さくなったりするという事実を反映している．

上記のとおりに正方形を切り離して長方形に並べ替えたとき，こうした面積の増減を起こさないようにするには，各線分の長さを，和の数列 $1, \phi, \phi+1, 2\phi+1, 3\phi+2, \cdots$ から選ぶしかない．この数列を別の書きかたで表すと，$1, \phi, \phi^2, \phi^3, \phi^4, \cdots$ である．このような「和に基づく数列」のうち，どの2つの連続する項を選んでも，その間の比率が一定の数になる数列は，ただ1つしか存在しない．（そしてもちろんその比率は ϕ だ.）黄金数列は，和に基づく数列のどれもがしきりに近づいていくが，決して一致することはできない数列なのである．

近年，数え切れないほどの文献が ϕ やその近辺の話題を取り上げている．その入れ込みようは，かつて円の正方化についての文献が

π を中心に展開していたのと同じくらいの熱心さだ．古典的なものは，1884 年にアドルフ・ツァイジングが出版した『黄金分割』という 457 ページのドイツ語の本である．ツァイジングの主張によると，黄金比はあらゆる比率の中で最も芸術的で心地よいものであり，(人体の解剖学も含む) 形態学，芸術，建築，あげくは音楽にいたるまで，森羅万象を理解する上での鍵となる．これほどは偏執狂的ではないが，類似のものとしてサミュエル・コールマンの『自然の調和的統一』[*2]やテオドール・クック卿の『生命の曲線』[*3]がある．

実験美学は，ツァイジングの考え方に対して，実証可能な裏書を与えようというグスタフ・フェヒナーの試みと共に始まったと言われているようだ．ドイツの偉大な心理学者である彼は，窓・額縁・トランプ・本を始めとする数千にものぼる長方形を測定し，また，墓場の十字架の縦横の棒が交差している点を調査した．そして平均的な比率が ϕ に近いことを見出した．また彼は，複数の長方形の中から最も気に入ったものを選びだすとか，最も好きな長方形を描かせるとか，十字架の棒を好きなところに引かせるとかいった独創的なテストも数多く考案した．そしてまたもや，好まれる値の平均値が ϕ に近いことを見つけ出した．しかし彼の先駆的な実験は，その一方でかなりぞんざいなものでもあった．もっと近年になってから同様の目的で行なわれた調査結果によると，多くの人が好む長方形は，一方の辺が他方の辺の 2 倍である長方形と正方形の間のどこかにあるという，極めてぼんやりとした結論しか得られていない．

アメリカの芸術家ジェイ・ハンブリッジ (1867-1924) は，(ϕ が中心的な役割を果たす) 幾何の応用として，芸術，建築，家具のデザイン，果てはフォントの形に到るまで，彼がよぶところの「動的な対称性」を擁護する本を数多く執筆した．こんにちでは彼の業績をまじめに受け止める人もほとんどいないが，卓越した絵描きや建築家が，ときたま何らかの方法で黄金比を意図的に活用することはあ

[*2] *Nature's Harmonic Unity.* Samuel Colman. G. P. Putnam's Sons, 1912.
[*3] *The Curves of Life.* Sir Theodore Cook. Constable & Company, 1914.

る．例えば写実主義の画家ジョージ・ベローズは，絵の構図を決める際に，黄金比を採用することがある．またサルバドール・ダリの「最後の晩餐」（ワシントン D.C. のナショナル・ギャラリー・オブ・アート所有）は，黄金比長方形の中に描かれていて，人物たちの配置を決めるときにも黄金長方形が使われた．そしてテーブルの上には巨大な正 12 面体の一部が描かれている（図 51）．

ニューヨーク州のフランク・A・ロンクは，ϕ に対して並々ならぬ思い入れがあった．かつて彼が書いた小冊子は作家ティファニー・セイヤーが創設したフォーティアン協会[*4]から入手できたが，この協会では ϕ が出てくるドイツ製の計算尺も販売していた．（協会は，1959 年のセイヤーの死後まもなく解散した．）ロンクは，65 人の女性の身長とヘソまでの高さを測定・比較し，比率の平均が $1.618\cdots$ に

図 51　最後の晩餐．サルバドール・ダリ．ナショナル・ギャラリー・オブ・アート（ワシントン D.C.）のチェスター・デールコレクションより．© Salvador Dali, Fundació Gala-Salvador Dalí, JASPAR Tokyo, 2015 C0499.

[*4] 〔訳注〕超常現象の研究者，チャールズ・フォートの信奉者の協会．

なることを見出すなど，ツァイジングのお気に入りの理論を確かめた．彼はこの値を「ロンクの相対性定数」とよんでいた．彼によると，「この測定値がしかるべき比率にならなかった被験者は，幼年時代に臀部への損傷など身体が変形するような事故にあったと証言した」とのことである．ロンクは，円周率 π の10進展開が広く信じられているように 3.14159··· であるとは認めていなかった．彼はもっと正確な値として，ϕ を平方して，そこに6を掛けて5で割って，3.14164078644620550 という値を得ていた．

　本章の締めくくりに，シャルル・ド・ゴールのおかげで有名になった紋章「ロレーヌ十字」と ϕ にまつわる面白い問題を紹介しよう（図52）．この十字架は13個の単位正方形でできている．問題は，点Aを通る直線を引いて，影をつけた部分全体の面積と，残っ

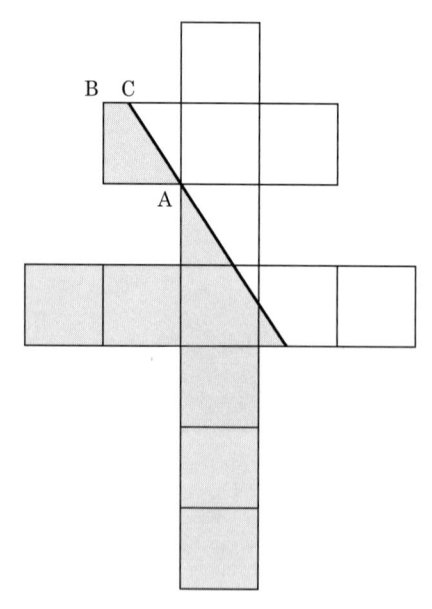

図52　線分BCの長さはどのくらいだろうか？

た部分の面積が等しくなるようにせよというものだ．線分をきちんと正確に引いたとき，BC の長さはどのくらいになるだろうか？
(図中，この線分はわざと不正確に描いてあり，正しい位置に対するヒントを与えないようになっているので，注意してもらいたい．)   〔解答 p. 109〕

追記
(1961)

ϕ を扱った本章については,情報あふれる手紙を数多く受け取った.少なからぬ読者が,多くの数学の書籍や論文では黄金比を表す標準的な記号として ϕ の代わりに $\overset{タウ}{\tau}$ を使っていると指摘してくれた.その指摘は確かに正しい.しかし,このテーマの偏執的な本の多くでは ϕ が使われていて,レクリエーション数学の文献の中でも,こちらに出くわすことが多くなってきている.例えばウィリアム・シャーフは,彼の図書目録的な書籍[*5]の黄金比の章への導入部分で ϕ を使っている.

カリフォルニア州パロアルトにあるフィルコ社のデイビッド・ジョンソンは,自社のコンピュータ TRANSAC S-2000 を使って ϕ を 2878 桁目まで計算した.このコンピュータにとって,それは 4 分弱の計算問題だった.数秘術の信者のために言っておくと,最初の 500 桁の中に面白い並び 177111777 が出現する.

アラスカ州ノームの読者 L・E・ハフは,図 47 の点線で描かれた 2 本の対角線と,図 48 の点線で描かれた 2 本の対角線の長さの比が,どちらも黄金比になっていることを書いて寄越してくれた.

ϕ の名付け親マーク・バーの息子スティーブン・バーは,父親が書いた論文の切抜きを送ってくれた.1913 年頃,『ザ・ロンドン・スケッチ』に書かれたその論文によると,ϕ の概念は次のように一般化できる.直前の 3 つの項を足して各項を生成するような 3 項数列を作ると,連続する 2 項の比は 1.8395⋯ に収束する.同様に直前の 4 つを足して新しい項を生成する 4 項数列は比が 1.9275⋯ に収束する.一般に直前の n 項を足して新しい項を生成する場合,収束する先の比 x と n との関係は以下の式で与えられる.

$$n = \frac{\log\{(2-x)^{-1}\}}{\log x}$$

[*5] *Recreational Mathematics: A Guide to the Literature.* William Schaaf. The National Council of Teachers of Mathematics, 1955.

n が2の場合は,お馴染みのフィボナッチ数列であり,x は ϕ である.n が大きくなるにつれ,x は2に収束していく.

ヘソの高さに関するツァイジングの理論は最近の本でも繰り返し現れ続けている.例えば1946年に出版されたマティラ・ギカの本[*6]には「実際,十分多くの男女の体の比を測定すると,その平均的な比として 1.618 という数が得られる」と書いてあるのが見つかる.これはいわば,鳥のクチバシと脚の長さの「平均的な比」を計算するようなものだ.そもそも,平均値を得るためにどんな母集団を使えばよいのだろう.ニューヨークからランダムに人間を選び出すのだろうか? それとも上海だろうか? はたまた世界の人口比に従って選べばいいのだろうか? さらに悪いことには,人々の体型は,世界全体で考えても,また狭い地域に限ってすら,さまざまなものが入り交じっており,そもそも一定値からはほど遠いものだ.

シアトルのケネス・ウォルターズと彼の友人は,彼らの奥さんのヘソの高さを測定して,ロンクの比率 1.618 よりも少し高めの平均比率 1.667 を得た.ウォルターズによれば「忠実度の高いHi-fi(ハイ・ファイ)ならぬヘソの高いHi-Phi(ハイ・ファイ)な妻たちを,それぞれ(respective)の立派(respected)な夫が測定したことを申し添えておきます.ロンク氏は,造船学(naval architecture)ならぬヘソ建築学(navel architecture)よりも,他の研究に勤しんだ方がよかったのではないでしょうか」ということだ.

ときどき指摘されることだが,イリノイ州は,市外局番が 618 であり郵便番号も 618 から始まるので,「黄金の州」と自称することができる.

解答 ● ドゴール主義者の十字架を2等分する問題は,CD の長さを x,MN の長さを y と置けば(図53参照),代数的に解くことができる.もし線分が十字架を2等分するなら,影のついた3角形は単位正方形 $2\frac{1}{2}$ 個分の面積でなければならない.し

[*6] *The Geometry of Art and Life*. Matila Ghyka. Sheed and Ward, 1946.

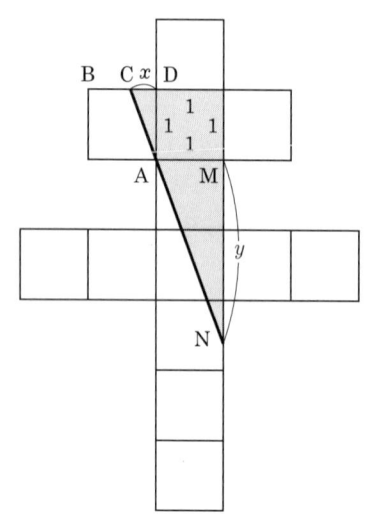

図 53　十字架の問題の解答.

たがって $(x+1)(y+1) = 5$ という等式を得る．また，3 角形 ACD と AMN は相似であることから，$x/1 = 1/y$ という等式も得られる．

この 2 つの等式を組み合わせると，x の値は $(3-\sqrt{5})/2$ となる．したがって辺 BC の長さは $(\sqrt{5}-1)/2$，つまり $0.618\cdots$ となり，これは ϕ の逆数（$1/\phi$）である．言いかえると，点 C は辺 BD を黄金比に分割している．対角線の反対側の点 N も，同様に単位正方形の辺を黄金比に分割している．なお全体を 2 分割している線自身の長さは $\sqrt{15}$ である．

点 C の位置をコンパスと直定規だけで見つけるには，ユークリッドの時代にまで遡る単純な方法がいくつか存在する．そのうちの 1 つを紹介しよう．

図 54 に示したように BE を引く．これは AD を 2 分割するので，DF は BD の半分の長さである．コンパスの一端を F に置き，半径 DF の円を描き，これが BF と交差する点を G とする．コンパスの一端を今度は B におき，半径 BG の円を

図 54

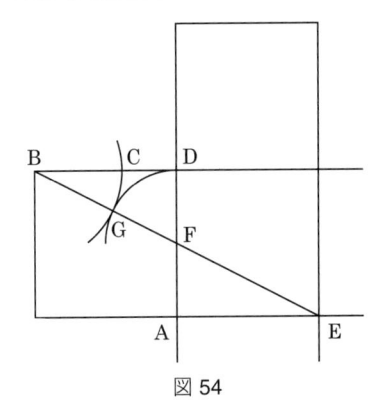

描くと，これが BD と交差する点が求める C である．これで BD は希望どおり黄金比に分割される．

数人の読者が，この問題をもっと簡単に解く方法を見つけてくれた．また，ボルチモアのネルソン・マックスは，最も簡単に問題の 2 等分線を引くことができる方法を考えてくれた．図 53 の点 A と，A から真下に 3 単位だけ離れた点とを直径の両端とする半円を描くと，これと十字架の線はまさに N で交わる．

付記 (2008)

黄金比について書かれた文献の中には，偏執狂的な本が相当数あることを，十分に示唆しておいたつもりだが，ジョージ・マルコフスキーの 1992 年の著作[*7]を読むまで，それがこれほど広範囲にまで及んでいるとは思いもよらなかった．この本に駆り立てられて私は「黄金比狂信」を書いた．これは初めに CSI[*8] の機関誌[*9] に掲載され，後年，私の本の中に再録[*10] した．例えば，人々が比率 3 × 5 の索引カードよりも黄金長方形

[*7] "Misconceptions About the Golden Ratio." 〔文献欄参照〕
[*8] 〔訳注〕疑似科学や超常現象を批判的に研究するアメリカの団体．
[*9] *Skeptical Inquirer*, CSI, Spring 1994.
[*10] *Weird Water and Fuzzy Logic*. Martin Gardner. Prometheus, 1996.

の方に親しみを強く感じるという信頼できる証拠は存在しない．本章末の「ϕ 信者に批判的な文献」を参照してもらいたい．

図形の中に ϕ が浮かびあがる幾千もの例の中から，ここでは 3 つだけ厳選してお見せすることにしよう．図 55 の左は，古代ギリシャのピタゴラス学派の協会のシンボルだった 5 芒星型で，これはまた，ゲーテの『ファウスト』で悪魔メフィストフェレスを罠にはめるために使われた図形である．これとは逆に，伝統的には悪魔のシンボルでもある．星型のどの線分も，自分の次に短い線分に対する長さが黄金比である．

中央の図では，大きい半円の半径を小さい円の直径で割ると ϕ が得られる．そして右の図では，大きい 3 角形の辺の長さを小さい 3 角形の辺の長さで割ると ϕ になる．これらの主張を証明するのは，なかなか楽しい演習問題である．

黄金比に関するさらなる話題は，本全集第 8 巻のフィボナッチ数の章を参照されたい．

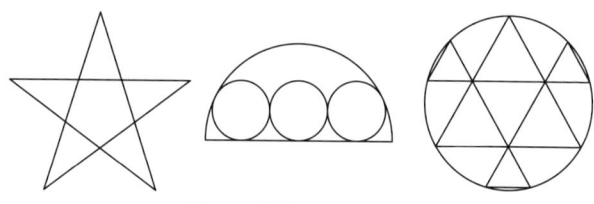

図 55　黄金比パターン．

文献

On Growth and Form. D'Arcy Wentworth Thompson. Cambridge University Press, 1917.〔邦訳：『生物のかたち（UP 選書 121）』ダーシー・トムソン著，柳田友道訳．東京大学出版局，1973 年．〕

"The Golden Section, Phyllotaxis and Wythoffs Game." H. S. M. Coxeter in *Scripta Mathematica* 19 (June-September 1953): 135-143.

The Golden Number. Miloutine Borissavliévitch. Philosophical Library, 1958.

The Theory of Proportion in Architecture. P. H. Scholfield. Cambridge University Press, 1958.

"The Golden Section and Phyllotaxis." H. S. M. Coxeter in *Introduction to Geometry*, Chapter 11. John Wiley and Sons, 1961.〔邦訳:『幾何学入門（上）』H. S. M. コクセター著，銀林浩訳，第 11 章．筑摩書房，2009 年.〕

The Divine Proportion. H. E. Huntley. Dover, 1970.

The Golden Section and Related Curiosa. Garth E. Runion. Scott Foresman, 1972.

The Golden Ratio and Fibonacci Numbers. Richard A. Dunlap. Word Scientific, 1997.〔邦訳:『黄金比とフィボナッチ数』R. A. ダンラップ著，岩永恭雄・松井講介訳．日本評論社，2003 年.〕

A Mathematical History of the Golden Number. Roger Herz-Fischler. Dover, 1998.

The Golden Section. Hans Walser. The Mathematical Association of America, 2001.〔邦訳:『黄金分割』ハンス・ヴァルサー著，蟹江幸博訳．日本評論社，2002 年.〕

The Golden Ratio. Mario Livio. Broadway Books, 2003.〔邦訳:『黄金比はすべてを美しくするか？――最も謎めいた「比率」をめぐる数学物語（ハヤカワ文庫 NF 数理を愉しむシリーズ）』マリオ・リヴィオ著，斉藤隆央訳．早川書房，2012 年.〕

The Golden Section: Nature's Greatest Secret. Scott Olsen. Walker, 2006.〔邦訳:『黄金比（アルケミスト双書）』スコット・オルセン著，藤田優里子訳．創元社，2009 年.〕

● ϕ 信者に批判的な文献

"Misconceptions About the Golden Ratio." George Markowsky in *The College Mathematics journal* 23 (January 1992): 2-19.

"The Cult of the Golden Ratio." Martin Gardner in *Weird Water and Fuzzy Logic*. Prometheus, 1996.

"The Golden Ratio: A Contrary Viewpoint." Clement Falbo in *The College Mathematics journal* 16 (November 2005): 123-134.

"The Golden Ratio." George Markowsky in *Notices of the American Mathematical Society* 52 (March 2005): 344-347.（上記の Livio の本に対する辛辣な批評.）

"Bad News for Fibophiles." Miriam Abbott in *Philosophy Now* (February-March 2006): 32-33.

●日本語文献

『黄金分割——自然と数理と芸術と』アルブレヒト・ボイテルスパッヒャー，ベルンハルト・ペトリ著，柳井浩訳．共立出版，2005 年．

『美の幾何学——天のたくらみ，人のたくみ』伏見康治・安野光雅・中村義作著．早川書房，2010 年．

9

猿とココナツ

　1926年10月9日付のサタデー・イブニング・ポスト紙に，ベン・エイムズ・ウィリアムズが「ココナツ」という表題の短篇小説を書いた．その話の中には建築関係の請負業者が出てきて，重要な契約を競っている商売敵をなんとか邪魔する手だてはないかと心を砕いている．賢い従業員は，商売敵がレクリエーション数学に目がないことを知っていた．そこで，一筋縄ではいかない問題を相手に教えて，相手がそれを解こうと夢中になるあまり，締切りまでに入札することを忘れてしまうよう仕向けた．

　では，ウィリアムズの話に出てくる従業員が説明した通りに問題を紹介しよう：

> 5人の男と1匹の猿が難破して無人島に漂着した．1日目，彼らは食糧としてたくさんのココナツを集めて回った．そしてその夜，すべてのココナツを積み上げて彼らは眠りについた．
>
> 　しかし全員が眠りについたあと，1人の男がふと目を覚ました．朝になってココナツを分けるとき，ひと悶着起きるかもしれないではないか．心配になった彼は，自分の取り分を先取りしようと考えた．彼がココナツを5つの山に等分してみると，1つ余ったので，彼はそれを猿にあげてから，自分の取り分を隠して，残りを元通りに積んでおいた．

しばらくして別の男が目を覚まして，同じことを考えた．やはりココナツは1つ余り，それは猿のものとなった．こうして5人の男たちが順番に同じことをした．つまり1人ずつ目を覚ましては，ココナツの山を5つに分けて，残った1つを猿にあげて，自分の取り分を隠した．朝になり，残ったココナツ全部を分けると，今度はきれいに5等分された．もちろん各自はいくらかココナツが目減りしたことを知っていた．しかしそれぞれが他の男と同じく悪事を働いているため，彼らは何も言わなかった．さて，最初にココナツはいくつあったのだろうか？

ウィリアムズは，彼の短篇の中に解答を書かないでおいた．この短篇が掲載されたあとの最初の1週間で，新聞社のオフィスには，二千通もの手紙が殺到したということだ．当時の編集長ジョージ・ホラス・ロリマーは次のような歴史に残る電報をウィリアムズに打った．

親愛なるマイク，ココナツはいくつだ？　あたり一面，まるで地獄だ．

20年もの間，ウィリアムズは解答を求める手紙や，新しい解答を提案する手紙を受け取り続けた．おそらくこんにち，最も多くの人が取り組み，そして最も正答率が低かったディオファントス方程式が，このココナツ問題ではなかろうか．（「ディオファントス方程式」という名前はアレクサンドリアのディオファントスに由来する．ディオファントスは，解が有理数になるという制約のついた方程式を初めて広範に解析したギリシャの代数学者である.）

ココナツ問題は，ウィリアムズのオリジナルというわけではない．彼は単に，ずっと古い問題を改変して，もっと面倒にしたにすぎない．古い問題は，最後の朝の部分を除いて同じである．旧作では，朝になって最後の分配をしたときに，やはりココナツが1つ

残り，それが猿に与えられる．一方ウィリアムズの改作では，最後の分配のときに，ちょうど割り切れる．ディオファントス方程式には，解が1つしかないもの（例えば $x^2 + 2 = y^3$）もあれば，いくつかの解をもつものもあるし，解が存在しないもの（例えば $x^3 + y^3 = z^3$）もある．ココナツ問題に関していえば，ウィリアムズの改作も旧作も，どちらも無限個の自然数解を持つ．そこで最小の正の整数解を求めることが目標となる．

旧作では，ココナツは次々に都合6回5つに分割されることから，以下の6つの方程式で表現することができる．N は元のココナツの数で，F は最後の分割で各人が受け取るココナツの数だ．右辺のそれぞれの1は猿に与えられるココナツを表している．それぞれの文字は未知の自然数である．

$$N = 5A + 1$$
$$4A = 5B + 1$$
$$4B = 5C + 1$$
$$4C = 5D + 1$$
$$4D = 5E + 1$$
$$4E = 5F + 1$$

これらの等式をお馴染みのごとく代入して整理すれば，難なく2つの未知数を含む次の1つのディオファントス方程式を得る．

$$1024N = 15625F + 11529$$

この式を試行錯誤で解くのは難しすぎる．連分数を巧妙に使った標準的な解析手法もあるにはあるが，ここで説明するには長くて退屈だ．ここでは，正攻法ではないが，すばらしく単純な解法を紹介しよう．ポイントは**マイナス個のココナツ**というアイデアだ．この解法は，ケンブリッジ大学の物理学者P・A・M・ディラック (1902-1984) によると言われることがあるが，私がディラック教授からもらった返信によると，彼はこの解法を，有名な哲学者のおじをもつ数学教授J・H・C・ホワイトヘッドから聞いたとのことである．ホワイトヘッド教授も同様の問い合わせに応えて，誰か他の人

から聞いたと言っていたが、それ以上は、私も追いかけていない.

ともあれ、最初にマイナス個のココナツを考え出した人は、こんな風に考えたのではなかろうか. N は 5 つの山に 6 回分けられるのだから、ある解答に 5^6 ($= 15625$) を足すと、次に大きい解答が得られるはずだ. 実際は、5^6 の任意の倍数を足すことができ、同様に任意の倍数を引くこともできる. 5^6 の倍数を引き算していくと、もちろん最終的には無限個の負の整数解を見出すことができる. これらはすべて、元の方程式は満たすが、元の問題の条件は満たさない. なぜなら、元の問題の解は正の整数でなければならないからだ.

求める条件を満たす、小さな正の値の N が存在しないのは明らかだが、もしかして負の値を考えると単純な解があるかもしれない. ほんのちょっと試行錯誤してみると、びっくりするくらい単純な解答を本当に見つけ出せてしまう. それは -4 だ. これが、ちゃんとうまくいく様子を確かめてみよう.

最初の男は -4 個のココナツの山を目の前にして、（プラス）1 つのココナツを猿にあげる（猿にココナツをあげるのは、5 つに分配する前でも後でも関係ない）ので、あとに -5 個のココナツが残る. これを 5 つの山に分けるので、それぞれの山には -1 個のココナツがある. 彼は山を 1 つ隠してしまうので、そのあとには -4 個のココナツが残る……最初にあったのとまったく同じ数のココナツが残っている！ 後に続く男たちも、まったく同じ幻の儀式を繰り返して、最終的には各自が合計 -2 個のココナツを手に入れる. 猿だけが、このあべこべの作業の中で食べ物にありつき続け、最終的に 6 つのココナツを手に入れて、喜んで走り去る. 本来の解答として、最小の正の整数を見つけるためには、-4 にただ 15625 を足すだけでよく、そうすれば私たちが探し求めていた解答 15621 を得る.

この問題の解法は、そっくりそのまま n 人に一般化して考えることができる. 各自は、その時点で残っているココナツを n 個の山に分けて、そのうちの一山をそっくりいただく. 例えば 4 人なら、-3 個のココナツから始めればよく、それに 4^5 を足せば解答が得ら

れる．もし6人がいれば，-5個のココナツから始めて6^7を足せばよく，その他の値のnについても同様だ．もう少し正確にいえば，人数をn，各分割で猿に与えられるココナツの数をmとすれば，元のココナツの個数は$kn^{n+1} - m(n-1)$という式で与えられる．ただしkは，パラメータとよばれる任意の整数である．ここで$n = 5$，$m = 1$のときは，パラメータに1を採用すれば，最も小さい正の解が得られる．

ウィリアムズの改作では，最後の分配で猿がおこぼれにありつけないので，この「ずらし戦法」は残念ながらうまくいかない．ウィリアムズの改作版の一般解法は，興味のある読者への宿題として残しておこう．もちろん標準的なディオファントス方程式の解法で求めることはできるのだが，ここまでの解説から得た知見を活用すれば，ずっと近道ができるはずだ．〔解答 p.121〕こんな問題は難しすぎるという人たちのために，ディオファントス方程式の難しさに悩まされることのない，ずっと単純なココナツの問題を提供しよう．

3人の男がココナツの山の前にいる．1人目は，全体の半分と，ココナツ半個を取った．2人目も，残り全体の半分と，さらにココナツ半個を取った．最後の男も，やはり残ったココナツの半分と，さらにココナツの半個を取った．すると最後にちょうど1つだけココナツが残ったので，猿はそのおこぼれにありついた．最初の山にはココナツがいくつあったのだろうか？ もし試行錯誤するにあたって何かが必要なら，20本ほどのマッチ棒を用意すれば十分こと足りるだろう．

〔解答 p.122〕

追記
(1961)

ベン・エイムズ・ウィリアムズが改変するまえの旧作を解くにあたって，もしマイナス個のココナツを使うのが気持ち悪いのであれば，青く塗ったココナツを4つ使っても，本質的に同じ議論をすることができる．ミシガン大学の数学科を退職したノーマン・アニングは，リンゴが3人に与えられる問題への解答を出版[*1]するにあたって，1912年という早期に，この色鮮やかな方法にたどり着いていた．アニングの道具立てを使うと，ココナツの問題は次の方法で解くことができる．

まず5^6個のココナツから始めよう．これは山を5等分して，そのうちの一山を取り除くという操作を6回繰り返すことができる最小の数である．まだ猿の手にココナツは渡らない．ここで5^6個のココナツのうち，4個のココナツを青色に塗って，脇に置いておこう．残りのココナツの山を5等分すると，もちろん猿用のココナツが1つ余ることになる．

最初の男が自分の取り分を隠して，猿がココナツを1つもらったら，その後，この4つの青いココナツを残りの山に戻して，個々の山のココナツの数を5^5に戻しておこう．これが5等分できることは明らかだ．しかし次の分配を行なう前に，再び4個の青いココナツを脇によけておくと，分配した結果，ココナツが1つ余って猿の手に渡る．

全体が5等分できるということを見るためだけに4個の青いココナツを借りて，そしてその借りた4個を返すという操作を，それぞれの分配ごとに繰り返す．6回目，つまり最後の分配が終わった時点で，青いココナツは脇に除けて，誰のものにもしない．このココナツは分配作業の間，本質的には何の役割も果たしていない．単に私たちがたどる道筋を明確にしてくれているだけである．

ディオファントス方程式と，その解法に関する最近の良い参考書としては，イザベラ・バシュマコヴァの本[*2]を挙げておく．

[*1] *School Science and Mathematics*, June 1912, p. 520.
[*2] *Diophantus and Diophantine Equations.* Isabella Bashmakova. The Mathematical Association of America, 1997.

ココナツ問題に取り組むには，さまざまな方法が数多く存在する．当時，ニュージャージー州プリンストン市のプリンストン高等研究所に在籍中だったジョン・M・ダンスキンは，他の数名の読者と同様，この問題を解くための5進法に基づく賢い方法を送ってきてくれた．他にも独創的なアプローチについて説明してくれた手紙を数十通受け取ったが，ここで紹介するには，どれもいささか複雑すぎるようだ．

解答

● ベン・エイムズ・ウィリアムズの改作問題におけるココナツの個数は3121個である．旧作の解析を参考にすると，$5^5 - 4$ つまり3121という数が得られて，これが，5回の分割を行なって各回猿に1つのココナツを渡せる最小の個数であることがわかる．こうした5回の分割が行なわれたあと，1020個のココナツが残る．この数字はちょうど5で割り切れるので，6回目の分割はきれいにできて，猿の手にはココナツが渡らない．

改作に対する一般解法は，2つの式で表すことができる．人間の数 n が奇数のとき，式は

 ココナツの数 $= (1 + nk)n^n - (n - 1)$

となり，一方 n が偶数のときの式は

 ココナツの数 $= (n - 1 + nk)n^n - (n - 1)$

となる．どちらの式でも k はパラメータで，任意の整数としてよい．ウィリアムズの問題では，人間の数は5，つまり奇数なので，最初の式の n に5を代入すればよく，最も小さい正の解を得るには k として0を取ればよい．

ロサンゼルスの皮膚科専門医J・ウォルター・ウィルソン博士からの手紙には，この解答にまつわる面白い偶然が書かれていた．

 前 略

　私は1926年，ココナツ問題についてのベン・ウィリアムズの話を読み，解けないパズルに取り組んで眠れない幾夜かを過ごし，そして数学教授からディオファントス方程

式について教えてもらって，やっと最小の解 3121 を得ました．

1939 年，私は，カリフォルニア州イングルウッドの西 80 番通りにある，すでに家族と数か月住んでいる我が家の番地が，なんと 3121 番であることに気付きました．そこで一計を案じて，ある晩，知的な友人たちをみんな集めて，それぞれ違う部屋にあるゲームやパズルを，4 人一組で順番に楽しんでもらいました．

ココナツパズルは玄関先のポーチで，家の番地が明かりに照らされている真下に置かれたテーブルで出題されました．秘密の鍵が燦然と輝いているにもかかわらず，それに気付いた人は誰一人いませんでした！

● 本文の最後で出題した，人数が 3 人のもっと単純なパズルには，ちゃんと解がある．ココナツ 15 個だ．この問題を解こうとして，もし初めにココナツ半個を表現するためマッチ棒を半分に折り始めたとしたら，あなたは，この問題には解がないと結論づけてしまったかもしれない．実は，問題の中で求められている操作を実行するにあたって，ココナツを半分に割る必要は，まったくないのだ．

| 付記 (2008)

ベン・エイムズ・ウィリアムズの小話は，クリフトン・ファディマンが編集した傑作選集[*3]に再録されている．有名な数学パズルに関する歴史をデイビッド・シングマスターがまとめた文献（未刊行）によると，同様の問題は中世にまで遡る．この問題の変種は，数多くのパズルの本や，ディオファントス方程式の教科書の中に見つけることができる．以下の文献欄では，英語で書かれた定期刊行物に限って紹介した．

[*3] *The Mathematical Magpie.* Ed. Clifton Fadiman. Simon & Schuster Trade, 1962. 本書のペーパーバック版が 1997 年に Copernicus から再販されている．

| 文献

"Solution to a Problem." Norman Anning in *School Science and Mathematics* (June 1912): 520.

"Solution to Problem 3,242." Robert E. Moritz in *The American Mathematical Monthly* 35 (January 1928): 47-48.

"The Problem of the Dishonest Men, the Monkeys, and the Coconuts." Joseph Bowden in *Special Topics in Theoretical Arithmetic*, 203-212. Lancaster Press, 1936.

"Monkeys and Coconuts." Norman Anning in *The Mathematics Teacher* 54 (December 1951): 560-562.

"The Generalized Coconut Problem." R. B. Kirchner in *The American Mathematical Monthly* 67 (June–July 1960): 516-519.

"Five Sailors and a Monkey." P. W. Brashear in *The Mathematics Teacher* (October 1967): 597-599.

"On Coconuts and Integrity." T. Shin and G. Salvatore in *Crux Mathematicorum* 4 (August–September 1978): 182-185.

"On Dividing Coconuts: A Linear Diophantine Problem." S. Singh and D. Bhattacharya in *The College Mathematics Journal* (May 1997): 203-204.

"Coconuts – The History and Solution of a Classic Diophantine Problem." David Singmaster in *The Bulletin of the Indian Society for the History of Mathematics* 19 (1997): 35-51.

"More Coconuts." S. King in *The College Mathematics Journal* (September 1998): 312-313.

"Five Mathematicians, a Bunch of Coconuts, a Monkey, and a Coin." John E. Morrill in *The College Mathematics Journal* 35 (September 2004): 356-357.

10

迷路

　若きテセウスが恐ろしいミノタウロスを倒すため，クレタ島のクノッソスにあった迷宮に入り込んだとき，アリアドネにもらった絹糸を解きながら進んだので，再び外に出るための道を見失わずに済んだ．この手の迷路建築，つまりそこに慣れていない人が迷うように通路を入り組ませて設計された建物は，古代世界では珍しいものではなかった．史学の父ヘロドトスは，3000 もの小部屋を含んだエジプトの迷宮について言及している．クノッソスの硬貨には単純な迷路が刻まれているし，ローマ時代の舗道や初期のローマ皇帝のローブの上には，もっと複雑なパターンの迷路が見受けられる．また中世全体を通じて，ヨーロッパ大陸の多くの大聖堂の壁や床は，そうした迷路のデザインで飾られていた．

　イギリスで最も有名な迷路建築は，ロザモンドの離宮だろう．言い伝えによれば，それは，12 世紀にイングランド王ヘンリー II 世がウッドストックの公園内に建造した．彼の妻である王妃，アキテーヌのエリナーの目から，麗しい寵妃ロザモンドを隠そうと企てたのだ．エリナーはアリアドネの糸の方法を使って，離宮の中心に向かう道を見つけだし，かわいそうなロザモンドに毒を飲むことを強要したという．この話は多くの作家を虜にしてきた．著名な作家ジョセフ・アディソンはこれを題材にしたオペラを書いたし，アルジャーノン・チャールズ・スウィンバーンが書いた劇詩「ロザモン

ド」は，これについて書かれたものの中で人々を最も感動させる傑作だろう．

　面白いことに，迷路のモザイクで聖堂内部を飾るという大陸風の習慣は，イギリスでは受け入れられなかった．しかしその一方で，教会の外の芝生が迷路状に刈り込まれることは，ごく普通に行なわれていて，そこを通り抜けることは宗教的な儀礼の一部でもあった．シェイクスピアがよぶところのこの「草原のまがりくねった迷路遊びの路すじ」[*1]は，18世紀になるまでイギリスで隆盛を誇った．単なる娯楽のために庭園に作られた高い生け垣の迷路は，ルネサンス後期に流行した．イギリスの生け垣迷路で最も有名なものは，今にいたるも旅行者たちを迷わせている．これはオレンジ公ウィリアムのハンプトン・コート宮殿のために1690年に設計されたものである．現在の迷路の見取図を図56に示しておく．

　アメリカ国内において歴史的意義のある唯一の生け垣迷路は，インディアナ州ハーモニーに移り住んだドイツプロテスタント派の一宗派の人々であるハーモニストたちが，19世紀初頭に作ったものである．（この町は今ではニューハーモニーとよばれている．この名前は1826年，スコットランド人の社会主義者ロバート・オーウェンが与えたものだ．彼

図56　ハンプトン・コートの生け垣迷路の見取図．

[*1]　〔訳注〕『真夏の夜の夢』シェイクスピア，三神勲訳，角川文庫，33ページより．

はこの地に理想社会(ユートピア)の実現を目指す居住区を作った.) 中世の教会の迷路と同様, ハーモニーの迷路は, 罪が蛇のごとく曲がりくねるさまと, 正しい道をたどり続けることの難しさを象徴している. この迷路は1941年に復元された. 残念なことに元の迷路の記録が残っていなかったため, 完全に新しいデザインの迷路で再構築された.

　数学的な視点から見れば, 迷路はトポロジーの問題だ. 見取図が薄いゴム膜上に描かれていたとすると, 入口とゴールを結ぶ正しい道筋はトポロジー的には不変であり, ゴム膜がどんな形に変形しようとも, いつでも正しい道筋のはずである. 紙に描かれている場合, 正しい経路だけが残るように袋小路を順に塗りつぶしていけば, 迷路を素早く通り抜けられる. しかしエリナー王妃が直面したように, 地図もなく迷路に取り組まなければならないとすると, 話は違ってくる. もし迷路の入口が1つしかなく, やはり1つしかない出口まで通り抜けることが目的だったら, 右壁(左壁でもよい)にずっと手が触れているようにしつつ, 道をひたすら歩き続ければ, いつかは目的地にたどりつくことができる. 歩いた道のりが最短経路になるとは言えそうにないが, それでも確かに出口にたどりつける. ゴールが内部にある伝統的な迷路の場合でも, ゴールの周囲をぐるりと迂回して入口に戻って来る閉路がなければ, この方法でうまくたどり着ける. ゴールが, 1つ以上の閉路で囲まれている場合は, 右手法や左手法を使うと, 一番外側の閉路の周囲を回った挙げ句, 再び迷路の外に出てしまう. つまりこの方法では閉路の中の「島」にたどり着くことはできない.

　図57の左のような周回路のない迷路を, トポロジストは「単連結」であるという. これは, 迷路の中に外枠につながっていない壁がないといっているのと同じである. (図の右側の迷路のように)迷路の中に外枠につながっていない壁があって, 壁の周囲の道が閉路をなしているときは, この迷路は「複連結」であるという. 右手法あるいは左手法を単連結の迷路で使うと, すべての経路を正方向と逆

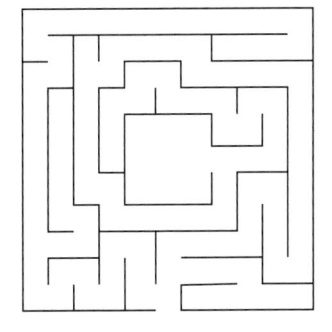

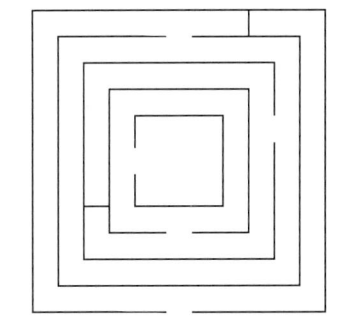

図 57 「単連結」の迷路（左図）と「複連結」の迷路（右図）．

方向にちょうど1度ずつ訪れるので，その途中のどこかで必ずゴールにたどり着ける．ハンプトン・コートの迷路は複連結であり，2つの閉路があるが，どちらもゴールを囲んでいるわけではない．そのため右手法や左手法で無事にゴールにたどりつき，そのまま入口に戻って来られる．ただし途中，まったく通らない通路が1つある．

では，複連結で閉路がゴールを囲んだものも含む，あらゆる迷路を解くことができる機械的な手続き，つまり専門用語でいうアルゴリズムは存在するのだろうか．実は存在する．最もよくできたものは，エドゥアール・リュカの本[*2]に載っているもので，それによると，アルゴリズム自身はM・トレモの考案によるようだ．まず迷路を進むとき，道のどちらか，例えば右側の壁に線を引きながら歩いていこう．初めての分かれ道に来たときは，好きな道を選べばよい．初めての道を歩いているときに，すでに訪れたことのある交差点に戻ってきてしまったり，あるいは行き止まりに突き当たったら，後ろを向いてもと来た方向に戻っていく．すでに歩いたことのある道を戻っていて（左側に線が書いてあるのが目印だ），以前来たことのある交差点についたとする．もしそこに，まだ歩いたことのない

[*2] *Récréations Mathématiques*, vol. I. Edouard Lucas, 1882.

新しい道があるなら，その中のどれか好きな道を選んで進む．そうでないなら，すでに歩いたことのある道を選ぶ．ただしこのとき，道の両側の壁に線が引かれた道に入ってはいけない．

　図 57 の右側に描かれた迷路は複連結で，2 つの閉路が中央の小部屋を取り囲んでいる．赤鉛筆を片手にトレモのアルゴリズムを試してみよう．確かに，迷路のすべての部分をちょうど 1 往復ずつしながら，迷路の中央のゴールに到達して入口に戻ってくることが確認できるだろう．さらにうれしいことには，ゴールにたどり着いた時点で線を引くのをやめてしまうと，入口からゴールまで直接たどり着ける経路が，すでに見て取れるようになっているのだ．ゴールに直接たどり着くには，単に 1 度しかたどっていない経路を通ればよい．

　もっと難しい迷宮で技法を試してみたいという気骨ある読者のために，イギリス人の数学者 W・W・ラウス・ボールが自宅の庭に作った複連結な迷路の見取図を図 58 に紹介しておこう．迷路の内部の黒丸が目指すゴールである．

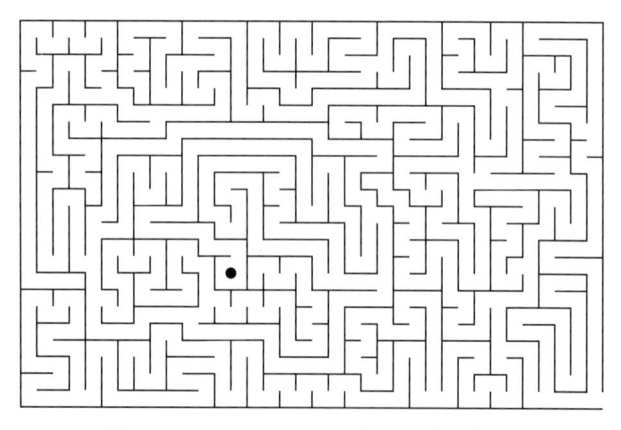

図 58　W・W・ラウス・ボールの庭の迷路．

現代の大人は，もうこうした迷路を楽しむこともなさそうだが，迷路への高い関心が今なお残る科学の領域が2つある．心理学とコンピュータ科学だ．心理学者たちは，当然のように，迷路を使って何十年も人間や動物の学習に関する振舞いを研究し続けてきた．低級なミミズにさえ，分かれ道が1つある迷路の抜け方を教え込むことができるし，アリにいたっては，分岐点が10ほどもある迷路を学ぶことが可能だ．コンピュータ科学者は，動物のように経験から学習する機械を作り上げるという魅力的なテーマの一部として，迷路を抜けるロボットを研究している．

こうした素敵な機械の最も初期のものとして，現在マサチューセッツ工科大学にいるクロード・E・シャノンが開発した，有名な迷路解きロボットマウス，テセウスがいる．（テセウスは，シャノンがそれ以前に迷路を解くのに使っていた彼の「指」の進化形である．）この「マウス」は，トレモのアルゴリズムの変種を使って，複連結かもしれない未知の迷路の道筋をまず系統的に動きまわる．交差点に来て選択を迫られると，人間のようなランダムな方法はとらず，いつでも特定の側に一番近い道筋を選ぶ．シャノンは「ランダムな要素を含んだ機械は，トラブルが起こったときに話がややこしくなる」と言っている．「本来とるべき行動がきちんと予測できないと，その機械がどこで間違っているのかを指摘するのが難しい！」というわけだ．

1度ゴールへの道を見つけると，マウスはその記憶回路のおかげで，2度目には迷わず迷路を駆け抜ける．トレモの技法の言葉でいえば，マウスは2度通った経路をすべて飛ばして，1度しか通らなかった経路だけをたどる．これは，ゴールへの最短経路をたどることを保証しているわけではなく，袋小路に入ることなくゴールにたどり着くとしか言っていない．実際のネズミが迷路を学習するときは，もっとずっと時間がかかる．ネズミは，（完全にではないが）ほぼランダムな試行錯誤で迷路を探索し，また，正しい経路を記憶するまでに幾度もの成功を必要とするからである．

他にも迷路を抜けるロボットが近年，作られてきた．中でもオッ

クスフォード大学のヤロスラフ・A・ドイッチュが開発したロボットは，とても賢くできていて，道の長さや形を変えた別の迷路に置かれても，トポロジー的に同等であれば，ある迷路での学習結果を移し変えて適用することができる．ドイッチュの迷路ロボットは他にも，迷路に近道を追加するとそれを利用できたり，いくつかの驚くべき機能を持っている．

　こうしたロボットは，まだ荒削りな出発点にすぎない．未来の学習機械は，桁外れの能力を獲得して，宇宙時代の自動機械の中で，思いもよらない役割りを果たすことになるだろう．迷路と宇宙飛行という組み合わせは，私たちを本章の最初に出てきたギリシャ神話へと引き戻してくれる．ミノタウロスの迷路をミノス王のために建設したのは，誰あろうダイダロスであった．ダイダロスといえば，人工の翼を作り出した人物である．彼の息子イカロスは，その翼であまりにも太陽の近くにまで飛びすぎたためにこの世を去った．作家のナサニエル・ホーソーンは彼の童話『タングルウッド物語』の中でミノタウロスの迷路について，「これほどまでに巧妙に作りこまれた迷路は，これまでも，そしてこれからも，世界のどこにも見ることはできないでしょう」と書いている．「これほど込み入ったものは世の中にありえません．それを生み出した明晰なダイダロスのような人間の頭の中や，私たちの心を除けば」ということだ．

付記
(2008)

　1970年代を思い返してみると，迷路に対する世間の関心は，最高潮に達していた．伝統的な単純な迷路から，さまざまな奇想天外なパターンにいたるまで，迷路に関する本が数多く出版された．ロバート・アボットの本[*3]は注目に値する．当時，3次元の迷路も発売されていた．これは，透明なプラスチックの立方体の形状をしていて，入口から出口までビー玉を転がして遊ぶものである．こうした3次元迷路の，アボットの設計による初期の例については，本全集第5巻の6章で説明した．バランタイン社から出ているブライトフィールド兄弟による迷路の本[*4]は，私が同社に提案したアイデアに基づいている．序文も私が書いているが，同書は，世界の大都市の街路に基づいた迷路をいくつも掲載している．

　もし伝統的な迷路を，より一層困難に，かつ楽しく解きたいのなら，紙に小さな穴を開けたものを用意するとよい．この紙を最初に迷路の上に重ねて置いて，出発地点しか見えないようにするのだ．そして，この穴を動かすことで出口への道のりを探すという問題に挑戦しよう．こうすれば，生け垣迷路などで経路を探すときの悪戦苦闘を体験することができる．

　本全集第5巻の6章では，迷路の中を抜ける最短経路を見つけるためのアルゴリズムを考えて，その課題についての論文をいくつか挙げる．その中には，迷路を文字列でモデル化する奇抜な方法もある．

　イギリスのエイドリアン・フィッシャーは，世界最高の迷路デザイナーである．造園による迷路だけでなく，動物園や教会やその他の建築物の，広場や床面に舗装して作る迷路まで，なんでもこなす．数冊出ている彼の美しい迷路の本には，本人の手で構築したものも含めて，世界中にある迷路が収められていて，必見である．こうした迷路に関する彼の解説記事が載って

[*3] *Mad Mazes*. Robert Abbott. Adams Media Corp, 1990.
[*4] *The Great Round the World Maze Trip*. Rick and Glory Brightfield. Ballantine, 1977.

いる本[*5]もある.

文献

● 歴史と理論

"The Labyrinth of London." *The Strand Magazine* 35: 208 (April 1908): 446. 古いロンドンの地図に基づいた迷路の復元品. 道路の壁と交差しないようにしながら, ウォータールー通りから入って, セント・ポール大聖堂に抜ける道を探すのが目的.

The Labyrinth of New Harmony. Ross F. Lockridge. New Harmony Memorial Commission, 1941.

"Mazes and How to Thread Them." H. E. Dudeney in *Amusements in Mathematics*. Dover Publications, 1959.

"An Excursion into Labyrinths." Oystein Ore in *The Mathematics Teacher* (May 1959): 367-370.

Mazes and Labyrinths. W. H. Matthews. Dover, 1970.

Mazes and Labyrinths of the World. Janet Bond. Latimer, 1976.

Secrets of the Maze. Adrian Fisher and Howard Loxton. Barron's, 1997.

The Amazing Book of Mazes. Adrian Fisher. Abrams, 2006.

"Parity Puzzles." Adrian Fisher in *Games* (February 2007): 6-11. パリティを応用して, 一連の風変わりな迷路を作成したもの.

● 迷路を解くコンピュータ

"Presentation of a Maze-Solving Machine." Claude E. Shannon in *Cybernetics: Transactions of the Eighth Conference*, March 15-16, 1951: 173-180. Ed. Heinz von Foerster. Josiah Macy, Jr., Foundation, 1952.

"The Maze Solving Computer." Richard A. Wallace in *The Proceedings of the Association for Computing Machinery*, Pittsburgh (May 1952): 119-125.

[*5] "Paving Mazes." Adrian Fisher in *Puzzler's Tribute*. Eds. David Wolfe and Tom Rodgers, A K Peters, 2002.

"A Machine with Insight." J. A. Deutsch in *The Quarterly Journal of Experimental Psychology*, Vol. 6, Part I (February 1954): 6-11.

●迷路のパズル

For Amazement Only. Walter Shepherd. Penguin Books, 出版年不明. Dover Publications による再版は *Mazes and Labyrinths* というタイトルで 1961 年刊. あらゆるタイプの変わった迷路を 50 個収めてある. 迷路を解く人が間違った道を選ぶことを狙って, 頭のよい設計者が仕組んださまざまな心理的な仕掛け (性的な記号も含む!) について, 著者による詳細な解説がある. 数学的な理論に関する議論はないが, 難しい迷路パズルの面白いコレクションである.

11

レクリエーション・ロジック

> すべての条件のうちから,不可能なものだけ切りすててゆけば,あとに残ったものが,たとえどんなに信じがたくても,事実でなくちゃならないと,あれほどたびたびいってあるじゃないか.
> ——シャーロック・ホームズ,『四つの署名』[*1]

　数値の計算がほとんど,あるいはまったくいらず,推理・推論が求められる問題は,通常は論理の問題とよばれる.論理は,非常に一般的で基本的な数学であるとみなされているので,こうした問題も,もちろん数学の問題である.とはいえ,論理の問題は,数を使ったそれ以外の多くの問題とは別に考えた方が,何かと都合がよい.ここではまず,3つのよくあるタイプの論理パズルの問題を眺めて,この手の問題にどうやって取り組んだらよいのか考えてみよう.

　最もよくあるタイプの問題は,パズル愛好家たちに「スミス–ジョーンズ–ロビンソン問題」とよばれている.これは,イギリスのパズルの達人ヘンリー・デュードニーが出題した古い問題[*2]にちなんでいる.この種の問題では,通常はスミスたちそれぞれについ

[*1] 〔訳注〕コナン・ドイル著,延原謙訳,新潮文庫より.
[*2] *Puzzles and Curious Problems* (H. Dudeney. T. Nelson & Sons, 1931) に掲載されている問題 49 のこと.

ての条件の集まりが与えられて、そこからしかるべき結論を論理的に導き出すことが求められる。最近アメリカで作られたデュードニー問題の一例はこんな具合だ：

（1） スミスとジョーンズとロビンソンは、機関車の技士か車掌か機関士である（この順番どおりとは限らない）。この3人と同じ名字をもつ3人の乗客が機関車に乗っている。以下では乗客の名前の後にだけ「氏」をつけて区別することにしよう。

（2） ロビンソン氏は、ロサンゼルスに住んでいる。

（3） 車掌は、オマハに住んでいる。

（4） ジョーンズ氏は、長年の間に高校で習った代数をきれいさっぱり忘れてしまった。

（5） 車掌と同じ名字をもつ乗客は、シカゴに住んでいる。

（6） 車掌と、著名な数理物理学者である乗客の1人は、同じ教会に通っている。

（7） スミスは機関士をビリヤードでうち負かした。

さて、技士の名前は何か？

もちろん、この問題を記号論理の枠組みで記述して、しかるべき技法で解くこともできるだろう。しかしそれでは必要以上に煩雑になる。とはいえ、ある種の記法の助けがないと、この手の問題の論理的な構造を把握することは難しい。最も使い勝手のよい道具立ては行列である。この行列は、それぞれの集合の要素の可能な組み合わせに対応する。この例の場合は、2揃いの集合があるため、行列が2つ必要である（図59）。

それぞれのマスは、その組み合わせが正しいなら「1」と書き込み、条件に反するなら「0」と書き込むことにしよう。これを使って、どうやって解くのか、実際に確かめてみよう。条件(7)から、明らかにスミスは機関士ではない。そこで左の行列の右上の角のマスに「0」を書き込む。条件(2)から、ロビンソン氏がロサンゼルスに

	機関士	車掌	技士
スミス			
ジョーンズ			
ロビンソン			

	ロサンゼルス	オマハ	シカゴ
スミス氏			
ジョーンズ氏			
ロビンソン氏			

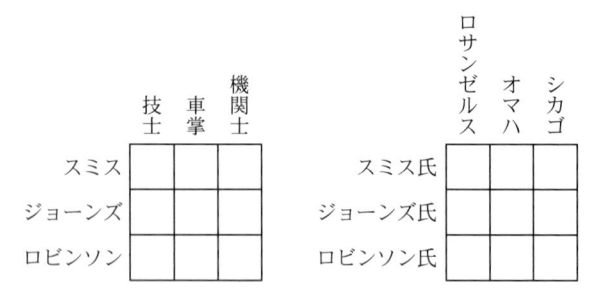

図 59　スミス-ジョーンズ-ロビンソン問題を表す 2 つの行列.

住んでいることがわかるので，右の行列の左下の角に「1」を書き込み，さらに同じ行の他のマスと，同じ列の他のマスに「0」を書き込むことができる．つまりロビンソン氏はオマハやシカゴには住んでいないし，スミス氏やジョーンズ氏はロサンゼルスには住んでいないというわけだ．

　さて，ここで少し考える必要がある．条件(3)と条件(6)から，物理学者がオマハに住んでいることがわかる．しかし彼の名前はなんだろう？　彼はロビンソン氏ではないし，(代数を忘れてしまった)ジョーンズ氏でもありえない．したがって彼はスミス氏だ．これで右の行列の 1 番上の行の真ん中のマスに「1」を埋めることができ，同じ行や列の空のマスに「0」を埋めることができる．1 つだけ残ったマスに 3 つ目の「1」を入れれば，ジョーンズ氏がシカゴに住んでいることがわかって右の行列は完成する．さらに条件(5)から，車掌はジョーンズであることがわかり，左側の行列の中央のマスに「1」を埋めて，同じ行や同じ列のマスに「0」を書き込むことができる．この段階での行列の様子を図 60 に示しておく．

　残りを埋めるのは簡単だろう．機関士の列は，1 番下のマスしか空いていないので，ここに「1」を入れる．すると左下の角が「0」になり，左上に空いたマスに最後の「1」を入れれば，技士はスミスであることが確定する．

	技士	車掌	機関士
スミス		0	0
ジョーンズ	0	1	0
ロビンソン		0	

	ロサンゼルス	オマハ	シカゴ
スミス氏	0	1	0
ジョーンズ氏	0	0	1
ロビンソン氏	1	0	0

図 60　行列の途中経過.

かのルイス・キャロルも，この手の，ややこしく込み入った難問を作ることに情熱を傾けていた．彼の論理学の本[*3]の付録にも8問収録されている．ダートマス大学の数学科の学科長だったジョン・G・ケメニーは，IBM 704 というコンピュータを使って凶悪なキャロル的難問（13個の変数と12個の条件があり，そこから，かぎタバコを吸う治安判事は一人もいないということを導く問題だ）を解いてみた．コンピュータが問題を解くのにかかった時間そのものは4分程度だったが，この問題の「真理値表」（変数への真偽の割り当て方すべてに対して，それぞれが妥当かどうかを行列で表現したもの）を印刷するのに13時間もかかったという！

もっと難しいスミス−ジョーンズ−ロビンソン問題に，だめもとでも挑戦してみたいという殊勝な読者のために，プリンストン大学の数学科のレイモンド・スマリヤンが考案した新作を御披露目しよう．

（1）　第1次世界大戦の休戦が締結された1918年の11月11日，3組の夫婦が夕食を共にして，お祝いをした．

（2）　それぞれの夫は，妻たちの誰かの兄弟であり，それぞれの妻は，夫たちの誰かの姉妹である．つまり，このグループの中には，

[*3] *Symbolic Logic* (Part I, Elementary). Lewis Carroll. C. N. Potter, 1896.

（性別の違う）兄弟姉妹ペアが3組いる．

（3） ヘレンは彼女の夫よりもちょうど26週間だけ年長であり，この夫は8月生まれである．

（4） ホワイト氏の姉妹はヘレンの兄弟の義理の兄弟と結婚した．彼女（ホワイト氏の姉妹）は彼女の誕生日である1月に結婚した．

（5） マーガレット・ホワイトは，ウィリアム・ブラックほど背が高くない．

（6） アーサーの姉妹は，ベアトリーチェよりも可愛い．

（7） ジョンは50歳である．

（8） さて，ブラウン夫人の下の名前は何か？　　〔解答 p.143〕

論理絡みで馴染みのあるもう1つの難問は「色つき帽子」の問題とよぶことのできる種類のものである．こうよばれるのは，次の最も有名な例にちなんでいる．A, B, Cの3人が目隠しされて，これから赤い帽子か緑の帽子を被せられると告げられる．彼らに帽子が被されたあとで目隠しが外される．そして彼らは，赤い帽子を見たら手を挙げるように，また，自分の帽子の色が確信できたら部屋を退出するように告げられる．帽子は3つとも赤だったので，3人とも手を挙げた．数分後，他の2人よりも賢かったCは，部屋を出ていった．彼は，どのようにして自分の帽子の色を推測できたのだろうか？

Cは，次のように考えた．私の帽子は緑だろうか？ 仮に緑だったと仮定しよう．すると，Aはすぐに自分の帽子が赤だということに気付くだろう．そうでなければ，Bがすぐに手を挙げたことが説明できないからだ．だとするとAは部屋を出ていったはずだ．Bも同じことに気付いて，部屋を出ていくはずだ．ところが誰も部屋を出ていかない．そこでCは自分の帽子が赤に間違いないと確信した．

ジョージ・ガモフとマービン・スターンは，彼らの楽しい小さな本[*4]の中で，全員が赤い帽子を被せられたときであれば，この議論

の人数を何人にでも一般化できることを指摘した．Cよりもさらに賢い4人目の参加者Dがいたと仮定しよう．彼は，もし自分の帽子が緑であれば，A, B, Cの3人は，たった今，上で説明したものと本質的に同じ状況に置かれていると論理的に考えを巡らせる．したがって数分後，この3人の中で最も賢い人が部屋を後にするはずだ．しかし，もし5分が経過しても誰も出ていかないのであれば，Dは自分の帽子は赤であると結論づけることができる．もしDよりもさらに賢い5人目の人がいれば，彼は例えば10分後に自分の帽子が赤であると結論づけることができるだろう．もちろん，賢さがランク付けできるという仮定や，各段階の経過時間の長さに関する曖昧さという点が，この議論の弱点ではある．

スマリヤンは，曖昧性を排除した「色つき帽子」の問題を考案した．こんな具合だ．A, B, Cの3人は，自分も含めて全員が「完璧な論理家」であると互いに知っている．「完璧な論理家」なので，与えられた条件集合から論理的に得られる帰結を，瞬く間に導き出すことができる．ここに，赤いシールと緑のシールが4枚ずつあるとしよう．彼らは目隠しされて，各自のおでこにシールが2枚ずつ貼られる．目隠しが外された．A, B, Cは順番に「自分のおでこに貼られたシールの色がわかりますか？」と聞かれ，それぞれ「いいえ」と答えた．そしてAが，もう一度同じ質問をされ，やはり「いいえ」と答えた．次に，もう一度Bが同じ質問をされると，今度はBは「はい」と答えた．Bのおでこのシールの色は何色だろう？

〔解答 p. 145〕

有名な論理パズルの3つ目は，嘘つき族と正直族にまつわる問題だ．古典的な例は，よくある2つの種族の住む地方に来た，探検家の問題である．一方の種族の人は，必ず嘘をつき，他方の種族の人

---

*4 *Puzzle-Math*. George Gamow and Marvin Stern. Viking Adult, 1958.〔邦訳：『数は魔術師』ジョージ・ガモフ，マーヴィン・スターン著，由良統吉訳．白揚社，1958年（1999年再刊）．〕

は，必ず本当のことを言う．探検家は現地人の2人連れに出会ったので，背の高い方に「あなたは正直族ですか？」と聞いてみた．背の高い方の現地人は，現地の言葉で「グーム」と答えた．背の低い方の現地人は，どうやら私たちの言葉がしゃべれるようで，「彼は『はい』と言ってます」と言い，さらに「しかし彼は嘘つき族です」と言った．彼らはそれぞれ，どちらの種族だろうか？

4種類の可能性（嘘嘘，正嘘，嘘正，正正）を書き下してみて，条件に反するペアを消していくという系統的な方法も，それほど悪くはない．しかし，背の高い方の現地人は，彼が嘘つき族だろうが正直族だろうが，いずれにせよ必ず「はい」と答えるはずだということに気付くだけの洞察力があれば，もっと早くこの問題を解くことができるだろう．つまり背の低い方の現地人は本当のことを言っているので，彼は正直族であり，そして彼の相方は嘘つき族だ．

この手の問題に，確率的な要素と意味的な曖昧性が絡んだ最も悪名の高い問題は，イギリスの天文学者アーサー・エディントン卿が書いた本[*5]の16章にある．それはこんな問題だ．A, B, C, Dは，各自独立に3回に1回しか本当のことを言わない．ここで，Dは嘘をついているとCが断言していることをBが否定しているとAが主張している．さて，Dが本当のことを言っている確率を求めてもらいたい．

エディントンの25/71という解答は，彼の読者から轟々たる非難を受けるはめになり，滑稽で混乱した議論が巻き起こり，ついに決着することはなかった．イギリスの天文学者ハーバート・ディングルは，ネイチャー誌[*6]の書評でエディントンの本を取り上げ，この問題は無意味であり，エディントンが確率について思い違いをしている証拠だとして切り捨てた．アメリカの物理学者テオドア・ス

[*5] *New Pathways in Science*. Arthur Eddington. Ann Arbor Paperbacks/ Univ. of Mich. Press, 1959.
[*6] *Nature* (March 23, 1935).

ターンは，ネイチャー誌上でこれに応えて[*7]，この問題は無意味ではないものの，解答を得るのに十分なだけの情報が与えられていないと指摘した．

ディングルはこれに反論[*8]して，仮にスターンの考え方に従って問題が無意味でないとするなら，十分な情報は与えられていて解答は1/3になるとした．ここでエディントンも論争に参戦して，「AとBとCとDの問題」という題の論文を雑誌に発表し[*9]，自分の解答に対する計算方法の詳細を与えた．この論争は，後年同誌[*10]に収録された2つの論文で収束した．うち1つはエディントンを擁護するものであり，もう1つは，それ以前のどれとも立場を異にするものであった．

この問題の難しさは，つまるところ，エディントンの問題の言明を厳密な意味でどう解釈するかという点にある．仮にBが否定しているという主張が信じられるものとすると，Dが正しいことを言っているとCが主張していると仮定してよいものだろうか．エディントンはそうではないと考えた．あるいは，もしAが嘘をついているとすると，BやCが何と言っていると考えればよいのだろう．幸いなことに，以下に示す仮定を置けば，（エディントンと違って）こうした言葉の解釈による困難さをすべて回避することができる．

（1）4人は全員，何らかの主張をしている．
（2）A, B, Cはそれぞれ，B, C, Dの主張を，肯定するか否定するかのどちらかの主張をしている．
（3）肯定が嘘であった場合は否定であり，否定が嘘であった場合は肯定である．

彼らはランダムに，平均するとちょうど3回に2回の割合で嘘をつく．そこで，それぞれの人ごとに，正直な主張をT，2回分の嘘

[*7] *Nature* (June 29, 1935).
[*8] *Nature* (September 14, 1935).
[*9] "The Problem of A, B, C, and D." Arthur Eddington in *The Mathematical Gazette*, October 1935.
[*10] *The Mathematical Gazette* (December 1936).

をL1とL2で表現してみると，4人の主張の真偽について，TとLで81通りの異なる組み合わせの表を作ることができる．次に，主張の論理的な構造から判断して，ありえない組み合わせを取り除く．最後に残った組み合わせの中で，Tで終わっているもの（つまりDが本当のことを言っている場合）の個数を，残った全体の個数で割れば，求める解答が得られるはずだ． 〔解答 p.146〕

追記
(1961)

　探検家と2人の現地人に関する問題について，私はもっと正確に出題すべきであった．つまり，探検家は「ゲーム」という語が「はい」か「いいえ」のどちらかを意味する現地語であることはわかったが，そのどちらであるかは知らなかったと言うべきであった．この瑕疵のおかげで，私は数え切れない手紙を受け取るはめになった．例えばインディアナポリスのジョン・A・ジョネリスの手紙に曰く：

　　拝　啓
　　貴兄の，頭を悩ませる論理パズルの記事を楽しく拝見しました．……私はこの楽しさを妻と共有しようと思い，たぶん男としての虚栄心も手伝ったのだと思いますが，彼女をちょいと嘘・本当パズルでからかってやろうと企てました．数分後，彼女は見事としか言いようのない，しかし貴兄が本で紹介したものとはまったく逆の解答をしてきました．
　　背の高い現地人は，探検家の使う言語をまったく理解できないようです．もし理解しているなら，その言語で「はい」か「いいえ」を答えられるはずです．したがって，彼の「ゲーム」はたぶん「何を言っているかわからんな」とか，「ボンゴボンゴ島へようこそ」とか，何かそんなことを意味しているに違いありません．つまり，背の低い現地人が「彼は『はい』と言っています」と言うのは嘘で，彼は嘘つき族です．そして嘘つき族の彼が連れを嘘つき族だと言っているのですから，背の高い方の現地人は正直族です．
　　この「女の論理」は，私の男の見栄を見事に粉々にしてくれました．貴兄のそれが無事であらんことを．

解答

●1つ目の論理の問題は，3つの行列を使うのが一番よい．妻たちの名字と名前の組み合わせを表す行列と，夫たちの名字と名前の組み合わせを表す行列と，そして兄弟姉妹関係を示す行

列だ．（条件(5)より）ホワイト夫人の名前はマーガレットなので，それ以外の妻たちの名前については，2つの選択肢しかない．（i）ヘレン・ブラックとベアトリーチェ・ブラウンか，あるいは（ii）ヘレン・ブラウンとベアトリーチェ・ブラックだ．

まず2つ目の選択肢について吟味しよう．ホワイト氏の姉妹はヘレンかベアトリーチェのはずだ．しかしベアトリーチェはありえない．もしそうだとすると，ヘレンの兄弟はブラック氏になって，ブラック氏の2人の義理の兄弟はホワイト氏（彼の妻の兄弟）とブラウン氏（彼の妹の夫）になってしまう．しかしベアトリーチェ・ブラックはどちらとも結婚していないので，この事実は条件(4)に反する．したがってホワイト氏の姉妹はヘレンだ．ここから，ブラウン氏の姉妹はベアトリーチェで，ブラック氏の姉妹はマーガレットであると結論できる．

条件(6)から，ホワイト氏の名前はアーサーであることがわかる．（まず，アーサー・ブラウンだとすると，ベアトリーチェが彼女自身よりも可愛いことになってしまう．そして条件(5)から，ブラック氏はウィリアムだと知っているので，アーサー・ブラックではない．）したがってブラウン氏の名前はジョンだ．条件(7)からジョンは1868年（第一次世界大戦の休戦協定のちょうど50年前）生まれで，残念ながら，この年はうるう年である．したがって，もしヘレンが妻だと，彼女の夫よりも，条件(3)で言われている26週間よりさらに1日だけ年長になってしまう．（条件(4)によると，彼女の誕生日は1月で，条件(3)より，彼女の夫の誕生日は8月だ．彼女が夫よりもちょうど26週間年長になれるのは，彼女の誕生日が1月31日で，夫の誕生日が8月1日で，そして間に2月29日がないときに限られるのだ！）この時点で，私たちが仮に選んだ2つ目の選択肢は破綻する．したがって妻たちの名前は，マーガレット・ホワイトとヘレン・ブラックとベアトリーチェ・ブラウンと確定する．ブラック氏の生年については私たちは何も知らないので，先のような矛盾は起こらない．条件から，マーガレットはブラウン氏の姉妹で，ベアトリーチェはブラック氏の姉妹で，ヘレンはホワイト氏の姉妹である．しかし，

ホワイト氏とブラウン氏の下の名前は決まらないままである．
●おでこのシールの問題に移ろう．Bのおでこのシールには（1）赤・赤（2）緑・緑（3）赤・緑という3つの状況がある．ここで，まず赤・赤だったと仮定しよう．

このとき，3人が1度すべて答え終えたあと，Aは次のように推理できる．「まず私が赤・赤だったとしよう．Cは4枚の赤いシールを見て，自分が緑・緑だとわかるはずだ．しかしCはわからなかったので，私は赤・赤ではない．同じ理由で，Cも自分が赤・赤でないことに気づいている．次に私が緑・緑だったとして，Cの立場で考えてみよう．もしCが緑・緑なら，Bは4枚の緑を見るので，自分が赤・赤だと結論づけることができるはずだ．しかしBは結論づけられなかった．そのことから，Cは自分の色が赤・緑であることがわかるはずなのに，わからなかった．つまり，私は赤・緑だ」

しかしAが2度目に聞かれたとき，彼は自分のシールの色がわからなかった．したがって，Bは自分のシールが赤・赤である可能性を排除できる．まったく同じ議論をもう1度（色を取り換えて）繰り返せば，Bは自分のシールの色が緑・緑である可能性も排除できる．したがって，彼の選択肢は1つしか残っていない．赤と緑だ．

10人くらいの読者が，質問と答えに関する面倒な解析を一切することなく，問題を抜目なくただちに解く方法を指摘してくれた．ニュージャージー州サミット市のブロックウェイ・マクミランの指摘によれば，それは次のとおりだ．

この問題の主張の中では，赤と緑のシールは，互いに完全に対称な関係にある．したがって，条件をきちんと満たすようなシールの貼られ方は，それがどんなものであれ，赤と緑を入れ換えても，やはり条件を満たすはず．つまり，もし解が1つしかないなら，赤と緑を入れ換えても変化しないものでなければならない．そうできる唯一の解は，Bに赤と緑のシールが貼られているときしかない．

ブルックリンの高校の数学部局長であるウォレス・マンハイ

マーの指摘によれば，このおきて破りの解法がうまくいってしまうのは，問題文で言われているようにA, B, Cが完璧な論理家であるということに由来するのではなく，レイモンド・スマリヤンがそうであるということに由来しているのだ！

● エディントンによる4人の言明の問題に対する解答は，Dが真実を言っている確率は13/41になるというものだ．本当と嘘のすべての組み合わせのうち，嘘（あるいは本当）の個数が奇数であるものは，エディントンの与えた条件と矛盾する．これを削除すると，81通りある組み合わせのうち41通りが残り，そのうち13通りでDは本当のことを言っている．D以外の他の3人も，ここで残った41通りの組み合わせの中で本当のことを言っている個数はまったく同じなので，本当のことを言っている確率は実は4人ともすべて等しい．

真偽のほどが等しい，つまりどちらも正しいか，どちらも違っているという2つの主張を同値記号（≡）でつないで，否定を記号 ～ で表現すると，エディントンの問題は，記号論理学の命題計算式で次のように書ける．

$A \equiv [B \equiv \sim (C \equiv \sim D)]$

この式は次のように簡略化できる．

$A \equiv [B \equiv (C \equiv D)]$

この式の真偽値の表は，先に与えた解析結果の正しさを裏打ちしてくれる．

付記 (2008)

本章がサイエンティフィック・アメリカン誌に掲載されて以来，レイモンド・スマリヤンは，非凡な論理パズルを作らせたら間違いなく世界一多産なパズルの作り手となった．特に嘘つきと正直者に関するパズルで彼の右に出るものはいない．詳しくは本全集第13巻の20章「レイモンド・スマリヤンと論理パズル」と，そこにあげた参考文献を参照されたい．

スマリヤンは，形式論理や集合論に関する著作や，ゲーデルの有名な証明の単純化に関する多くの業績でも知られている．スマリヤンは，こうした数理論理に関する著作に加えて，

かつて誰も考え付かなかったような独創的なチェスの問題集も出版している.

スマリヤンの魅力的なユーモアセンスは,彼の著作のあちこちに顔をのぞかせる.特に彼の哲学エッセイにおいては顕著だ.カクテルを飲みたいと思うかウェイトレスに尋ねられたデカルトが「我,思わず」と応えるという小話は,スマリヤンのお気に入りだ.

私の好きなスマリヤンの作り話をもう1つ紹介しよう.ある日,彼が見た夢の中で,世界の偉大な哲学者たちが彼の前に勢ぞろいした.そして彼らは,自分の哲学体系を正確かつ簡潔な弁明で提示してくれた.夢の中のスマリヤンは,それらの体系をある言葉たった一言で片っ端から完膚なきまでに叩きつぶしていった.プラトンやアリストテレスをはじめとする哲学者たちは,1人ひとり,たいそうバツが悪そうにその場から退場していった.自分が何を言ったかを思い出せなくなることを恐れたスマリヤンは,その一言を書き留めておいてから,再び眠りについた.

次の朝,スマリヤンは自分が何を言ったのか,まったく思い出せなかったが,幸いなことに,書き留めておいた紙を見つけ出した.そこには「それは,あなたが勝手に言っているだけでしょう!」と書いてあった[*11].

色つき帽子を被った3人の問題のもっと複雑なものは,本全集第13巻の10章とその参考文献を参照されたい.ルイス・キャロルについては,本全集第3巻の4章と,私の別の本[*12]を参照されたい.同書では,奇抜な論理パズルを含む,彼のすべての数学レクリエーションを網羅した.

私のもう1つの別の本[*13]では,ベン図などの図を活用して,3段論法や命題論理の問題を解く方法を紹介している.キャロ

[*11] 〔訳注〕『哲学ファンタジー——パズル・パラドックス・ロジック』(レイモンド・スマリヤン著,高橋昌一郎訳.筑摩書房,2013年)より.
[*12] *The Universe in a Handkerchief*. Martin Gardner. Copernicus, 1996.
[*13] *Logic Machines and Diagrams*. Martin Gardner. Dover, 1968.

ルが彼の本*14 の中で説明している．図の中にカウンターを書いて3段論法を解く方法も解説しておいた．キャロル自身は知らなかったが，彼の方法は，命題論理の計算にこそ，より効率よく適用できる．私の本では，命題論理の計算問題を有向グラフを用いて解く巧妙な方法も紹介してある．これを通じて，私はグラフ理論の大家フランク・ハラリーと共同研究する機会に恵まれた．この論文のおかげで，私は2回目のエルデシュ数2を手にいれることができた*15．

文献

"Eddington's Probability Paradox." H. Wallis Chapman in *The Mathematical Gazette* 20: 241 (December 1936): 298-308.

Question Time. Hubert Phillips. Farrar and Rinehart, 1938.

An Experiment in Symbolic Logic on the IBM 704. John G. Kemeny. Rand Corporation Report P-966, September 7, 1956. ルイス・キャロルの問題を解くためのコンピュータ・プログラムについて，ケメニーが解説している．この問題はキャロルの出版物には書かれていないが，ジョン・クック・ウィルソンの本 *Statement and Inference*, John Cook Wilson, Oxford University Press, 1926 の第2巻の638ページに書かれている．ウィルソン自身は解答を与えていない．この問題を初めて解いたのは，L・J・ラッセルで，彼は記号論理のショートカットとよばれるテクニックを用いた．詳細は彼の論文 "A Problem of Lewis Carroll," L. J. Russell in *Mind* 60: 239 (July 1951): 394-396 を参照されたい．

101 Puzzles in Thought and Logic. Clarence Raymond Wylie, Jr. Dover Publications, 1957.

---

*14 *The Game of Logic.* Lewis Carroll. McMillan, 1887.〔邦訳：『ルイス・キャロルの論理ゲーム』ルイス・キャロル著，神津朝夫訳．風信社，1978年．〕
*15 〔訳注〕ポール・エルデシュはハンガリー出身の著名な数学者．生涯に約1500篇もの論文を著した．エルデシュ数とは，論文の共著者を用いて定義されるエルデシュからの距離を表す．エルデシュをエルデシュ数0として，エルデシュと共著があるとエルデシュ数1を手に入れる．ハラリーはエルデシュ数1なので，彼と共著論文を書いたガードナーは，エルデシュ数が2となったわけだ．

12

魔方陣

　伝統的な魔方陣は，1から始まる連続した整数を正方形状に並べて，各行・各列・対角線の数の合計が，どれも同じ値になるようにしたものだ．今日に比べると，わかっていることがずっと少なかった1838年，魔方陣に関する本がフランスで3巻もの本にまとめられたことを考えれば，このごくたわいのない話題の解析に費やされてきた時間の途方もない長さが窺い知れるかもしれない．古代から現代に至るまで，魔方陣の研究は一種のカルトとして，ときには神秘的なまやかしと共に栄えてきた．その洗礼を受けた人は，アーサー・ケイリーやオズワルド・ヴェブレンといった傑出した数学者から，ベンジャミン・フランクリンといった数学の専門家でない人まで幅広い．

　魔方陣の1辺に並んだマスの数を，その魔方陣の「次数」と言う．2次の魔方陣は存在せず，3次の魔方陣は（回転や裏返しによる違いを除いて）1つだけ存在する．3次の魔方陣を覚える簡単な方法を紹介しよう．まず図61の左のように数字を並べる．次に，角の数字を図中の矢印で示したとおり，中心に対して対角の位置に移動する．これで図の右のとおり，和の定数が15である魔方陣ができあがる．（なお，次数をnとすると，この定数はいつでもn^3とnの和の半分である．）3次の魔方陣は，中国では「洛書」とよばれ，護符として長い歴史をもっている．今日でも，極東やインドではお守りとして身

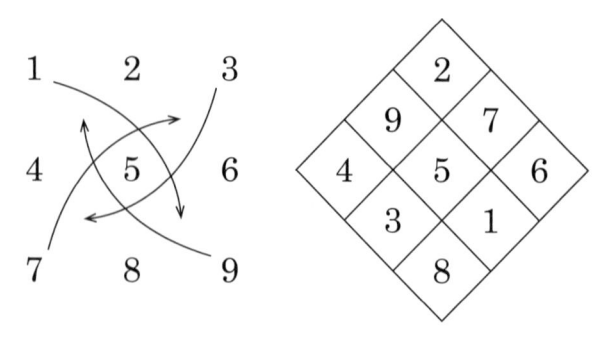

図 61　洛書の作り方.

に着けられているし，多くの大型客船でシャッフルボード*¹ のパターンとして用いられている.

　次数を 4 に上げた途端，魔方陣は急速に複雑になる．回転や裏返しによって同じになるものを除いて，ちょうど 880 通りの 4 次の魔方陣が存在し，そのうちの多くが，単に魔方陣の定義で求められているよりも多くの不可思議さを秘めている．アルブレヒト・デューラーの有名な版画「メランコリア」にも，対称方陣という名で知られる興味深い一種が描かれている（図 62）.

　この代表作の中に秘められた多くの象徴的意義について，デューラー自身は決して語ることはなかったが，行動を起こすことのできない思索者の不機嫌な気持ちを表現しているのだという点については，多くの権威が認めるところである．これは，こんにち言うところの「うつ病」である．ルネサンス時代，こうした「憂鬱質（メランコリア）」は，非凡な創造的才能の特徴であると考えられていた．「憂鬱の青白い顔料で硬く塗りつぶされ」*² た科学者の苦悩というわけだ．（ハムレッ

---

*1　〔訳注〕シャッフルボードとは，長い棒で円盤を突いて，点を表示した部分に入れるゲーム.
*2　〔訳注〕『ハムレット』（シェイクスピア著，福田恆存訳，新潮文庫）の第 3 幕第 1 場より.

図 62　アルブレヒト・デューラーの「メランコリア」．右上に魔方陣が描かれている．

トがそうだったように，きらめく知性をもった者は，むしろ決断力がないという考え方は，今でも通用する話である．ハリー・トルーマンが政敵アドレー・スティーブンソンを公の場で批判した際の論拠が，まさにこれであった．）

デューラーの絵では，身なりも気にせず沈思黙考している人物の周辺に，使われていない実験器具や大工道具があちこち転がっている．天秤の上には何も乗っていないし，梯子を登っている人もおらず，眠っている猟犬は空腹そうだ．羽根の生えた天使は言葉を待っているが，その上の砂時計の時間ばかりがいたずらに過ぎている．木製の球体と，奇妙に切頂された石の4面体は，建築デザインの数学的基礎を暗示している．この場面は月光に照らされているようだが，彗星らしきものにかかった月虹は，もしかすると沈鬱なムードが過ぎ去っていく希望を暗示しているのかもしれない．

ジョルジオ・デ・サンティリャーナは，彼の著書*3で，この奇妙な絵には「まだ海のものとも山のものとも知れない科学の力へのとば口にさしかかったルネッサンス時代の精神が，その不可思議さに躊躇している」様子が見られると言っている．ジェイムズ・トムソンは，悲観主義の偉大な詩「恐ろしい夜の都」の中に，格調高い12節で「メランコリア」を歌い，そこで「古くからの絶望を新たに確認」している．

> 努力がつねに報われぬのは
> 運命が功を褒めぬゆえ
> お告げがどれも戯言なのは
> 明かす秘密がないがゆえ
> 誰にも暗幕見通せぬのは
> 向こうに灯りがないがゆえ
> かくしてすべては虚と無なり

---

*3 *The Age of Adventure*. Giorgio de Santillana. Signet, 1956.

ルネッサンス時代の占星術師は，4次の魔方陣を木星と結びつけて，これが（もともと土星の気質である）憂鬱気質と闘うものだと信じていた．そのことから，上記版画の右上にある魔方陣のことが説明できるのかもしれない．この魔方陣が対称方陣とよばれるのは，各数を，正方形の中心に対して反対側の対称な位置にある数に加えると，いつでも 17 になるからである．この性質のおかげで，合計値が 4 次の魔方陣の定数 34 になる 4 つのマスのグループが（行，列，対角線上以外にも）たくさん存在する．例えば，4 つの角のマス，中央の 4 つのマス，そして，それぞれの角に位置する 2×2 の正方形もそうだ．このタイプの魔方陣は，拍子抜けするほど単純な方法で作ることができる．まず，1 から 16 までの数を正方形の枠の中に単に順番に並べて，次に 2 つの対角線上の数だけを逆順にすればよい．これで対称魔方陣のできあがりだ．デューラーの魔方陣では，中央 2 列の最下行がこの版画の製作年になるように，中央 2 列を入れ換えてある（この操作はこの魔方陣の性質を変えない）．

インドのカジュラーホーで見つかった 11 世紀〜12 世紀の碑には，図 63 の 4 次の魔方陣が書かれていた．これは悪魔方陣として知られる種に属している（別名「汎魔方陣」や「ナーシク方陣」ともよばれている）．悪魔方陣は，対称方陣と比べると，さらなる驚きに満ちている．悪魔方陣は，通常の性質はもちろんのこと，すべての「汎対角線」に対しても魔性を秘めている．汎対角線とは，この魔方陣のコピーを作って隣に並べたときに斜めに並ぶ位置関係である．つまり例えば，数 2, 12, 15, 5 が書かれたマスや，数 2, 3, 15, 14 が書かれたマスは汎対角線である．悪魔方陣では，横の行を上から下，下から上に動かしても，あるいは縦の端の列を一方から他方に動かしても，依然として魔性は変わらない．悪魔方陣のコピーを山ほど作ってモザイク模様を作れば，どの 4×4 の正方形を取り出しても，やはり魔性をもつのだ．つまり，上下左右や対角線上に並んだの 4 つのマスも，すべて合計が同じ値になる．

7	12	1	14
2	13	8	11
16	3	10	5
9	6	15	4

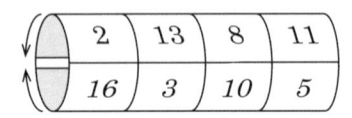

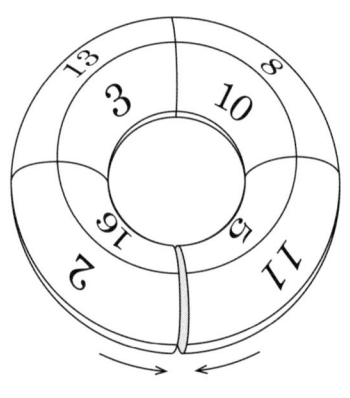

図 63　悪魔ドーナツ．

　おそらく，こうした方陣の魔性を最も魅力的に観せる方法は，コーネル大学の数学者である J・バークレイ・ロッサーとロバート・J・ウォーカーが 1938 年に書いた論文で示した方法に違いない．それは，まず方陣を丸めて上下をつないで円筒にして，次に円筒を引き延ばしてトーラス状にするという方法だ（図 63）．これですべての行・列・対角線が閉じたループになる．好きなマスから出発して，

対角線沿いに2マス進むと，どの向きに進んでも同じマスに到達する．このマスのことを，元のマスに対する対蹠マスとよぶ．この悪魔ドーナツの上のどの対蹠マスどうしを足しても，合計は必ず17になる．対角線方向や水平・垂直方向に連続する4つのマスは，ループ状になり，その合計は34になる．田の字型の4つのマスのグループも同様である．

悪魔方陣は，次の5種類の変形のうち，どれを施しても魔性を失わない：（1）回転，（2）鏡像反転，（3）最も上の行を最も下に移動するか，その逆，（4）端の列を他方の端に移動する，（5）図64に示した方式に従って全体を並べ替える．この5種類の変形を組み合わせることによって，悪魔方陣の48種類の基本タイプが得られる（回転・鏡像反転したものを別種と見なせば384種類）．ロッサーとウォーカーは，この5種類の変形が「群」（ある性質を満たす抽象的な構造）をなすことを示し，さらに超立方体（4次元立方体）をそれ自身に移す変形のなす群と同型であることを示した．

悪魔方陣と超立方体の関係は，悪魔方陣の16個のマスを超立方体の16個の頂点に対応づけると，簡単に見て取ることができる．超立方体の2次元平面へのおなじみの射影上に示そう（図65）．この超立方体には24個の正方形の面があり，各面の4つの角の数の

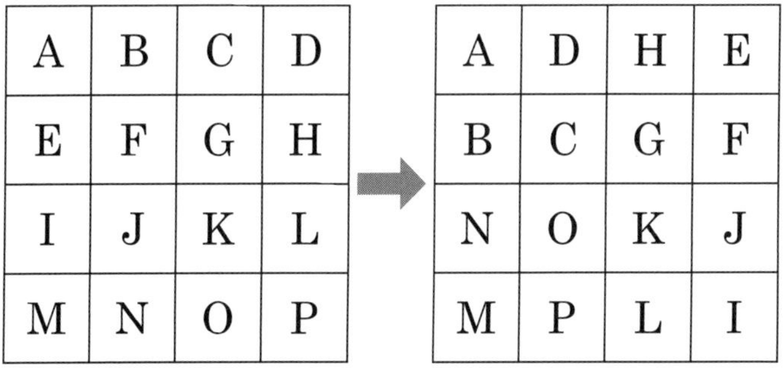

図64 悪魔方陣の魔性を壊さずにできる5種類の変形のうちの1つ．

和が 34 になる．和が 17 になる対蹠点のペアは，超立方体上では，対角の位置に置かれている．超立方体を回転・鏡像反転すれば，互いに異なる 384 種類の配置が得られるが，これを平面上に逆に戻せば，ちょうど 384 種類の悪魔方陣に対応する．

1	8	13	12
14	11	2	7
4	5	16	9
15	10	3	6

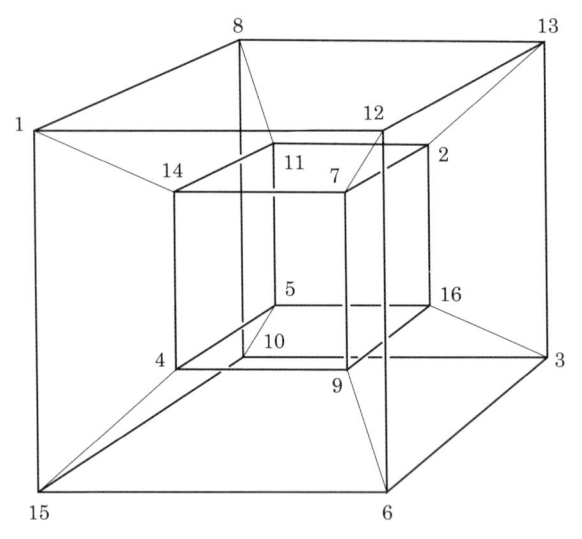

図 65　悪魔超立方体と 384 種の悪魔方陣の 1 つ．

アメリカの著名な建築家で，神秘主義者でもあったクロード・ファイエット・ブラグドン（1866-1946）は，多くの魔方陣で，数の大きさ順にマスをたどった線が芸術的に美しいパターンを描くことを見つけて，それに惚れ込んでいた．奇数だけ，あるいは偶数だけをたどっても，別のパターンが得られる．ブラグドンはこうして得られた「魔法の線」を，織物のパターン，本のカバー，建築の装飾の基本部分に使用した．また，自叙伝[*4]の章見出しの装飾にも使っている．彼は，自分が住んでいたニューヨーク州ロチェスターの商工会議所の天井にある換気口の格子にも，洛書から得られる魔法の線を使ったデザインを施している．デューラーの魔方陣から得られる線（図66）は，こうした魔法の線の典型例である．

レクリエーション数学における大きな未解決問題の1つは，次数が与えられたとき，その次数の異なる魔方陣の個数を計算する方法を見つけることである．次数5の魔方陣の個数は，1973年にリッヒ・シュレッペルが確定した．その値は275305224である．次数6の魔方陣の個数はわかっていないが，おそらく20桁の数になるだ

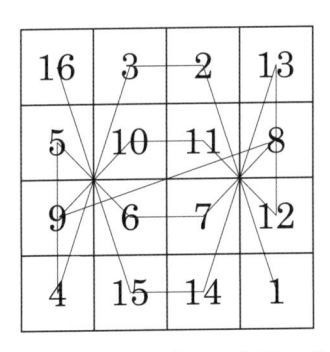

図66　デューラーの方陣の「魔法の線」．

---

*4 *More Lives Than One*. Claude Fayette Brangdon. Alfred A. Knopf, 1938. 再販は Cosimo, Inc., 2006.

ろうと予想されている[*5].

 5次の悪魔方陣の総数はロッサーとウォーカーが（回転や鏡像反転したものを別種と見なして）28800であることを計算した．次数4以上の悪魔方陣は，次数が4の倍数でない偶数のときを除いて，いつでも存在する．つまり，例えば次数6の悪魔方陣は存在しない．魔性をもつ立方体や超立方体も存在するが，次数 3, 5, 7, $8k+2$, $8k+4$, $8k+6$ の立方体は存在しない（ただし k は任意の整数）．ロッサーとウォーカーの未発表の論文によると，それ以外のすべての次数に対して，魔性をもつ立方体が存在する．

[*5] 〔訳注〕現在では，モンテカルロ法を用いて，1.7745×10^{19} 程度と見積もられている．

付記
(2008)

魔方陣に関する文献は，いまや世界中に数多くあり，注意深く削って主要な文献だけを並べても数ページにも及ぶに違いない．そんなわけで，ここでは本全集の他の関連する巻と，それ以外のものをいくつか挙げるに留めざるをえない．

次数3の魔方陣のさまざまな変種は，私の選書[*6]の2つの記事でカバーした．本全集第13巻の21章で，洛書の知られている性質を少し議論している．

素数を使った魔方陣については，本全集第5巻（9章）と13巻（21章）で扱っている．上記の私の選書にも，素数魔方陣に関する記事が1篇収録されている．同記事の中で私は，連続する素数から作られる3×3の魔方陣に100ドルの懸賞金をかけた．賞金を獲得したのはハリー・ネルソンで，彼はコンピュータで22個の解答を生成した．その中で1番数が小さいものでも，10桁の整数を9個使っている．

3×3の魔方陣に関する最大の未解決問題は，9個の**平方数**からなる魔方陣が存在するかどうかという問題だ．いまなお，具体例か不可能性の証明には100ドル提供するつもりだ．2より大きいすべてのnに対して，n乗した整数による3次の方陣は存在しないことが証明されている．つまり$n=2$の場合だけが未解決なのである．

リー・サローズのとても面白い3次の単語魔方陣は，本全集第13巻の21章の目玉だ．図67の左側は，次数3の魔方陣だ．それぞれの数の**名前**を英語で書いたときの文字数で置き換

5	22	18
28	15	2
12	8	25

4	9	8
11	7	3
6	5	10

図67　リー・サローズの文字魔方陣．

[*6] *Gardner's Workout*. Martin Gardner. A K Peters, 2001.

えたものが，右に書いてある方陣だ．驚いたことに，これもまた魔方陣になっているだけではなく，これらの数は，きちんと連続している！　間違いなく，これは数に関する偶然の中でも，最も目を引くものの1つだ．

私の選書には，とある本[*7]の書評も入っているが，この本には，長い間未解決であった汎魔方陣に関する難問へのキャサリン・オレンシャウ女史のすばらしい解答が収められている．

魔性を持つ立方体は，本全集第12巻の17章で取り上げる．魔性を持つ星型と，魔性を持つ多面体は，本全集第6巻の5章と本全集第9巻の17章で議論する．魔性を持つダビデの星（6芒星形）を扱った記事は，私の別の本[*8]に収録されている．

本全集第9巻の2章では，3次の反魔方陣を導入する．これは，8通りの和の，どの2つをとっても異なるというものだ．ドミノを使った魔方陣は本全集第8巻の12章で，トランプを使った魔方陣は本全集第10巻の8章だ．

魔方陣の上のナイトの巡回問題に関する研究も盛んである．これについては本全集第7巻の14章で扱う．チェスのナイトが1から出発して，チェスボード上を数字の順序に従って飛べるような次数8（つまりチェスボードと同じサイズ）の「半魔方陣」はたくさん存在する．ただしここで，半魔方陣とは対角線が魔性を満たさない魔方陣だ．2003年にやっと，コンピュータによる長時間の探索で，ナイトが巡回できる8×8の本来の魔方陣は存在しないことが確かめられた．

ドナルド・クヌースは，図63に示した魔方陣よりも古い4次の魔方陣がいまでは知られていることを教えてくれた．もっとずっと昔のイスラムの文献の中に，4次の魔方陣や，もっと大きなものも載っているということだ．彼が挙げた典拠はフランスの文献[*9]である．

[*7]　*Most-Perfect Magic Squares.*〔文献欄参照〕
[*8]　*Are Universes Thicker Than Blackberries?* Martin Gardner. Norton, 2003.
[*9]　*Les carrés magiques: Dans les pays islamiques.* J. Sesiano. PPUR, 2004.

和が等差数列になるような反魔方陣は作れるだろうか？ こうした方陣は3次では不可能であるが，もっと高次では作ることができる．クリフォード・ピックオーバーは，彼の本[*10]の中（110ページ）で，4次の例を示した（図68）．

同書の200ページで，ピックオーバーは，ハービー・ハインツが見つけた次数4から9までの反魔方陣を紹介している．これらの和はどれも等差数列になっている．彼によると，こうした構成は，方陣が大きい方が簡単だという．しかし機械的に生成する方法はわかっていない．

6	8	9	7
3	12	5	11
10	1	14	13
16	15	4	2

図 68

文献

Magic Squares and Cubes. W. S. Andrews. The Open Court Publishing Company, 1917.（Dover による再版は1960年．）

"Magic Squares Made with Prime Numbers." W. S. Andrews and Harry A. Sayles in *The Monist* 23 (October 1918): 623-639.

"Magic Lines in Magic Squares." Claude Bragdon in *The Frozen Fountain*, 74-85. Alfred A. Knopf, 1932.

"On the Transformation Group for Diabolic Magic Squares of Order Four." Barkley Rosser and R. J. Walker in *Bulletin of the American Mathematical Society* 44: 6 (June 1938): 416-420.

"The Algebraic Theory of Diabolic Magic Squares." Barkley Rosser and R. J.Walker in *Duke Mathematical Journal* 5: 4

[*10] *The Zen of Magic Squares, Circles, and Stars.*〔文献欄参照〕

(December 1939): 705-728.

"Melencolia I." Erwin Panofsky in *Albrecht Dürer*, Vol. 1, 156-171. Princeton University Press, 1943.

Magic Squares. John Lee Fultz. Open Court, 1974.

New Recreations with Magic Squares. William A. Benson and Oswald Jacoby. Dover, 1976.

『方陣の研究』平山諦・阿部楽方著,大阪教育図書,1983年.

"Alphamagic Squares." Lee Sallows in *Abacus* 4 (1986): 28-45 and *Abacus* 5 (1987): 20-29, 43.

"Magic Squares and Cubes." Martin Gardner in *Time Travel and Other Mathematical Bewilderments.* W. H. Freeman, 1988.

"Unsolved Problems on Magic Squares." Gakuho Abe（阿部楽方）in *Discrete Mathematics* 127 (1994): 3-13.

"Magic Square of Squares." John Robertson. *Mathematics Magazine* 69 (October 1996): 289-293.

Most-Perfect Pandiagonal Magic Squares. Dame Kathleen Ollerenshaw and David Bree. Institute of Mathematics and Its Applications, 1998.

Inlaid Magic Squares and Cubes. John Hendricks. 私家版, 1999.

"A New Hypothesis on Dürer's Enigmatic Polyhedron in His Copper Engraving Melencholia." P. Schreiber in *Historia Mathematica* 26 (1999): 369-377.

"Most-Perfect Magic Squares." Ian Stewart in *Scientific American* (November 1999). キャサリン・オレレンシャウ女史の業績の概要が載っている.

"3 × 3 Magic Squares." Martin Gardner in *Gardner's Workout*, A K Peters, 2001.

"Some New Discoveries About Magic Squares." Martin Gardner in *Gardner's Workout*, A K Peters, 2001.

Legacy of the Luoshu. Frank J. Swetz. Open Court, 2001.

The Zen of Magic Squares, Circles, and Stars. Clifford Pickover. Princeton, 2002. このすばらしい文献に詰め込まれた密度の濃い内容は,他書の追随を許さない.

"Multimagic Squares." Harm Derksen et al. in *American Mathematical Monthly* 114 (October 2007).

Benjamin Franklin's Numbers. Paul C. Pasles. Princeton University Press, 2007.

●日本語文献

『魔方陣の世界』大森清美著．日本評論社，2013 年．

『魔方陣』内田伏一著．日本評論社，2007 年．

『魔方陣にみる数のしくみ――汎魔方陣への誘い』内田伏一著．日本評論社，2004 年．

『数のふしぎ・数のたのしみ――虫食い算と完全方陣』山本行雄著．ナカニシヤ出版，2000 年．

13

ジェイムズ・ヒュー・ライリー興業

　ジェイムズ・ヒュー・ライリー興業は，国内最大級の架空の巡業団である．町外れにやってきたと聞いて，私は車で出かけていき，古くからの友人であるジェイムズ・ライリーに会いにいった．二十何年か前，彼はシカゴ大学で同期だった．当時，ライリーは数学科の学生だったが，ある夏，ヌードショーの客引きとしてある巡業団に加わった．そしてその後の数年間のほとんどを（団員によれば）「ずっと一緒に」過ごしてきた．彼は，巡業団では単に「ザ・プロフェッサー」として知られていた．彼は，どういうわけか数学への情熱をずっと失わずにおり，彼と会うときはいつも，何かしらこの学問に関する珍しい話題を決まって見つけられるだろうと期待することができた．

　その日，プロフェッサーは奇人・変人ショーのチケット売り場で，スタッフと世間話をしていた．白いカウボーイハットをかぶり，最後に会ったときと較べると，少し老けて太ったように見えた．「君のコラムは毎月読んでるよ」彼は，私と大げさに握手をしながら言った．「スポット・ザ・スポットについて書く気はあるかい？」

　「なんだい，それは？」と私は答えた．

　「古い賭博ゲームの1つさ」そう言うと，彼は私の腕をつかんで，場内のあるカウンターに引っ張っていった．そこには，直径1ヤード（約91センチメートル）ほどの赤く塗りつぶされた円が描かれてい

た．このゲームの目的は，金属製の5枚の円板を円の上に1枚ずつ乗せていき，この赤い円を完全に覆ってしまうことだ．円板の直径はおおよそ22インチ（約56センチメートル）．1度円板を置いてしまったら，プレーヤーはそれを動かしてはいけない．そして5枚目の円板を置いたあとで，少しでも赤い部分が見えていたら，そのプレーヤーの負けだ．

「もちろん，円板でぎりぎり覆うことができる，なるべく大きな円を使うわけだ」プロフェッサーは続ける．「そしてほとんどの人は円板をこんな具合に置けばよいと予想する」彼は，図69のように円を対称に覆う配置で円板を置いた．各円板の外周は円の中心に接していて，円板の中心点は正5角形状に並ぶ．すると，円の周辺部分には，5つの赤い領域が少しだけ見えてしまう．

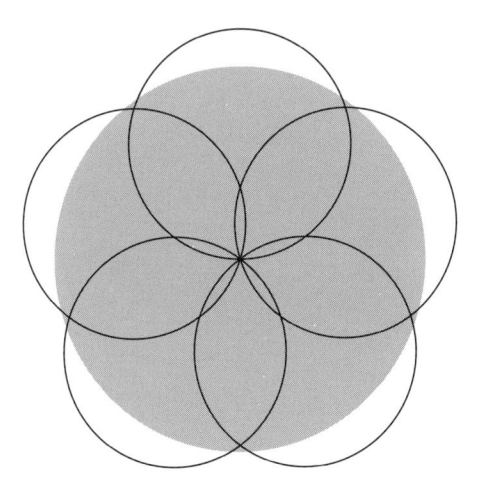

「残念ながらこれじゃうまくいかない」ライリーは続けた．「円形の領域を最大限に覆うには，こう置かなくちゃいけないんだ」彼は円板を指で押して，図70に示した配置になるように動かした．彼によると，円板1の中心線は直径ADに乗っていて，そして外周の

図69　スポット・ザ・スポットのシロウトの円板の置き方．

点Cは円の中心Bよりも少し下に来る．円板3と円板4は，外周がCとDを通るように置いて，最後に円板2と円板5は図示したとおり，残った部分を覆う．

当然ながら，私はBCの距離を知りたくなった．ライリーは正確な値は思い出せなかったけれど，あとでこの難しい問題を詳しく調べた文献の情報を送ってくれた[*1]．円の半径を1とすると，BCの距離は0.0285よりも少し大きく，覆うことができる円板の最小の半径は0.609…である．もし図69のように置こうと思うと，円を完全に覆うために必要な円板の半径は0.6180339…である．（ちなみにこの値はϕ，つまり8章で扱った黄金比の逆数である．）この問題の興味深い点は，円板の2つの配置方法によって覆われる領域の間の違いが，かなり小さいことだ．円の直径が1ヤードくらいなければ，違いはわからないくらいだろう．

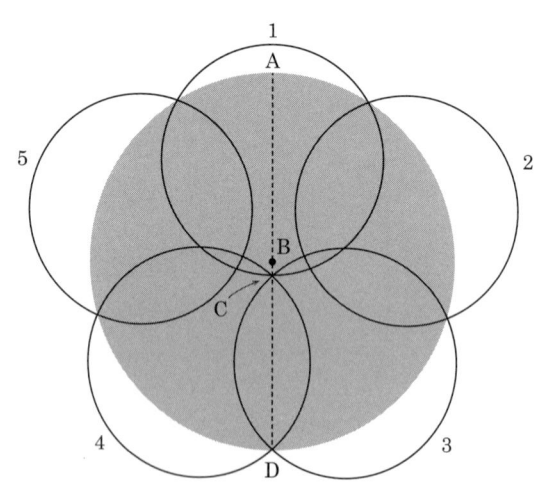

図70　スポット・ザ・スポットの正しい円板の置き方．

[*1] "On the Solution of Numerical Functional Equations, Illustrated by an Account of a Popular Puzzle and Its Solution." Eric H. Neville in *Proceedings of the London Mathematical Society*, Second Series, Vol. 14 (1915): 308-326.

「最小の領域を見つける，魅力的な未解決問題を思い出させてくれるね」と私は答えた．「ある領域の直径を，その領域内の任意の2点間を結ぶ線分の長さのうち最長のもので定義するとしよう．未解決問題というのは，直径が単位長であるどんな領域をも覆うことのできる，最小の平面図形の形と面積を尋ねるものだ」

プロフェッサーはうなずいた．「そうした領域を覆うことができる最小の正多角形は1辺の長さが$1/\sqrt{3}$の正6角形だが，およそ30年前に，誰だったかが角を2つ切り落とすことで結果を改善したはずだ」彼は，紙と鉛筆を懐から取り出して，図を描いた（図71）．正6角形の角が，円の中心と頂点を結ぶ線に垂直な，内接円（かつ単位円）の接線に沿って切り落とされている．

「それが現時点で最良な解かい？」私は尋ねた．

ライリーは首を横に振った．「確か数年前に，イリノイ大学の誰かがもう少しだけ切り落としたはずだけど，詳しくは知らないな」[*2]

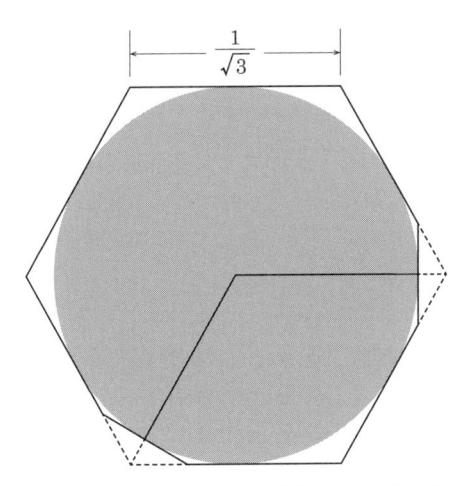

図71 「直径」が1である任意の領域をカバーする切頂6角形．

[*2] 〔訳注〕これは Lebesgue's universal covering problem とよばれる問題で，いまだ解決されていない．

私たちは場内をぶらぶらして，とある出し物の前で足を止めた．そこでは3つの大きなサイコロが，デコボコな斜面から平坦な面に向けて転がり落ちていた．カウンターには1から6までの数が大きな白い文字で書いてある．プレーヤーは，好きな数字に好きな金額を賭けることができる．サイコロが振られる．どれか1つのサイコロの目が賭けた数に一致すると，自分の賭けた額が戻ってきた上，さらに同額を受け取ることができる．その数が2つ出ると，彼は自分の賭けた額に加えて，さらに2倍もらえる．3つともその数になれば，自分の賭けた額に加えて，さらに3倍もらえるという段取りだ．もちろん，その数が全然出なければ，彼の賭け金はすべて没収だ．

　「このゲームで胴元はどうやって儲けるんだい？」私は尋ねた．「1つのサイコロで賭けた数が出る確率は1/6なんだから，最低1つ出る確率は，3つのサイコロなら3/6つまり1/2になるね．もしその数が2つ以上出れば，プレーヤーは賭けたお金以上のお金がもらえるんだから，このゲームはプレーヤーの方が有利なんじゃないかと私には思えるんだけど」

　プロフェッサーはニヤリと笑った．「それこそ，我々の思うつぼだね．いわゆるカモってやつだ．もう1度考え直してごらん」あとでそれについて，じっくりと考えたとき，私は驚きを禁じ得なかった．プレーヤーが毎回1ドルずつ賭けて，十分長い時間ゲームを続けたとすると，どのくらい勝てるだろう．この計算は，読者の楽しみのために残しておくことにしよう．

〔解答 p.172〕

　私が会場を離れる前，ライリーは何か軽く食べようと立食コーナーの1つに連れていってくれた．コーヒーは2人分同時に出てきたが，私はサンドイッチが来るまでは，飲むのを控えていた．

　「ホットコーヒーを熱いままにしておきたいのなら，クリームは後よりも，今入れた方がいいね」とプロフェッサーは言った．「より熱いコーヒーの方が熱を失う割合が大きいからね」

　私は言われるままにクリームを注いだ．

プロフェッサーのところに来たハムサンドは，上手に真ん中で切られていた．それをしばらくしげしげと眺めた後，彼は「テューキーとストーンがハムサンドイッチ定理の一般化について書いた論文を読んだかい？」と言った．

「それはジョン・テューキーとアーサー・ストーンのことかい？フレクサゴンを見つけた例の2人？」

「そうさ」

私は頭を振った．「一般化していないハムサンドイッチ定理についてすら知らないな」

ライリーは再び紙を取り出し，そこに線を1本引いて言った．「どんな1次元図形でも，必ずある点で2等分できる．これはいいね？」私はうなずく．彼は次に閉じた曲線を2つ描き，その両方をスライスする直線を引いた（図72）．「平面上に描いたどんな2つの領域でも，1本の直線で正確に2等分できるんだ．わかるかい？」

「君の言葉を信じることにするよ」

「証明するのは，それほど難しくない．リチャード・クーラントとハーバート・ロビンスが書いた本[*3]に初等的な証明が載っている

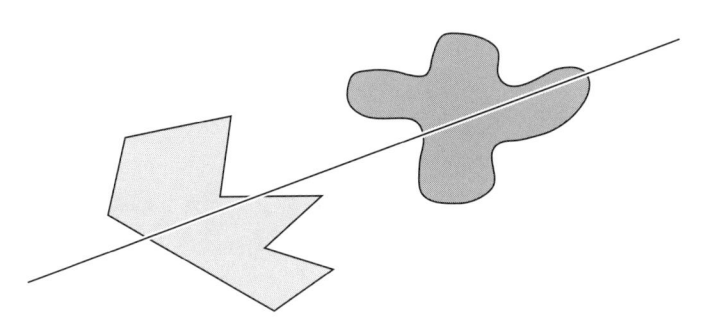

図72 2次元の「サンドイッチ定理」．

[*3] *What Is Mathematics?* Richard Courant and Herbert Robbins. Oxford University Press, 1941.〔邦訳：『数学とは何か』リチャード・クーラント，ハーバート・ロビンス著，イアン・スチュアート改訂，森口繁一監訳．岩波書店，2001年．〕

よ．ボルツァーノの定理を使うんだ」

「あぁ，なるほど」私は言った．「x の連続関数が正と負の値を取るなら，少なくとも1回は値が0になるっていうやつだね？」

「それだ．ちょっと当り前に見えるけど，あらゆる種類の存在証明に，とても強力な道具だ．この証明は，どうやって線を引いたらいいのかは，あいにく教えてくれない．単に線が存在することを証明してくれるだけだ」

「それで，ハムサンドイッチの話はどこに向かっているんだい？」

「3次元空間に進んだ場合だよ．大きさや形を問わない，どんな3つの立体を持ってきても，それが空間の中にどんな具合に置いてあっても，それぞれちょうど体積が半分になるように，いつでも1枚の平面で，全部同時に切ることができるんだ．ちょうど2切れのパンと，その間に挟まったハムみたいにね．ストーンとテューキーはこれをあらゆる次元に拡張したんだ．彼らは，4次元立体が4個，4次元空間にどんなふうに置かれていてもそれを2等分する超平面があることや，5次元立体が5個ある場合やなんかを証明したわけだ」

プロフェッサーはコーヒーを飲み干すと，カウンターのむこうに盛られたドーナツを指さした．「立体を切ると言えば，面白い問題がある．いつか読者に出題してみてはどうかな．1つのドーナツを3枚の平面で同時に切ると，最大いくつのピースに分けることができるかという問題だ．自分で作った問題だよ」〔解答 p.172〕

私はメリーゴーランドの調子外れの蒸気オルガンが鳴り響く中，目を閉じて，その様子を思い浮かべようと試みた．しかし，頭がクラクラしてきたので，最後には投げ出してしまった．

追記
(1961)

　3つのサイコロを使った賭博は，アメリカではチャック・ア・ラック，あるいは鳥カゴという名前で知られている．カジノでは人気のあるサイコロ賭博で，チャック・ケージとよばれるワイヤー製のカゴの中でサイコロが転がされる．ときには電磁石によるイカサマが仕込まれることもある[*4]．M・J・モロニーも，このゲームを彼の本の第7章で議論している[*5]．イギリスでは，ゲームに使うサイコロに，ハート・クラブ・スペード・ダイヤ・王冠・錨のマークが書かれていることが多いため，モロニーはこのゲームを「王冠と錨ゲーム」とよんでいる．

　「このゲームの設計は素晴らしい」とモロニーは書いている．「（客たちが全体として6つの目に均等に賭けている場合でいえば）サイコロを転がすうちの半分以上で，胴元は何も手にしない．胴元が儲かるときには，つねにそれよりも多い金額を誰かほかのプレーヤーが儲けることになる気前のよい仕組みのため，敗者の目は勝者の方に向いてしまい，胴元に疑いの目が向かない．客の勝利は最小限に抑えられているのに，客は負けても，そのショックは，見た目の胴元の気前良さによって弱められてしまうのである」

　コーヒーを熱いまま保つには，すぐにクリームを入れた方がいいというプロフェッサーの助言に対しては，多くの読者が異議を唱えた．ただし残念ながら，そうした読者の意見は，ほぼ半々に割れた．クリームを後で入れた方が保温性がよいと考える人たちと，クリームをいつ入れても変わらないと考える人たちだ．

　私はオタワにあるカナダ国立研究機構のノーマン・T・グリッジマンに頼んで，調べてもらった．彼の解析によると，喜ばしいことにプロフェッサーの主張の正しさが確認できた．ニュートンの冷却の法則（熱を失う速度は，高温な物体と周囲との温度差に比例する）と，クリームを追加したあとではコーヒー

[*4] *Scarne on Dice*. John Scarne and Clayton Rawson. Military Service Publishing Company, 1945, 333-335.
[*5] *Facts from Figures*. M. J. Moroney. Penguin Pelican, 1900.

全体の体積が増えるという，肝心だが見落としやすい事実を考えれば，すぐに液体を混ぜてしまった方がより冷めにくいということがわかる．これは，クリームが室温だろうが，それよりも冷たかろうが，無関係にいつでも正しい．これ以外の要因，例えば液体の色が明るくなることによる放熱の速度の変化や，カップが上に広がっていることによる表面積の増加などの影響は，無視できるほど小さい．

典型的な例は次のとおりだ．250グラムのコーヒーが最初90度，50グラムのミルクの最初の温度が10度で，室温が20度だったとしよう．クリームをすぐに入れて30分置いたあとでは，コーヒーの温度は約48度になる．一方，30分たってからクリームを混ぜたとすると，温度は約45度になる．差は3度だ．

解答

● サイコロ賭博のプレーヤーは，1ドル賭けるごとに，平均的には92セントちょっと戻ってくると期待できる．サイコロを3つ振ると，目の出かたは全部で216通りあり，これらは等確率だ．このうちプレーヤーの勝つ場合は91通りある．つまり，それぞれの賭けになんらかの形で勝つ確率は91/216である．彼が賭けを216回やって，毎回1ドル賭けて，3つのサイコロが違う組み合わせをすべて1度ずつ出したと仮定しよう．このうち75回は，彼の賭けた目が1つだけ出る．したがって彼は胴元から150ドル受け取ることになる．15回は，彼の賭けた目が2つ出る．この場合は彼は45ドルもらえる．彼の賭けた目が3つとも揃うのは1回だけで，このとき彼は4ドル得る．彼が受け取る金額の合計は199ドルだ．この金額を得るために彼は216ドル使った．要するに，十分長い時間賭けを続けると，1ドル賭けるごとに彼は199/216ドル，つまり0.9212…ドル受け取ることができる．胴元から見れば，毎回賭け金1ドルごとに7.8セントちょっと儲かるということになる．利益率が約7.8パーセントと言ってもよい．

● 図73は，3枚の平面によるカットでドーナツを13個に分割

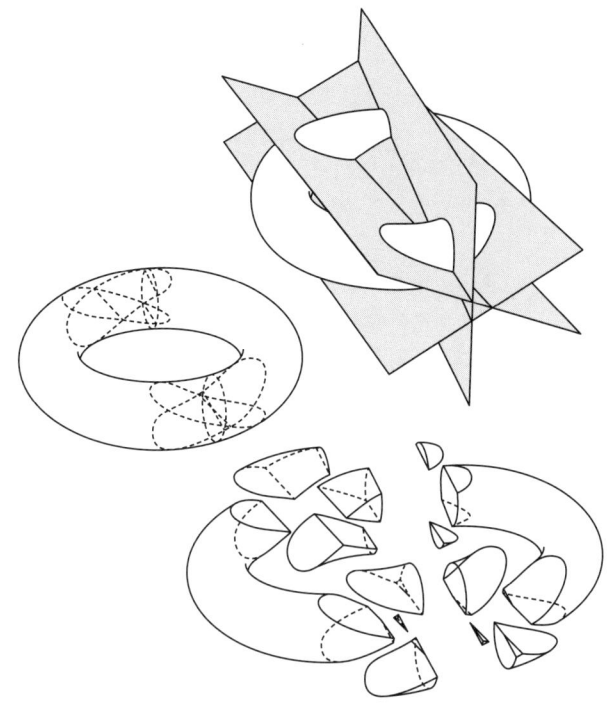

図73 たった3枚の平面でドーナツを13個のピースにスライスする方法.

する様子である．正しい解答を送ってくれた読者も少なからずいるものの，わかりにくい13個目のピースを見逃した読者が大半であった．平面 n 枚によるカットでできるピース数の最大個数は

$$\frac{n^3 + 3n^2 + 8n}{6}$$

という式で計算できる．なお，それぞれのカットの後でピースを並べ替えてもよいなら，18ピースに分けることができる．

ドーナツ・スライス問題については，興味深い手紙をたくさん受け取った．メリーランド州シルバースプリングにある国防

省海軍武器研究所のデリル・ボーデロンは n カットに関する式の詳しい証明を送ってくれた．テネシー州チャタヌーガのダン・マッシー・ジュニアは，n 次元ドーナツに関する式を考えてくれた．カリフォルニア州メンロパークのリチャード・グールドは，手紙の余白に，ドーナツ・スライス問題を一般化した式を得たが，この余白はそれを書くには狭すぎると書いて寄越してくれた．ニューヨーク州ウッドストックのジョン・マクレランは，最も小さいピースを最大化するには，ドーナツの穴の直径と，断面の直径の比をどうするのが最適かという難しい問題を提案してくれた．

メリーランド州トーソン市のデイビッド・B・ホールは，本物のドーナツを使って注意深く実験をしたあと，次の手紙をくれた．

拝　啓

いささかの考察の結果，問題の解答である最大値は 13 個であるはずだという結論を得ました．この問題については，これで決着がついたのではありますが，その後，スーパーでドーナツを 1 箱買って，技術的な問題が数学的な問題と同じくらい興味をそそるということを発見しました．

13 個のピースを得るためには，ドーナツ内部に頂点をもつ細長いピラミッドを切り出さなければなりません．正しいカットの場所を前もって決めておくため，目印として楊枝を突き刺しておけばよいことには気付いたのですが，1 回目の本格的な切断に挑戦した私は，最も小さい 2 つのピラミッドの痕跡すら見当たらないという事態に陥りました．（あたり一面，切りくずだらけでしたが，これは数に入れるべきではないでしょう．）そして私は，3 枚の平面で 1 つのドーナツを切断するには，単に注意深いカットを行なうことだけでは不十分で，後々行なうカットにおける圧力のもとで，尖った形のピースが動くのを防ぐ完璧な下準備も必要であることを学びました．小さなピラミッドを含む部

分が，ほんのわずか広がってしまいましたが，迫り来るナイフを完全に避けるのに支障のない程度の広がりでした．

最後のドーナツで，楊枝の代わりに金串を使って，私はついに完全な成功を収め，きちんとした形のピースを15個得ました．懸念のピラミッドはこのうえない出来ばえでした．また前回生じた広がりを防ぐことに注意を注いだあまり，逆に少しばかりの余分な重なりを得ることができました．なお，余分なピースが2つあるのは，ドーナツの穴がきれいな円形ではなく，そのために最初の2回のカットそれぞれで，小さいながら立派なコブが1つずつ生み出されたことによるものです．

とても細長いフラフープ型のドーナツならば，カットするのがもっと簡単だったかもしれません．しかし，この案に気付いたのは，ドーナツをすべて食べたあとだったため，さらなる研究は行なっていません．

文献 "Generalized 'Sandwich' Theorems." A.H. Stone and J.W. Tukey in *Duke Mathematical Journal* 9: 2 (June 1942): 356-359.

14

パズルもう9題

問題1 砂漠横断

　幅800マイルの砂漠の端に，無限にガソリンを供給できるガソリンスタンドがあったとしよう．ただし砂漠の中には，ガソリンを補給できるところはまったくない．今ここに，500マイル進める分量のガソリン（この量を「1容量」とよぼう）を積めるトラックがある．このトラックは，通り道の好きなところに燃料補給地を作ることができるとする．この補給地には，いくらでも大きいガソリン貯蔵庫を作ることができて，蒸発による減りもないと仮定する．

　さて，このトラックが砂漠を渡り切るために必要な，最小限のガソリンの分量は何容量だろうか．このトラックが渡り切れる砂漠の幅に上限はあるだろうか．　　　　　　　　　　〔解答 p.182〕

問題2 2人の子供

　スミス氏には子供が2人いる．そのうち，少なくとも1人は男の子である．両方とも男の子である確率はどのくらいだろうか．

　ジョーンズ氏には子供が2人いる．年上の子供は女の子である．両方とも女の子である確率はどのくらいだろうか．　　〔解答 p.183〕

問題3 ロード・ダンセイニのチェス問題

アイルランドの小説家ロード・ダンセイニ[*1]のファンである読者にとっては，彼がチェスの愛好家であったことは言うまでもないだろう．（実際，彼の作品『3人の船乗りのギャンビット[*2]』は，これまでに書かれたチェスの幻想文学の中で最高傑作だ．）しかし，彼が小説と同様，ユーモアとファンタジーを兼ね備えた風変わりなチェスの問題を考案することも好きだったというのは，世間一般にはあまり知られていない．

図74に示した問題は，ヒューバート・フィリップスが編集した本[*3]にダンセイニが寄稿したものだ．この問題を解くには，チェス

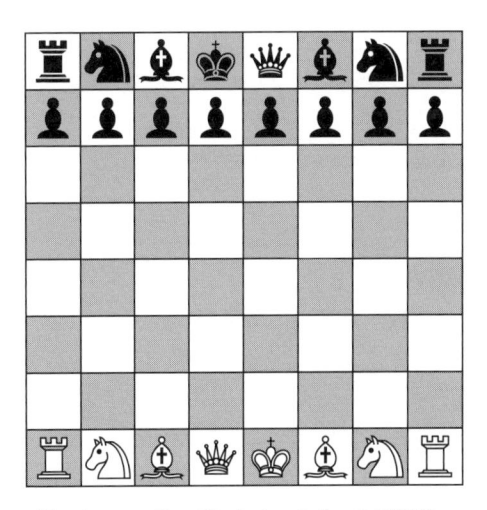

図74 ロード・ダンセイニのチェスの問題．

[*1] 〔訳注〕ロード・ダンセイニのロード（Lord）は名前ではなく，爵位．したがって本来は「ダンセイニ卿」とすべきだが，日本ではロード・ダンセイニという名前が定着しているため，そちらを採用した．
[*2] 〔訳注〕ギャンビットとはチェスの序盤の戦術の1つ．
[*3] *The Week-End Problems Book*. Hubert Phillips. Nonesuch Press, 1932.

のスキルよりも論理的思考力の方が重要だ．とはいえ，チェスのルールを知っていることは絶対必要である．次は白の手番で，4手でチェックメイトにしてもらいたい．この配置は実際のプレイで出現しうるものだ．
〔解答 p.184〕

問題4　エスカレーターに乗る教授

ポーランドの数学者，スタニスワフ・ピシャリナルスキー教授は，下に動いているエスカレーターをゆっくりと歩いて降りていた．エスカレーターは，彼がちょうど50歩降りたところで下に到着した．実験のため，彼は同じエスカレーターを1段ずつ駆け上がった．そして125歩上がったところで一番上まで到達した．

彼は降りる速度の5倍の速度で駆け上がったと仮定する．つまり1段降りる時間で5段駆け上がったと考える．そして下りも上りも同じ速度をずっと維持していたとする．このエスカレーターが止まっているときの段数はいくつだろう．
〔解答 p.185〕

問題5　取り残された8

雑誌『アメリカ数学月報』の編集者が最近明かしてくれた，同誌に掲載された問題のうちで最も評判が高かったものを紹介しよう．それはウェスティングハウス・エレクトリック社のP・L・チェシンによる次の問題で，1954年の4月号に掲載されている：

「私たちの良き友人で，卓越した数秘術師でもあるプロフェッサー・エウクレイデス・パラケルスス・ウスノロ・オサルは，81×10^9 通りもの解の可能性がある問題を卓上計算機で調べることに忙殺されている．この問題では，とても長い割り算の筆算を復元しなくてはならないのだが，数字は商の部分を除いて，すべてXで置き換えられている．そしてその商ですら，ほぼすべてが消されてしまっている．

```
                    8
XXX ) XXXXXXXX
      XXX
      ─────
       XXXX
        XXX
        ────
        XXXX
        XXXX
        ────
           0
```

ここはひとつ，プロフェッサーにぎゃふんと言わせようではないか！ そう，可能性を $(81 \times 10^9)^0$ 通りに減らしてあげよう」

どんな数でも 0 乗すれば 1 になる．つまり，読者への指令は，この問題の唯一解を復元することだ．数字の 8 は線上の正しい位置にあり，5 桁の答えの 3 桁目だ．この問題は見た目よりはやさしく，少々の初等的な洞察力があれば十分である．　　　　　　〔解答 p. 185〕

問題 6　ケーキの分配

2 人でケーキを分配するとき，どちらも自分は少なくとも半分以上もらえたと満足できる単純な方法がある．まず一方が気の済むように切って，他方が自分の好きな方を選べばよい．では，もっと一般の方法，つまり n 人がケーキを n 個に切って，誰もが自分のケーキは少なくとも $1/n$ 以上あると満足できる方法を考案してもらいたい．　　　　　　　　　　　　　　　　　　　〔解答 p. 186〕

問題 7　シートの折りたたみ

数学者たちは，n 本の折り目が与えられた地図の異なる折り方の数を与える数式を，未だに見出すことができないでいる．イギリスのパズルの達人であるヘンリー・アーネスト・デュードニーによる

1	8	7	4
2	3	6	5

1	8	2	7
4	5	3	6

図 75　デュードニーの地図折りパズル．

次のパズルから，この問題の難しさをかいま見ることができる．

　図 75 の左上に示したように，長方形の紙を 8 個の部分に分け，片面だけに数字を書き込む．この「地図」を図の線だけに沿って折り，「1」の正方形の面が一番上に表向きになるようにして，残りを全部その下に収める方法は，全部で 40 通りある．ここでの問いは，1 の面が一番上に表向きになるようにして，残りをすべて 1 から 8 までの正しい順序に並ぶようにシートを折りたたむ，というものだ．

　これができたら，もっと難しい問題にも挑戦しよう．今度は図の下のとおりに数字を書いて，同じことをやってみてもらいたい．

〔解答 p. 187〕

問題 8　ドジな窓口係

　うっかり者の銀行の窓口係が，ブラウン氏の小切手を換金するとき，ドルとセントを勘違いしてしまった．つまりドルの代わりにセントを，セントの代わりにドルを渡してしまった．ブラウン氏は，5 セントの新聞を買った後，もともと持っていた小切手のちょうど 2 倍の金額を持っていることに気付いた．小切手の金額はいくらだったのだろうか．

〔解答 p. 188〕

問題9 水とワイン

　まずは古くからある，お馴染みの話から始めよう．2つのビーカーに，同量の水とワインが入っている．ある量の水をワインに混ぜて，できた混合液から，まったく同じ量を水の方に戻す．水のビーカーの中に入っているワインと，ワインのビーカーの中に入っている水の量とでは，どちらが多いだろう？　量は同じであるというのが答えだ．

　ここから，レイモンド・スマリヤンは次のさらなる問題を提案した．最初に，一方のビーカーには水が10オンス，他方のビーカーにはワインが10オンス入っていたと仮定する．3オンスの液体を移しては戻し，毎回よくかき混ぜる．これを何度も繰り返すと，いつか2つの混合液の中のワインの割合が同じになることはあるだろうか．
〔解答 p. 189〕

解答　1.　ケンブリッジ大学の数学科の学生が発行している雑誌『エウレーカ』の最近の号に掲載された，砂漠横断問題に対する解析を紹介しよう．以下では 500 マイルを「1 単位」とよぶことにする．トラックが 500 マイル移動できる分量のガソリンは「1 容量」であった．トラックがある地点を出発し，どちらかの方向にずっと移動し，次に止まるまでの移動を「1 行程」とよぼう．

2 容量使えば，トラックは最大 1 と 1/3 単位先まで行くことができる．これは，出発地点から 1/3 単位のところに貯蔵庫を作るという方法で，4 行程で実現できる．トラックは容量いっぱい積んで出発し，貯蔵庫に 1/3 容量残して戻る．もう 1 度容量いっぱいにして出発して，貯蔵庫についたら貯めておいた 1/3 容量を積み込む．その時点で再び容量いっぱいになるので，残った距離である 1 単位先まで行くことができる．

3 容量あると，トラックは 9 行程で 1 と 1/3 とさらに 1/5 単位先まで進める．まず最初の貯蔵庫を出発地から 1/5 単位先に作る．ここに 3 行程で 6/5 容量貯められる．そこから出発地に戻ったトラックは，満タンで出発し，最初の貯蔵庫に 4/5 容量残った状態で到達する．貯蔵庫に残った燃料と合わせて，この地点に 2 容量が確保できたので，前の段落で示した方法を使えばトラックを 1 と 1/3 単位だけ前に進めることができる．

ここでは，トラックを 800 マイル進めるのに必要な最少の燃料の量を求めたいのであった．3 容量だと ((1 + 1/3 + 1/5) 単位で) 766 と 2/3 マイルしか進めないので，3 つめの貯蔵庫を出発地点から 1/15 単位，すなわち 33 と 1/3 マイル先に作る必要がある．トラックは，5 行程で貯蔵庫に必要量を貯めることができ，トラックが 7 行程目でこの貯蔵庫に着いたとき，貯蔵庫とトラックに残った燃料を合わせると，3 容量確保できる．すでに見たように，燃料がこれだけあればトラックは残りの距離 766 と 2/3 マイルを進むことができる．出発地点と最初の貯蔵庫の間は，7 行程でガソリンを 7/15 容量使う．そして残った旅程をこなすには，3 容量分の燃料があれば十分で

あった．したがって消費するガソリンの量は3と7/15，つまり3.46ちょっとの容量であり，行程としては16行程が必要になる．

4容量あれば，同様のやり方によって，トラックを $1 + 1/3 + 1/5 + 1/7$ 単位進めることができる．ただしここで，これらの4つの距離の境目に合計3つの貯蔵庫を置く必要がある．この無限級数の和は，容量の増加とともに無限大に発散する．したがって，トラックはどんな幅の砂漠でも横断できる．もし砂漠の幅が1000マイルだったとすると，7個の貯蔵庫と64行程，そして7.673容量のガソリンが必要だ．

この問題に関しては，一般解や興味深い付随的な情報を記した，おびただしい数の手紙を受け取った．フロリダ大学の数学教授セシル・G・フィップスは，以下のように話を簡潔にまとめあげてくれた：

一般解は次の式で与えられる．

$$d = m\left(1 + \frac{1}{3} + \frac{1}{5} + \frac{1}{7} + \cdots\right)$$

ただしここで，d は横断する距離で，m はガソリン1単位で移動できるマイル数である．貯蔵庫の数は，d の値を越えるまでに足す必要がある数列の項の数から1を引いたものだ．1容量のガソリンは，各貯蔵庫の間を往復するために消費される．この数列は発散するので，どんな距離でも，この方法で到達できる．ただし，必要なガソリンの量は指数関数的に増加する．

トラックが，最終的に出発地点に戻らなければならないなら，式は

$$d = m\left(\frac{1}{2} + \frac{1}{4} + \frac{1}{6} + \frac{1}{8} + \cdots\right)$$

となる．この数列もやはり発散して，解は片道の場合とよく似た性質を持つ．

この問題に関する議論が載っている3つの文献[*4]を教えてくれた読者も多くいた．

2. スミス氏に2人の子供がいて,少なくとも1人が男の子なら,同じ確率をもつ次の3通りの事象がある.

男の子—男の子
男の子—女の子
女の子—男の子

どちらも男の子である場合は1通りしかないので,両方とも男の子である確率は1/3である.

ジョーンズ氏の場合は,ちょっと状況が違う.私たちは,彼の年長の子供が女の子であると聞かされたわけだ.この制約では,同じ確率をもつ次の2通りの事象しかない.

女の子—女の子
女の子—男の子

したがって両方とも女の子である確率は1/2だ.(雑誌掲載時にコラムで解説した解答は,これでおわりだった.読者から届いた多くの異議を読み,熟慮に熟慮を重ねた結果,私は問題の設定に曖昧さがあり,もう少し情報を与えないと,きちんと答えられないということに気付いた.この問題に対するさらなる議論については,19章を参照されたい.)

3. ロード・ダンセイニのチェスの問題の鍵は,通常のゲームの初期状態と違って,黒のクイーンが黒いマスに乗っていないところにある.これはつまり,黒のキングとクイーンがすでに動いたことを意味していて,そのためには,黒のポーンもその前にいくつか動いていなければならない.ポーンが後ろには

---

*4 (1) *Problem in Logistics: The Jeep Problem*. Olaf Helmer. Project Rand Report No. RA-15015, December 1, 1946. これは,RAND出版局の最初の非機密レポートであり,このプロジェクトがまだダグラス・エアクラフト社のもとで行なわれていたときに発行された〔〔訳注〕RANDとは Research and Development corporation の略で,国防に関連のある分野を研究するアメリカ政府系シンクタンク〕.この問題に対する最も明快な解析を与えていて,本文で先に示した往復バージョンも考察している.(2) "Crossing the Desert." G. G. Alway in the *Mathematical Gazette* 41: 337 (October 1947): 209. (3) "The Jeep Problem: A More General Solution." C. G. Phipps in the *American Mathematical Monthly* 54: 8 (October 1947): 458-462.

動けないことを考えると，結局のところ，今の位置にある黒のポーンは，チェス盤の反対側から来たと結論せざるをえないのである！　このことに気付けば，右側の白のナイトを使って4手でチェックメイトにするのは，それほど難しくない．

白の最初の手は，チェス盤の右下のナイトを自分のキングの真上に移動することだ．もし黒が左上にある自分のナイトをルークの列に移したのなら，白はあと2手で詰めることができる．しかし，もし黒が最初にナイトをルークの列ではなく，ビショップの列に動かせば，白のチェックメイトは1手遅れることになる．白はナイトを右前のビショップの列に進めて，そのままなら次の手でチェックメイトになるようにしておく．そこで黒は自分のナイトを前に進めてそれを防ぐ．白はそのナイトを自分のクイーンで取り，続く4手目でチェックメイトとなる．

4. エスカレーターが止まっているときの段数を n とし，ピシャリナルスキー教授が1段降りるのに要する時間を1単位時間とする．彼が50歩で下に動くエスカレーターを歩いたとき，50単位時間で $n-50$ 段が姿を消したはずだ．同じエスカレーターを彼が125段駆け上がったときは，前回1段にかかった時間で5段を駆け上がったのだから，この上りでは125/5，つまり25単位時間で，$125-n$ 段が見えなくなったことになる．エスカレーターの移動速度は一定だと考えられるので，

$$\frac{n-50}{50} = \frac{125-n}{25}$$

という方程式が得られる．これを解けば，n の値として100段という答えがすぐ出てくる．

5. 長い割算の筆算で，1桁でなく2桁を1度に降ろすのは，商に0が出ている場合しか起こらない．これが2か所あるので，商が X080X であることがすぐにわかる．さて，割る数と商の最後の桁が掛け合わされた結果は4桁になっている．一方，割る数と8の積は3桁の数になっているので，この商の最

後の桁は 9 であることがわかる．

ここで割る数に注目すると，8×125 は 4 桁の数 1000 になるので，割る数は 125 未満だ．そこから，商の最初の桁は 7 よりも大きくないといけないことがわかる．というのは，7 を 125 未満の数にかけた結果は，割られる数の最初の 4 桁から引くと，2 桁には収まらなくなってしまうからだ．割る数に 9 を掛けた結果が 4 桁の数だったことを思い出すと，商の 1 桁目は 9 ではありえない．したがってこれは 8 だ．つまり商全体は 80809 であることがわかった．

この割られる数は 8 桁で，80809×123 が 7 桁の数になることから，割る数は 123 よりも大きくないといけない．そして 123 と 125 の間にある数は 124 しかない．問題の復元はこれで完成だ．

$$
\begin{array}{r}
80809 \\
124{\overline{\smash{\big)}\,10020316}} \\
\underline{992} \\
1003 \\
\underline{992} \\
1116 \\
\underline{1116} \\
0
\end{array}
$$

6. 各自が少なくともケーキを $1/n$ もらったと満足できるような，n 人でケーキを n 個のピースに分配する方法は，これまでにいくつか考案された．次で示す方法は，ケーキの余分なかけらが余らないというメリットがある．

ここでは A, B, C, D, E と 5 人いた場合を考えよう．まず A は，自分が 1/5 だと思う分のケーキを切り出して，とりあえず自分の分け前として確保しておく．次に B の番となる．もし B から見て A のケーキが 1/5 よりも多いと思ったら，自分が 1/5 だと思う大きさになるように，A のケーキを少し削る．逆

に，すでに最初から1/5以下だと思ったら，BはAの切ったケーキを触らない．CとDとEもAのケーキに対して同じことを順に行なう．そして，Aのケーキに最後に触った人がこれをもらう．このケーキが1/5未満だと思う人にとっては，これはうれしい状況だ．その人から見ると，残りは4/5よりも多いのだから．残った4人は，削ったかけらも含めた残りのケーキに対して，同じ方法をもう1度使う．3人になったときも同様だ．最後の分配では，一方が切って他方が選べばよい．この方法は，明らかに何人いても使うことができる．

この方法に関する議論や，これ以外の解については，R・ダンカン・ルースとハワード・ライファの本の「公平な分割ゲーム」の章[*5]を参照してもらいたい．

7. 最初の紙の折り方は以下のとおりだ．まず紙の表を下向きにして，見下ろしたときに次の配置になるようにする．

$$\frac{2365}{1874}$$

右半分を左半分の上に重ねて，5は2の上，6は3の上，4は1の上，7は8の上に来るように折る．今度は下半分を上に折り，4は5の上，7は6の上に重なるように折る．ここで4と5を重ねたまま6と3の間に折り返して突っ込んだら，後は1と2をまとめて全体の下に来るように折ればよい．

2問目では，まず長い線に沿って紙を半分に折る．このとき番号を書いた側が外側になり，4536が上に来るようにする．次に4が5の上に重なるように折る．紙の右端（6と7が書かれた正方形部分）を1と4の間に差し入れ，そのままさらにこれを曲げながら4の左側の折られた辺を通過させて，6と7が8と5の間に，さらに3と2が1と4の間に来るところまで突っ込めばよい．

[*5] "Games of Fair Division." R. Duncan Luce and Howard Raiffa in *Games and Decisions*. John Wiley and Sons, 1957.

8. ブラウン氏の小切手の値段が x ドル y セントだったとしよう．すると，この問題は $100y + x - 5 = 2(100x + y)$ という方程式で表現できる．移項して整理すると $98y - 199x = 5$ となるが，これは無限個の整数解を持つディオファントス方程式である．連分数による標準的な解法を使うと，正整数の最小解として，$x = 31$ と $y = 63$ が得られて，ブラウン氏の小切手は 31 ドル 63 セントだったことがわかる．これはこの問題に対する唯一解である．なぜなら，次に小さい解は $x = 129$ と $y = 262$ なので，y が 100 未満という条件に反してしまう．

この問題には，実はもっとずっと単純な解法があり，多くの読者がそれについて書いて寄越してくれた．前と同様に，元の小切手は x ドル y セントだったとする．そして新聞を買ったあとのブラウン氏の残金は $2x$ ドル $2y$ セントである．窓口で渡されたコイン x セントのうち，彼の手元に残ったのは $x - 5$ セントと考えられる[*6]．

私たちは，y が 100 未満であることを知っているが，これが 50 セント未満かどうかは，まだわからない．しかし，仮に y が 50 セント未満であれば，以下の連立方程式が得られる．

$2x = y$

$2y = x - 5$

一方で y が 50 セント以上だったとすると，残る $2y$ セントは 1 ドル以上になる．したがって上記の連立方程式の $2y$ から 100 を引いて，$2x$ には 1 を足さないといけない．つまり連立方程式は以下の形になる．

$2x + 1 = y$

$2y - 100 = x - 5$

どちらの連立方程式も簡単に解ける．最初の連立方程式では

[*6]〔訳注〕本文では $x \geq 5$ を暗に仮定しているが，厳密には x が 5 未満の場合も考えないといけない．ここで x が 5 未満と仮定して，続く解説と同様に連立方程式を立てて解くと，最終的に得られる解は x が 5 未満の整数にならないため，これも求める解ではない．

x が負の値になってしまうので，これは条件を満たさない．2つ目の連立方程式が正しい解答を与えてくれる．

9. 水とワインが最初にビーカーにどれだけ入っていても，また，各ステップでどれだけの量の液体を移し変えようとも（ビーカーの中身をすべて移す場合を除いて），それぞれの液体の混合率が同じになることは，決してない．これは単純な帰納法で示すことができる．もしビーカー A に入っているワインの濃度が，ビーカー B よりも高かったとすると，A から B に液体を移しても，依然として A の濃度は B よりも高いはずである．同様に B から A に，つまり薄い方から濃い方に移したとしても，依然として B は A よりも薄い．それぞれの移し変えは，この2つの場合のどちらかであるから，ビーカー A は，いつまでも B よりもワイン濃度が高い状態を保つ．両方の濃度を同じにするには，一方のビーカーの中身を，すべて他方に混ぜてしまうより他にはない．

実は上記の解答には，ちょっとしたごまかしがある．ここでは液体が無限に分割できることを仮定しているが，実際にはこれは離散的な分子の集まりにすぎない．カナダのブリティッシュコロンビア州ロイヤル・オークの P・E・アーガイルの以下の手紙が，私の考えを正してくれた．

　拝　啓

　あなたのワインと水を混ぜる問題に対する解答は，自然界の物質の複雑な物理現象を無視しているように見えます．2つの液体の混合物から，サンプルとしてその一部を取り出したとき，サンプルの中の一方の液体の割合は，混合物全体の中の割合とは異なります．「正しい割合」から離れる度合は，存在するであろうと期待される分子の個数を n とすると，$\pm\sqrt{n}$ のオーダーになります．

　そのため，2つのグラスのワインの量は同じになることもありえます．混合物に含まれる両液体の量の差の期待値

が $\sqrt{n}$ のオーダーになると，これが起こる確率は，無視できないほど大きくなります．今回の問題の設定では，移し変えては戻すという操作を 47 回やれば，この条件を満たすことができます．

付記
(2008)

ケーキ分割問題に多くの応用があることは明白だ．例えば結婚したカップルは，2人の間で家事を平等に分担したいと思うだろう．あるいは3人以上の人が共同生活をするときにも同じ問題が起こる．

本章では，n人のそれぞれが，自分は公平な分け前をもらったと満足できる方法を示した．では，各自が自分の分け前だけでなく，**他の誰の取り分を見ても**同様に公平な分け前をもらっていると納得できる分配方法はあるだろうか？ より制約が強いこの問題は，多くの論文のテーマとなってきた．

すでに挙げた以外のよい参考文献として，L・E・デュービンスとE・H・スパンカーによる論文を挙げておこう[*7]．また1998年のジャック・ロバートソンとウィリアム・ウェブの本[*8]もよい．

古くからある水とワインに関する問題については，本全集第1巻の10章で議論した．そこでは，トランプによる驚きのトリックを使うと，この問題をとても見事にモデル化できるということを説明した．

その他の文献を以下に挙げる．

文献

"An Energy-Free Cake Division Protocol." Steven J. Brams and Alan Taylor in *American Mathematical Monthly* 102 (1995): 9-19.

Fair Division: From Cake Cutting to Dispute Resolution. Steven J. Brams and Alan Taylor. Cambridge University Press, 1996.

The Win-Win Solution: Guaranteeing Fair Shares to Everybody. Steven J. Brams and Alan Taylor. Norton, 1999.

"Toward a Fairer Expansion Draft." Ivars Peterson in *Mathematical Treks.* Mathematical Association of America, 2002.

[*7] "How to Cut a Cake Fairly." L. E. Dubins and E. H. Spanker in *American Mathematical Monthly* 68 (January 1961): 1-17.

[*8] *Cake Cutting Algorithms: Be Fair if You Can.* Jack Robertson and William Webb. A K Peters, 1998.

"Cake-Cutting." David Darling in *The Universal Book of Mathematics*. Castle Books, 2004.

"Better Ways to Cut a Cake." Steven J. Brams et al. in *Notices of the AMS* 53 (December 2006): 1314-1321. 本記事には 25 編の文献が挙げられている.

How To Cut a Cake and Other Mathematical Conundrums. Ian Stewart. Oxford, 2006.

●日本語文献

『パズル・ゲームで楽しむ数学——娯楽数学の世界』伊藤大雄著. 森北出版, 2010 年. さまざまな問題を扱っているが, 特にケーキの分割問題に対して, 極めて広範囲の最新の研究結果を網羅的に解説している.

| 15 |

エレウシス
―― 帰納法ゲーム

　3目並べからチェスに至るまで，大多数の数学的なゲームでは，プレーヤーに演繹的な推理力が求められる．最近ロバート・アボットが考案した興味深いカードゲーム「エレウシス」[*1]は，それとは対照的な帰納法ゲームだ．アボットはニューヨークの若いライターで，これまで型破りなカードゲームやボードゲームを数多く考案してきたが，今回のものは，数学者や科学者にとって特に面白いゲームだ．それはこのゲームが，科学的な方法との類似性をもっており，また，創造的な考察をする人の「直感」の下地となるような，概念の形成のための内的な能力を働かせてくれるからである．

　エレウシスは3人以上で遊ぶゲームである．使うのは普通のトランプ1組だ．プレーヤーは交代で「ディーラー」役を務めるが，ディーラーは実際のプレイには参加しない，ある種の審判役である．彼は，1枚残して，他のカードをプレーヤーに配る．そして残したカードを表向きにテーブルの中央に置き，これを最初の「山札」とする．ディーラーは，各プレーヤーに同じ枚数のカードが行きわたるように，最初にしかるべき枚数のカードを取り除いておく必要がある．3人（この数にはディーラーも含めるが，彼はもちろん手札は持たない）のプレーヤーがいるときは，カードを1枚取り除き，4人

[*1] 〔訳注〕英語での発音は「イルーシス」に近いが，これはもともとギリシャの地名であり，「エレウシス」という表記が定着しているため，本書ではこれを採用した．

いるときは取り除かなくてよい．5人いれば3枚取り除けばよい．以下同様である．取り除いたカードは，中身がわからないよう伏せたまま脇によけておく．

　ディーラーは，カードを配り終えて山札の「最初のカード」を置いたら，山札の上に置けるカードを決めるための秘密のルールを決める．他のプレーヤーは，これを自然現象と考えてもよいし，なんなら神だと思ってもよい．つまり，このルールこそが科学の法則に対応しているのだ．ディーラーは秘密のルールを紙に書いて，脇に置いておく．これは，ディーラーが自分のルールを途中で変えて，自然現象の一貫性を損なわないことを確実にするための方策だ．このゲームにおける各プレーヤーの目的は，なるべく多くのカードを場に出すことだ．隠されたルールを正しく予想したプレーヤーは，手札を早く出していける．

　とても単純なルールの一例としては，「山札の一番上のカードの色が赤なら黒を出し，一番上が黒なら赤を出す」といったものが挙げられる．初心者のうちは，こうしたごく単純なルールに限定しておき，ゲームに慣れて力がついてきたら，より複雑なルールへと少しずつ進んでいくとよい．エレウシスの巧妙な点の1つは，（後で説明する）点数をつける方法である．点数制は，ディーラーがルールを課す際の圧力となる．つまり，誰もがすぐに見破れる程ではないが，しかし妥当な長さのゲームの中では，誰かが他を出し抜けるくらいの単純さをもったルールにしなくてはならない．ここにもまた，愉快な類似性がある．物理の基本法則というのは，見抜くのは難しいが，ひとたび発見されると，実は比較的単純な方程式に基づいていたことが明らかになることが多いものだ．

　ルールが書き下されると，ゲームの「第1ステージ」が始まる．最初のプレーヤーは，自分の手の内から好きなカードを1枚選んで，表を上にして，場に出ているカードに少し重なるように出す．そのカードが秘密のルールに沿っているなら，ディーラーは「正解」と宣言して，カードはそのまま置かれる．もしそれがルールを

破っているなら，ディーラーは「間違い」と宣言する．そのときはプレーヤーはカードを手元に戻し，自分の前に表向きに置かなければならない．そしてその人のターンはそのまま終了して，左にいる次のプレーヤーの番になる．各ターンごとに，それぞれのプレーヤーは自分の手から1枚のカードを出さなくてはならない．そのプレーヤーの「間違いカード」は，表向きのまま，よく見えるように広げて並べておく．正解のカードは，そのまま山札に積まれるが，これもテーブル上に扇形に広げておいて，すべてのカードが見えるようにしておく．典型的な山札の例を図76に示す．

各プレーヤーは，山札のカードを解析して，その並びを支配する

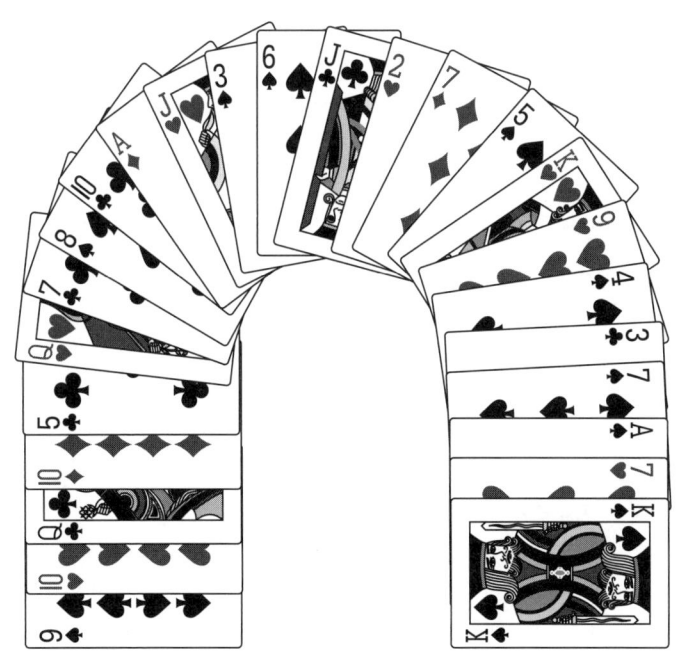

図76　エレウシスのゲームにおける典型的な山札の様子．このカードの列を決定付ける秘密のルールとは何か？

ルールを発見しようと試みる．仮説を立て，自分が正解だと思う
カードを出したり，あるいは逆に間違いだと思われるカードを出し
たりして確かめる．ゲームの第1ステージは，プレーヤーの手元の
カードが一通り全部出されたところで終了する．

　ここでディーラーの点数が決まる．点数は，リードしている（間
違いカードが最も少なかった）プレーヤーが，他のプレーヤーをどのく
らい引き離していたかによって決まる．（ディーラーを除く）プレー
ヤーが2人いたとすると，負けているプレーヤーの間違いカードの
枚数から，リードするプレーヤーの間違いカードの枚数を引いたも
のがディーラーの点数となる．プレーヤーが3人の場合は，リード
しているプレーヤーの間違いカードの枚数を2倍して，それ以外の
プレーヤーの間違いカードの総数から引いたものがディーラーの点
数だ．プレーヤーが4人の場合は，3倍して同じことをする．5人
なら4倍し，6人なら5倍し，以下同様である．カードのマークや
数字は点数とは関係ない．

　例えば，ディーラーと3人のプレーヤーがいたとしよう．間違え
たカードの枚数がそれぞれ10枚，5枚，3枚だったとする．この場
合，15から3を2倍した6を引いた値9がディーラーの得点とな
る．この得点を記録したら，第2ステージに進む．第2ステージ
は，間違いカードを使ってプレイを続ける最終ステージである．

　間違いカードは，テーブル上で各プレーヤーの前に表向きに並べ
られているが，プレーヤーが望むなら自分のカードを並べ替えても
よい．ゲームは，第1ステージと同様の手順で進められる．各プ
レーヤーは好きなカードを1枚取って山札に置き，ディーラーは，
それが正解か間違いかを宣言する．もし間違いだった場合，その
カードは間違いカードの中に戻す．誰かがすべてのカードを山札に
出してしまうか，あるいはディーラーがこれ以上山札に乗せられる
カードがないと判断した時点で第2ステージが終わる．

　ここで紙が開かれてルールが読み上げられる．これは，ある意味
で数学者が与える演繹的な証明に対応する．数学者というものは，

まず個別の一連の観察結果に基づいて帰納的に推論し，そこから定理を考案し，最終的にそれに対する演繹的な証明を与えるものだ．科学者は，自分の仮説の最終的な検証はできないことの方が普通であり，大抵の場合，自分達の仮説の確からしさが高いというところに甘んじなければならない．もし科学者がウィリアム・ジェイムズやジョン・デューイのプラグマティズムの立場を受け入れるなら，あらかじめ折られた紙が存在するなどと信じてはならない．この学者が「真である」と言うとき，それは彼の仮説がうまくいっているということしか意味しない．一方，バートランド・ラッセルらと同じ考えをとるなら，彼の理論が真であるとは，外部の世界の構造と，彼の理論がきちんと対応していることであるが，彼は紙を開いてそれが正しいかどうかを直接知ることはできない．ルドルフ・カルナップやその流派が好んで使う，別の見かたもある．畳まれた紙（つまり，ある種の科学的理論に対応する最終的な構造）が「存在する」かどうかを尋ねることは，そもそもそれ自身が疑似問題であるという視点だ．この手の質問には答えようがないので，与えられた文脈において，どんな言語体系を用いて科学法則や定理について議論をするのが最適かということだけを考えるべきだと言うのである．

プレーヤーの得点は，ディーラーの点数とよく似た方法で計算される．各プレーヤーは，他のプレーヤーの手元に残ったカードの合計枚数から，(自分が持っているカードの枚数)×(自分とディーラーを除いた人数)を引いたものが得点となる．結果が負になったプレーヤーには，0点が与えられる．手札がなくなったプレーヤーには，ボーナスとして6点与えられる．全員手札が残っていた場合，ボーナスはカードが最も少ないプレーヤーに与えられるが，複数いるときは等分される．例えばプレーヤーが（ディーラーを除いて）4人いて，それぞれ2, 3, 10, 0枚のカードを持っていたとすると，各自の点数は7, 3, 0, 21となる．

毎回，ディーラー役は左に回っていく．ゲームは，各自が2回ディーラーをやるまで続ける．そして最高得点を得たプレーヤーが

そのセットの勝者である.

山札にカードが2枚出るまで適用できないようなルールの場合は, プレーヤーが最初に出すカードは, 何でも正解とする. カードに書かれた値が必要となるルールの場合は, エースは1, ジャックは11, クイーンは12, キングは13とする. KのあとにAが続くと考える場合は, ディーラーは, その旨をルールに明記しなくてはならない.

プレーヤーの多くの手番において, 出せるカードが全体の1/5より少なくなるようなルールは, 避けるべきである. 例えば「一番上のカードの値よりも1だけ大きい値のカードを出すこと」といったルールは, 各手番において, プレーヤーが出せるカードが52枚中たったの4枚に限定されてしまうので, 受け入れられない.

ルールを書いた後, 場合によってはディーラーがヒントを出してもよい. 例えば「このルールは山札の一番上のカード2枚を必要とする」とか, 「このルールはカードのマークが関係している」とかいった具合だ. ただしゲームがひとたび始まってしまったら, よほどくだけた場でもない限り, それ以上のヒントは出してはいけない.

以下, 秘密のルールの典型例を, だんだん複雑になるように示そう.

（1） 偶数と奇数が交互に並ぶ.
（2） 山札の一番上のカードと, 同じマークか, 同じ値のものでなければならない（エイツとよばれるカードゲームと同様のルールである[*2]）.
（3） 山札の上の2枚のカードが同じ色なら, エースから7までのカードを出す. もし違う色なら, 7からキングまでのカードを出す.
（4） 上から2枚目のカードが赤なら, そのカード以上の値の

[*2] 〔訳注〕日本では, 専用のカードを使って遊ぶカードゲーム UNO の方がおなじみかもしれない.

カードを出す．もし2枚目のカードが黒なら，そのカード以下の値のカードを出す．

（5） 一番上のカードの値を4で割る．もし余りが1なら，スペードを出す．もし2ならハートを出す．3ならダイヤを出し，割り切れるならクラブを出す．

もちろん，プレーヤーに数学的な素養があるなら，もっと難しいルールでもよいだろう．しかしディーラーは，いつでも抜け目なくプレーヤーの力量を評価して，1人のプレーヤーだけが他を出し抜けるようにルールをうまく選んで，自分の点数が高くなるように仕組まなければならない．

ルールの中に，プレーヤーたち自身を入れ込むという手も考えられる．（物理学者が計測をすると，それ自身が観察対象に影響を与えることもあるし，文化人類学者がある文化を研究すると，その行為自身が文化を変えてしまうことだってある，ということを考えてもらいたい．） 例えば「あなたの名字の文字数が奇数なら，一番上のカードと違う色を出さなければならない．そうでなければ，同じ色を出さなければならない」といった具合だ．しかし，ディーラーがこうしたトリッキーなタイプのルールを使っていると宣言しなければ，フェアなゲームにならないかもしれない．

図に示したカードの並びは，この記事の中には書かれていない単純なルールにしたがってプレイされたものだ．読者諸氏は，解答を読む前にこのパズルを楽しんでもらいたい．最初の7枚のカードは，色が交互になっていることを指摘しておこう．科学の歴史と同じく，このゲームではよくあることだ．プレーヤーは，心の中で本当のルールとは違うものを想像して，どこかで突っかかってしまうまでは，それで押し通してしまう．突っかかって初めて，ルールが自分が思っているものよりも単純だったり，自分がたまたまうまくいっていただけだったことに気付くのだ． 〔解答 p. 201〕

追記
(1961)

多くのゲームが多少なりとも帰納法の要素を含んでいるものの，帰納法ゲームとよべるほど，その性質を十分に色濃く含んでいるものはほとんどない．私が思い付くものは，子供が鉛筆と紙で遊ぶゲームの1つである「バトルシップ」[*3]（「サルボー」とよばれることもある），「ジョット」[*4]などの言葉当てゲーム，「旅行に行こう」とよばれる室内ゲームくらいである．最後のゲームに私の注意を向けてくれたのは，コロンビア大学の物理学科のI・リチャード・ラピダスである．これは次のようなものだ．まず，リーダーは紙切れに，どんな持ち物なら旅行に持っていってよいかというルールを書く．そして彼は「この旅に私は……を持っていくつもりだ」という具合に，ルールにしたがった物の名前を挙げる．参加者は「……は持っていっていいですか？」と質問をし，リーダーは，彼らが選んだ物が許される名前かどうかを教える．ルールを最初に言い当てた参加者が勝者だ．ルールは簡単なものから複雑なものまで，さまざまだ．難しい例としては，その参加者の頭文字と同じ文字で始まらなければならないといったルールが挙げられよう．

私は，まだ探求されていない，なじみのない多様な帰納法ゲームがいろいろとありえるのではないかと思っている．例えば，図形的パターンを隠しておいて，それを当てるといったものだ．正方形タイルが100枚，ぴったりはまる正方形の箱を想像してもらいたい．600枚のタイルを用意して，片面は色をつけ，他方は黒くしておく．色は全部で6色あり，各色につきタイルが100枚ずつあるとしよう．リーダーはこっそり箱の中に100枚のタイルを敷き詰めて，強い規則性のあるパターンを作っておく（このパターンは，単色からとても複雑な構造まで，さまざまなものが考えられよう）．そして，箱を裏返しにしてテーブルに伏せ，箱だけ持ち上げる．黒い面を上にしたタイルが正

[*3]〔訳注〕日本では海戦ゲーム，戦艦ゲーム，軍艦ゲームなどとよばれている．
[*4]〔訳注〕「ジョット」は秘密の単語を当てるゲームであり，日本で遊ばれている類似のゲームには，数字を使った「ヒット・アンド・ブロー」や，色を使った「マスターマインド」がある．

方形状に敷き詰められた状態のまま残る．そこで各プレーヤーは順にタイルを1枚選んでは表に返す．パターン全体の正しい絵柄を最初に描き出した人の勝ちだ．各プレーヤーは，自分が予想している絵柄を他のプレーヤーからは見えないようにして描き，リーダーにだけ見せるようにする．

エレウシスで遊ぶとき，プレーヤーはディーラーを万能の神と捉えてしまう傾向が強いので，ついつい，宗教がかった用語を使いがちである．プレーヤーがディーラーを担当するときに「今度は私が神様だ」などと言うわけだ．ディーラーがうっかり勘違いして，間違いとすべきカードを正しいと宣言して，自分で自分のルールを破ってしまったときなどは，これを「奇跡」とよんでしまう．ロバート・アボットの覚えているエピソードはこうだ．誰もルールを見破ることができず，しびれを切らしたディーラーが，プレーヤーのカードをさして，「このカードを出しなさい」と言った．

するとそのプレーヤーは「おぉ，神のお告げが下った」と返したそうだ．

解答 ● 図76のカードの順番を決めている秘密のルールとは，「山札の一番上のカードが偶数なら，クラブかダイヤを出せ．奇数ならハートかスペードを出せ」というものだ．

考えられるルールは，これ以外にも無数にある．ニューヨーク州ブルックリンのハワード・ギヴナー，ニューヨーク州ウッドメアのジェラルド・ワッサーマン，ブエノスアイレスのフェデリコ・フィンクは「山札の一番上のカードと違う値が書かれたカードを出せ」というルールを提案してくれた．これは確かに，より単純なルールではある．しかし，これがもし正しいとすれば，上で挙げたルールで説明できるような，強い制限を満たす並びがどうやって出現しうるのか，妥当な説明を与えるのはかなり難しい．もちろん，すべてのプレーヤーが，上のルールが正解だと誤解して，それに従ってプレイしたが，たまたま誰も山札の一番上のカードと同じ値を出さなかっただけ，とい

うこともありえるが，実際のプレイにおいては，捨てられたカードがさらなるヒントになるため，正しくない仮説からの区別は，より明確になる．

極めて複雑なルールを考案した何人かのうちの1人がニューヨーク州ニューヨークのC・A・グリスコンだ．グリスコンのルールでは，カードの値しか使わず，エースの値は14と考える．エースと2がつながっているとは考えない．カードは，山札の一番上のカードの値よりも大きいものか小さいもののどちらかを出さなくてはいけないが，前のプレーヤーが使っていた変化の方向にそのまま従う場合は，増分または減分をさらに大きくしなくてはならない．増分や減分をそれ以上増やせない場合，直前の増分や減分は1になると考える．

科学的な手法への次のような洞察は重要である．与えられた一連の事実を説明するために立てられる仮説はたくさんある．また，こうした仮説はいつでも，それと矛盾する新たな事実が露呈するたびに，修正を加えることができる．例えば，誰かがクラブの8の上にダイヤの8を出したとすると，ダイヤの8はどんなときにも使える例外カードだというルールを追加すれば，どんなルールでも延命できる．科学における多くの仮説（例えばプトレマイオスの天動説）は，やっかいな新しい事実が見つかるたびに，それをなんとかするための奇天烈な形に変容を遂げていった末にようやく，より単純な解釈に道を譲ってきた．

こうした話は結局のところ，科学哲学における2つの深遠な疑問にたどり着く．なぜ最も単純な仮説が最適な選択なのだろうか．そして「単純」とはどのように定義されるのだろうか．

付記
(2008)

ロバート・アボットは，このゲームのルールを何年も改良し続けてきた．私が「新エレウシス」とよぶ彼の最終版は，本全集第13巻の16章に収録したコラムのテーマだ．シドニー・サクソンの帰納法ボードゲーム「パターン」は，本全集第8巻の4章で取り上げた．「コンピュータと科学者」というタイト

ルの私の記事[*5]も参考にしてもらいたい．この記事では，実験データを概観して物理法則を発見するコンピュータアルゴリズムの能力について考察している．

科学哲学者は，デイビッド・ヒュームが提起した，帰納的推論がうまく機能することをどう正当化するかという問題に，数世紀もの間，取り組んできた．私自身は，帰納的推論を正当化するためには，自然がパターン化されているという仮定を立てるほかないとするジョン・ステュアート・ミルに同意する立場である．もちろん，この仮定そのものは帰納的推論に基づいているが，この循環は悪循環ではなく，ここに攻めいる隙はない．バートランド・ラッセルは，この結論に最終的にたどりついただけでなく，自身の晩年の主要な著作[*6]の中で，宇宙がどのようにパターン化されているかを最小限の措定で表現しようと試みた．

文献

Delphi: A Game of Inductive Reasoning. Martin D. Kruskal. Plasma Physics Laboratory, PrincetonUniversity, 1962. 16 ページのモノグラフ.

The New Eleusis. Robert Abbott. 私家版, 1977.

"Eleusis: The Game with the Secret Rule." Sid Sackson in *Games* (May-June 1978): 18-19.

"Simulating Scientific Inquiry with the Card Game Eleusis." H. Charles Romesburg in *Science Education* 3 (1979): 599-608.

"The Methodology of Knowledge Layers for Inducing Descriptions of Sequentially Ordered Events." Thomas Dietterich. Department of Computer Science, University of Illinois at Urbana, 修士論文, 1980.

New Rules for Classic Games. R. Wayne Schmittberger. Wiley, 1992.

[*5] "The Computer as Scientist." Martin Gardner in *Gardner's Whys and Wherefores*, University of Chicago Press, 1984.

[*6] *Human Knowledge, Its Scope and Limits.* Bertrand Russell, Simon & Schuster, 1961.

| 16 |

折り紙

　折り紙の起源は，古のアジアの歴史の中に埋もれて，とうに失われてしまった．18 世紀の日本の文献には折鶴が着物の柄として見られるが，折り紙自体がさらに何世紀も前から中国や日本にあったことは確かである．かつては，育ちのよい日本人女性のたしなみと考えられていたこともあるが，今では，芸者や，学校でそれを学んだ日本の子供達が主な担い手となっているようだ．一方，この 20 年間，スペインや南米では，折り紙への関心が急速に高まってきた．スペインの偉大な詩人で哲学者のミゲル・デ・ウナムーノが，このテーマでまじめを装った論文を書き，基本的な折り方を考案し，多くの新しい非凡な折り紙作品を発案して，道を切り開くのに貢献した．

　伝統的な折り紙は，動物・鳥・魚をはじめとするさまざまな対象に似せたものを，1 枚の紙をもとに，切ったり貼ったり色を塗ったりせずに，折るだけで作り出す技法である．近年の折り紙では，こうした制約を離れて，例えば少し切れ込みを入れたり，ちょっと糊付けしたり，鉛筆で目を描いたりすることもある．とはいえ，アジアの詩の魅力の源が，厳密に決められた規則の中で必要最小限の言葉しか使わずにできるだけ多くを伝えることにあるように，正方形の紙 1 枚と，器用な 2 つの手しか使わずに表現できるたぐいまれな写実主義こそが折り紙の魅力と言えるだろう[*1]．紙がありふれた幾

何的な線に沿って折られる．すると突然，具象と抽象が相半ばする繊細な立体芸術小作品へと変容し，多くの完成品はため息が出るほど美しい．

　紙を折ることの幾何的な側面を考えると，この一風変わった上品なアートが，多くの数学者を魅了してきたのは当然のことと言える．例えばオックスフォードで数学を教えていたルイス・キャロルは，折り紙に熱中していた．（彼の日記には，空中で振ると大きな音が出る折り紙作品の折り方を初めて学んだときの喜びが記されている．）　またレクリエーション数学の文献には，フレクサゴンとよばれる興味深いおもちゃをはじめ，紙を折って作るモデルが数多く収録されている．

　まず「折る」という行為そのものが，興味深い数学的な疑問をよび起こす．そもそも，1枚の紙を折ったときにできる折り目は，なぜ直線なのだろうか．これが，2枚の平面の共通部分は直線であるという事実の実例だと解説している高校の幾何の教科書もある．しかし，折られた紙の2つの部分は2枚の平行な平面なのだから，これは明らかに不適切だ．適切な説明は，L・R・チェイスによって次のように与えられている[*2]：

　　紙を折った後，最終的に同じ点に重なる紙の上の任意の2点を p, p' とする．このとき折り目の上の任意の点 a は，線分 ap と線分 ap' が最終的に完全に一致するので，p と p' から等距離にある．したがって，こうした点 a の軌跡である折り目は，pp' の垂直2等分線である．

　古典的な折り紙とは少し違うが，紙を折って正多角形を作ることは，生徒たちの興味を引く演習問題である．正3角形，正方形，

[*1] 〔訳注〕日本の折り紙のソサエティでは，こうした伝統的な手法を「不切正方形1枚折り」とよぶ．
[*2] L. R. Chase in *The American Mathematical Monthly* (June-July 1940).

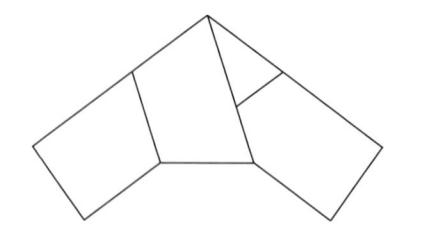

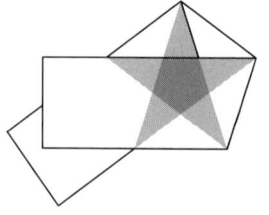

図 77　長い紙を結ぶことで折る正 5 角形（左）．紙の端を もう 1 度折って明かりにかざすと 5 芒星形が浮かぶ．

正 6 角形，正 8 角形を折るのはやさしいが，正 5 角形は格段に難しい．細長い紙を用意して結び目を作り，それを平坦に押し潰すのが最も単純な方法だろう（図 77 の左）．このモデルには，おまけがついている．この細長い紙の一端を折り返して，結び目を強い明かりにかざすと，中世の魔術ではおなじみの 5 芒星が現れる（図の右）．

紙の折り線により，さまざまな低次の曲線を包絡線にもつ接線群を描くこともできる．放物線を生成するのは特に簡単だ．まず紙の 1 辺から数インチのところに印をつけておく．次に，その辺が必ず印をつけた点を通るように，いろいろな方向から，20 回くらい折る．折った結果として，放物線が美しく浮かびあがる様子を図 78 に示す．印をつけた点は曲線の焦点で，紙の辺は準線である．そして各折り線は曲線の接線である．この折り方において，曲線上の各点が焦点と準線から等距離にあることは簡単にわかる．これは，放物線を特徴づける性質の 1 つである．

この折り手順と深い関係がある，初等的な微積分の面白い問題を紹介しよう．8 インチ × 11 インチの紙があったとする．図 79 のように角 A が左の辺に乗るように折る．この角 A を辺の上下に動かして，それぞれの位置で折り目をつければ，角 A を焦点とする放物線の接線群が得られる．では，底辺と交差する折り線の中で最も短いものを与えるためには，点 A を左の辺の上のどこに置けばいいだろうか？ そのときの折り目の長さはどのくらいだろうか？

16 折り紙　207

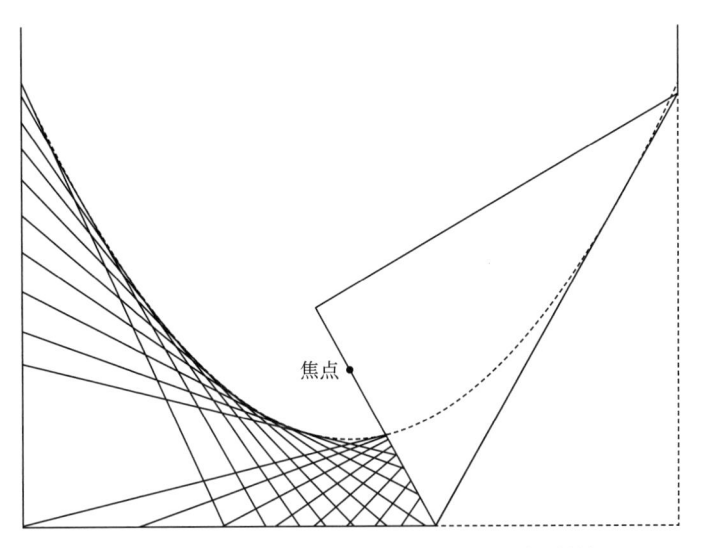

図 78　紙の下端を焦点に合わせて折ると，放物線の接線が形成される．

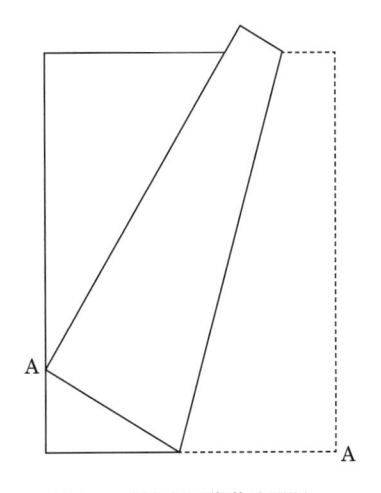

図 79　折り紙の微積分問題．

微積分になじみがない読者でも，これをもう少し単純にした次の問題なら楽しめるかもしれない．紙の幅を 7.68 インチに縮めておいて，角が底辺から高さ 5.76 インチの点に合うように折られたとする．このときの折り目の正確な長さを求めてほしい． 〔解答 p. 213〕

さて，折り紙の数理的な側面については，このあたりで終わりにして，多くの折り紙作品の中でも，いろいろな意味で最も目を引く作品の折り方を伝授しよう．羽ばたく鳥の折り紙だ．この作品は，美的な意味でも機構的な意味でも，間違いなく傑作だ．読者は正方形の紙をぜひとも用意して（模様の描いてある包装紙なら最高だ），この複雑な折り方を習得してもらいたい．

1 辺 8 インチくらいの正方形が使いやすくて便利だ．（中には，1 ドル札を最初に正方形に折り込んだものを使って小さな鳥を作る人もいる．）まず紙を 2 つの対角線で折ってから裏返し，「谷折り」が「山折り」になるようにする（図 80(1)）．（図中，破線は谷折りを，実線は山折りを表している．）

次に紙を半分に折って開き，別の方向からも半分に折って開く．その結果，図 80(2)のように 2 つの谷折りが追加される．

さらに 2 つの隣り合った辺を対角線で合うように折る（図 80(3)）．これを開いて，同じことを他の 3 つの角でも行なう．折り目は，図 80(4)のようになる．（正方形の中心で，折り目が正 8 角形を描いていることを確認しておこう．）

次のステップは言葉で表現するのがいささか難しいが，実際にやってみれば，わけもない．図 80(4)中に矢印で示した 4 本の短い谷折りに注目しよう．この線分をつまみ上げて，山折りにする．それぞれの辺の中心点（図 80(4) で A, B, C, D とラベルがついている）を内側に押し込む．その様子が図 80(5)だ．この操作の結果，正方形の角（図 80(5) で J, K, L, M とラベルがついている）が持ちあがってくる．斜め方向から見た様子を図 80(6)に示す．

すべてがきちんと折れれば（正方形の中心が一番下に押し込まれている

(1)

(2)

(3)

(4)

(5)

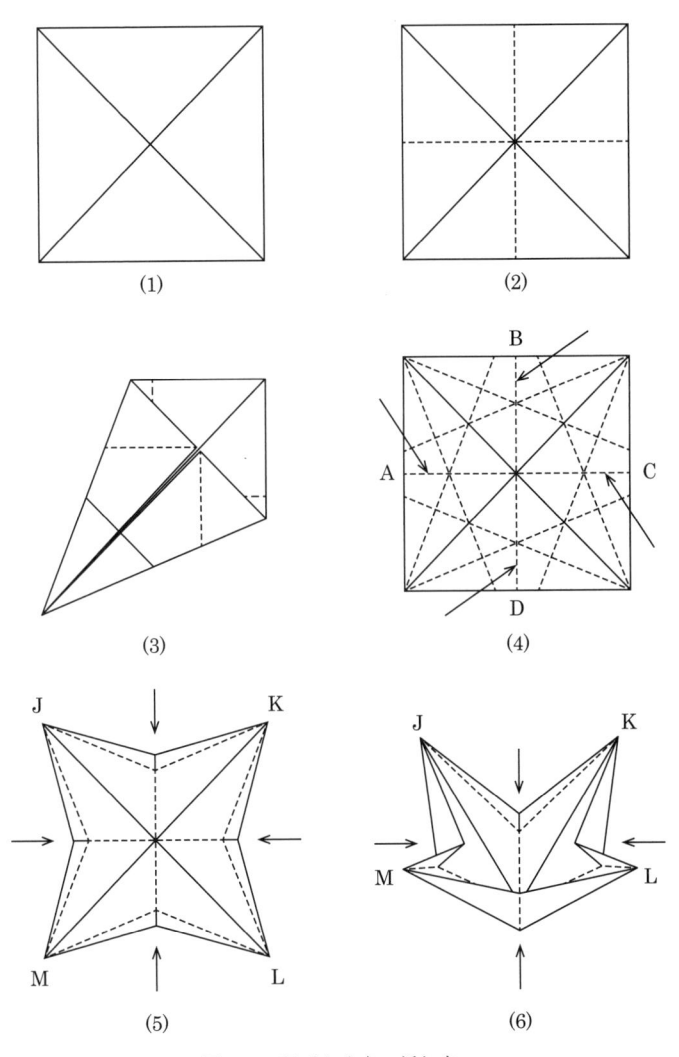

(6)

図 80　羽ばたく鳥の折り方.

(7) (8) (9) (10) (11)

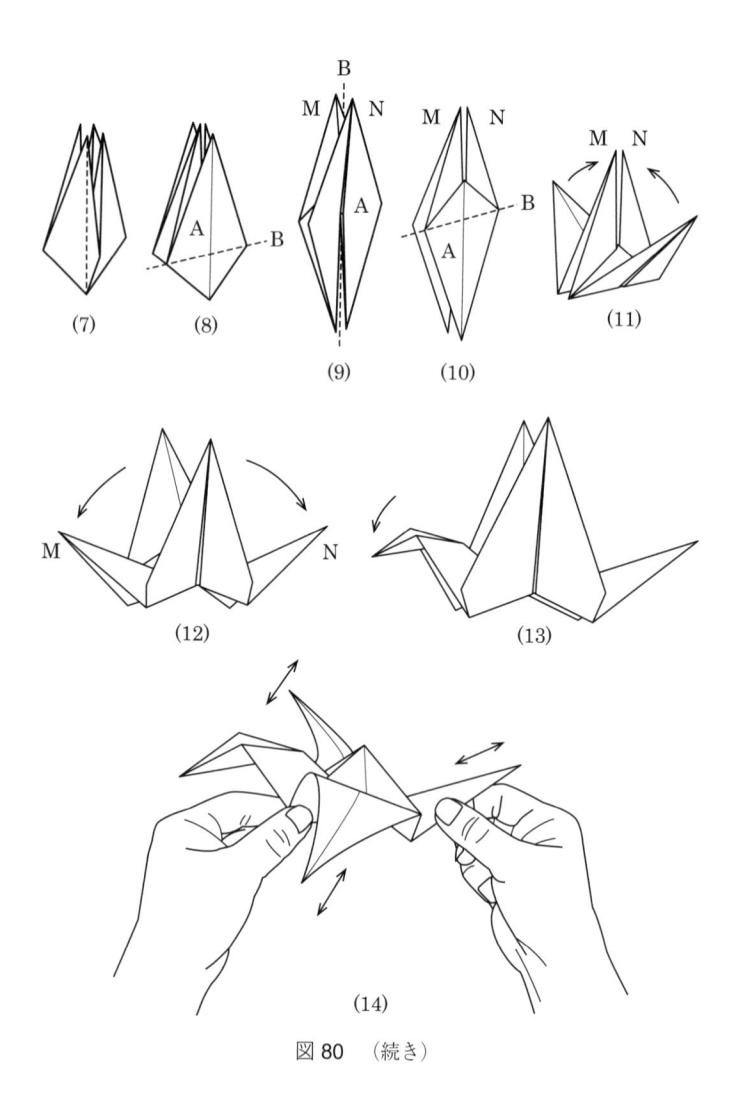

(12) (13)

(14)

図 80 （続き）

ところがポイントだ)，図 80(7)に描いたように一番上で 4 つの角が 1 か所に集まるだろう．図 80(8)に示したように横の部分を合わせて全体を平坦に折る．

図 80(8)のヒラヒラした部分（フラップ）を線 B に沿って下に折り返す．紙を裏返して反対側も同様に折ると，図 80(9)に示した形になる[*3]．

図 80(9)のフラップ A を垂直な線 B に沿って左に折る．紙を裏返して反対側も同様に折る．結果は図 80(10)に示した形になる．

図 80(10)のフラップ A を線 B に沿って上に折り，紙を裏返して反対側も同様に折る．2 つの 2 等辺 3 角形を上にしっかりと折ろう（図 80(11)）．ここから先のステップでは，紙を机の上に乗せて折るよりも，空中に保持したままの方が折りやすくなる．

図 80(12)に示した角度まで M を引き，一番下の部分の紙を平らにつぶすように折る．N についても同様だ．M の先端を中に割り込むように裏返しに折り（中割り折り），鳥の頭の部分を折り出す（図 80(13)）．

羽根を（折らずに）広げて，底から見て先端部分が少し前寄りになるようにくせをつける．図 80(14)に示したように鳥をしっかりと持とう．尾羽を優しく引けば，鳥が優美に羽ばたくだろう．

例えば口をあける魚や，背中を押して離すと跳ねる蛙など，実際に動く動物の折り紙は，数多くある．ウナムーノの本の訳者によると，このスペイン人作家は，サラマンカのカフェで昼にコーヒーを飲みながら，こうした動物を折るのが好きだったという．目をまん丸に見開いた近所のわんぱくな子供たちが，鼻を窓ガラスに押しつけていたことは，まず間違いない！

[*3] 〔訳注〕折り方によるが，自然な折り方だと，ここで紙を上下反転させる必要がある．図 80(9)のすき間から見えている 3 角形や，図 80(10)の 3 角形の位置に注意して上下を合わせればよい．

追記
(1961)

　　折り紙に関する新しい本は毎年出版されているし，折り紙の工作キットもアメリカではいくつも販売されている．幼稚園や小学校低学年の教師の中には，折り紙に意義を見出しつつある人もいるが，おそらく未だに拒否反応を示す教師が大部分であろう．今世紀初頭に幼児教育界で広まっていた，色紙を折って手の込んだデザインを見出すという，不毛な実技の苦い思い出と結び付いているからである．（この実技はドイツの幼児教育の祖フリードリッヒ・フレーベルが導入したもので，これに悪影響を受けたアメリカの教員は多い．）

　羽ばたく鳥の折り紙の英語文献は 1890 年[*4]にまで遡り，これは 1889 年のフランス語の本からの翻訳である．本章で紹介したものより単純な折り方もあるが，印刷物で説明するのは難しい．

　スペインのレストランでウナムーノが動物を折る様子は彼の本の英訳版[*5]に出てくる．スペインの哲学者オルテガ・イ・ガセトが友人ウナムーノのことを記した本によると，ウナムーノが小さな子供に折り紙動物を折ってあげたときのこと，その子供が「この小鳥は鳴かないの？」と聞いたそうだ．この質問は，ウナムーノの最も有名な詩の中に生かされている．彼の折り紙に関するユーモア溢れるエッセイは書籍[*6]として出版されており，より重要な論文がアルゼンチンの雑誌[*7]に掲載されている．

　東京の吉澤章（あきら）は，世界でも随一の現役の折り紙アーティストであると考えられている[*8]．彼は折り紙の本を何冊も書き，日本の新聞や雑誌に多くの記事を書いた．南米では，ブエノスアイレスの歯科医ヴィセンテ・ソロツァーノ・サグレドの書いた折り紙の教本が 1 番だ．日本語やスペイン語なら，折り紙の文献はとてもたくさんあるが，本章では，入手がそれほど難しくない英語で書かれた本を文献リストにあげておいた．

[*4] *Half Hours of Scientific Amusement*. Gaston Tissandier. London, 1890.
[*5] *Essays and Soliloquies*. Miguel de Unamuno. Knopf, 1925.
[*6] *Amor y pedagogia*. Miguel de Unamuno. Barcelona, 1902.
[*7] *Caras y caretas*. Miguel de Unamuno. March 1, 1902.
[*8] 〔訳注〕2005 年 3 月 14 日に逝去．

解答
●長方形の紙を折る問題は，微積分の最大・最小化問題として扱うのが一番よい．(折り返される前の) 角 A から，折り線が底辺とぶつかっている点までの距離を x とすると，底辺に残った長さは $8-x$ である．角 A が左の辺に乗っている点から左下の角までの距離は $4\sqrt{x-4}$ であり，折り目が右の辺とぶつかっている点から角 A までの距離は $\dfrac{2x}{\sqrt{x-4}}$ となり，折り目そのものの長さは $\dfrac{\sqrt{x^3}}{\sqrt{x-4}}$ である．この関数を微分した結果が 0 になるのは，x の値が 6 のときだ．よって角 A は下の辺から高さ $4\sqrt{2}$ の点で右の辺の上に乗っていて，折り目の長さは $6\sqrt{3}$，つまり 10.392 インチ強である．

この問題で興味深いのは，下の辺と交差する折り目のうち最も短いものの長さが，x が紙の幅のちょうど 3/4 のところで折ったときに得られるという点であり，これは紙の幅とは関係ない．この 3/4 の長さに $\sqrt{3}$ を掛けると，折り目の長さが得られる．なお，折り返された部分の**面積**を最小化したいときには，x は，いつでも紙の幅の 2/3 である．

より単純な方の問題 (紙の幅が 7.68 インチで，下から 5.76 インチのところに角を合わせて折る問題) の折り目の長さは，ちょうど 10 インチである．

付記
(2008)

50 年ばかり前，私は，折り紙に関する短い項目をブリタニカ百科事典の新版に書くよう頼まれた．その事典一式が発行されるまでに数年が経過してしまい，私の書いた部分はどうしようもなく時代遅れになってしまった．折り紙への関心は，アメリカ国内で爆発的に広がっているが，これにはリリアン・オッペンハイマーという女性の献身的な貢献によるところが大きい．彼女は折り紙のワークショップを主催し，折り紙に関する講演を行ない，テレビに出演し，折り紙の定期刊行誌『オリガミアン』の編集までこなした．

渡日した際のオッペンハイマー女史のテレビ出演をきっかけに，日本でも同様の再興が見られた．当時，古来の折り紙技法

は，芸者のたしなみ程度にまで廃れてしまっていた．しかしリリアンは日本最高の折り紙作家を探しだし，基金を創設し，地位向上に多大な貢献をした．

ありがたいことに，私はリリアンと知り合う機会があり，それどころか，彼女がスポンサーを務めるマンハッタンのクーパー・ユニオン博物館での折り紙展覧会への出品まで果たした．それはビンの蓋の上でバランスを取る鳥で，鳥の羽根の先端の内部には，バランスを取るための1セント硬貨が2枚，こっそりと仕込んであった．その展覧会場で，スペインの哲学者ミゲル・デ・ウナムーノの御令嬢に会えたのは，とても光栄なことであった．ウナムーノは才能ある折り紙作家で，いくつかの新しい基本的な折り方を考案した．私にとってはヒーローの1人なのだ．余談だが，オッペンハイマー女史は前夫との間に3人の息子がいるが，3人とも優れた数学者となった．シカゴ大学のウィリアム・クルスカルと，ベル研究所のジョセフ・クルスカルと，プリンストン大学のマーティン・クルスカルだ．

羽ばたく鳥は，動く折り紙おもちゃの中でも，依然として最も印象的で美しい．私は，これが日本ではなくヨーロッパで発明されたと知り，とても驚いた．私がティサンディエの本[*9]で見つけたものよりも，さらに古いヨーロッパの文献に記述があることは間違いない．誰が創作したにせよ，その功績は認められてしかるべきだろう．

今では3万を越える折り紙作品が本や雑誌に載っていて，数学者も，折った紙の構造を扱う広範な数学を切り開いてきた．2006年には4回目の折り紙に関する国際会議がカリフォルニア工科大学で開催された[*10]．この折り紙への関心の大いなる盛り上がりは，折り紙に関する本を大量に生み出し，折れる作

[*9] 〔訳注〕212ページの脚注4参照．

[*10] 〔訳注〕この会議はOSME (International Meeting on Origami in Science, Mathematics and Education) とよばれ，5回目は2010年にシンガポールで開催され，6回目は2014年に日本の東京大学で開催された．参考文献に挙げられているOrigami^{3}は，3回目の会議から抜粋した論文が掲載された論文集であり，以下2006年の会議のOrigami^4，2010年の会議のOrigami^{5}が発行されている．

品を指定した折り紙キットなども売り出されている．例えば両面の色が異なる紙を使うと，黒と白を使ったペンギンなど，印象的な 2 色の作品も折れる．

アメリカの折り紙団体 OrigamiUSA は，コンベンションを開催したり，各種の紙や出版物の販売などを行なっており，Web サイトもある[*11]．

文献

Geometrical Exercises in Paper Folding. T. Sundara Row. Madras, 1893. 第 4 版（改訂版）が 1958 年にイリノイ州ラ・サールの The Open Court Publishing Co. から発売されている[*12]．

"The Art of Paper Folding in Japan." Frederick Starr in *Japan* (October 1922).

Fun with Paper Folding. William D. Murray and Francis J. Rigney. Revell, 1928. ドーバー出版から *Paper Folding for Beginners* というタイトルに変更した再版が 1960 年に出ている．

Paper Toy Making. Margaret W. Campbell. Pitman, 1937.

Paper Magic: The Art of Paper Folding. Robert Harbin. Oldbourne Press, 1956.

Paper Folding for the Mathematics Class. Donovan A. Johnson. National Council of Teachers of Mathematics, 1957.

How to Make Origami. Isao Honda. McDowell, Obolensky, 1959.〔原著：『伝統折紙――日本のこころ』本多功著．日貿出版社，1969 年．〕

Plane Geometry and Fancy Figures: An Exhibition of the Art and Technique of Paper Folding. Introduction by Edward Kallop. Cooper Union Museum, 1959.

Fun-Time Paper Folding. Elinor Massoglia. Children's Press, 1959.

[*11] 住所は 15 West 77th Street, New York, NY 10024, USA. Web ページは http://origamiusa.org

[*12] 〔訳注〕ドーバー出版からペーパーバック版が 1997 年に出ていて，簡単に入手できる．

Origami for the Connoisseur. Kunihiko Kasahara and Toshie Takahama. Japan Publications, 1987.〔原著:『トップおりがみ』笠原邦彦著. サンリオ出版, 1985 年.〕

Folding the Universe. Peter Engel. Vintage, 1989.

Unit Origami. Tomoko Fuse. Japan Publications, 1990[*13].

Origami Zoo. Robert Lang and Stephen Wise. St. Martin's, 1990.

Origami Animals. Hector Rojas. Sterling, 1993.

Origami Plain and Simple. Thomas Hull and Robert Neale. St. Martin's, 1994.

Secrets of Origami. Robert Harbin. Dover Publications, 1997.

Mathematical Origami. David Mitchell. Tarquin, 1997.

Russian Origami. Thomas Hull. St.Martin's, 1998.

Origami Omnibus. Kunihiko Kasahara. Japan Publications, 1988.〔原著:『折り紙――夢織り幾何学のすべて』笠原邦彦著. 日貿出版社, 1988 年.〕

"A Mathematical Theory of Origami Constructions and Numbers." R. C. Alperin in *New York Journal of Mathematics 6* (2000): 119-133.

Origami: The Complete Practical Guide to the Ancient Art of Paperfolding. Rick Beech. Lorenz Books, 2001.

Origami^3. Thomas Hull. A K Peters, 2002[*14].

Origami 1-2-3. David Petty. Sterling, 2002.

Origami Design Secrets. Robert Lang. A K Peters, 2003. この 585 ページもある重厚な本は,折り紙の数学的側面に関するすさまじく包括的な学術書である[*15]. 参考文献だけでも 15 ページにわたり,用語や索引も 8 ページある.

[*13]〔訳注〕布施知子氏の折り紙の著作は数多くあるが,本書に対応する日本語原本は存在しない.

[*14]〔訳注〕214 ページの脚注にあるように,これは 3 回目の国際会議から抜粋した論文集である. ここからさらに抜粋した邦訳が『折り紙の数理と科学』である. 日本語文献参照.

[*15]〔訳注〕2012 年に出た第 2 版は 758 ページになり,さらにすさまじさを増している.

"Origami Quiz." Thomas Hull in *Mathematical Intelligencer* 26: 4 (2004).

"Origami: Complexity in Creases (Again)." Robert Lang in *Engineering and Science* LXVII:1 (2004): 9-19. この折り紙数学に関する最高の記事には，ハチ鳥とノウゼンカズラ，ラングのセミやサソリ，さらには雑誌の表紙に恐竜など，彼の精緻な折り紙の美しいフルカラー写真が掲載されている．

The Encyclopedia of Origami. Nick Robinson. Running Press, 2004.

"Cones, Curves, Shells, Towers: He Made Paper Jump to Life." Margaret Wertheim in *The New York Times*, June 22, 2004. カラー写真の入ったこの記事では，カリフォルニア大学サンタクルーズ校の元教授であるコンピュータサイエンティストのデイビッド・ハフマンによる，目を見張るような折り紙の造形が取り上げられている．

"Origami as the Shape of Things to Come." Margaret Wertheim in *The New York Times*, February 15, 2005. この長い解説記事は，マサチューセッツ工科大学のコンピュータサイエンティストで，折り紙数学の理論面の先駆者でもあるエリック・ドメイン博士のすばらしい業績を紹介したものである．折り紙は，いくつもの科学分野で驚くべき応用があることが明らかになってきた．特に，タンパク質がしかるべき構造に，どのように急速に折り畳まれるのかという未解決問題は注目に値する．

"Folding Optical Polygons from Squares." David Dureisseix in *Mathematics Magazine* 79 (October 2006): 272-280.

Project Origami: Activities for Exploring Mathematics. Thomas Hull. A K Peters, 2006.

Origami A-B-C. David Petty. Sterling, 2006.

Marvelous Modular Origami. Meenakshi Mukerji. A K Peters, 2007.

"The Origami Lab." Susan Orlean in *The New Yorker* (February 19 and 26, 2007): 112-120. 物理学者としてのロバート・ラングと，彼のすばらしい折り紙作品の数々．

●ドーバー出版のペーパーバック

Multimodular Origami Polyhedra. Rona Gurkewitz and Bennett Arnstein.

3-D Geometric Origami. Rona Gurkewitz and Bennett Arnstein.

Origami Insects. Robert Lang.

The Complete Book of Origami. Robert Lang.

Origami Inside-Out. John Montroll.

Teach Yourself Origami. John Montroll.

Bringing Origami to Life. John Montroll.

African Animals in Origami. John Montroll.

Animal Origami for the Enthusiast. John Montroll.

Animal Origami Adventure. John Montroll.

Dollar Bill Origami. John Montroll.

Prehistoric Origami. John Montroll.

A Plethora of Polyhedra in Origami. John Montroll.

A Constellation of Origami Polyhedra. John Montroll.

Origami Sculptures. John Montroll and Andrew Montroll.

Fascinating Origami. Vicente Palacios.

Origami FromAround theWorld. Vincente Palacios.

Modular Origami Polyhedra. Lewis Simon, Bennett Arnstein, and Rona Gurkowitz.

イギリスの折り紙団体 BOS（British Origami Society）は慈善団体で，さまざまな折り紙についての小冊子を数百冊出版している．2006 年にはロバート・ニールの本を出版した[*16]．この彼の最新刊では 172 の折り紙，エレウシス，ソーマキューブが扱われている．マジック業界では，ニールは 1 ドル札で折られたシルクハット「バニー・ビル」で最もよく知られている．シルクハットの両側を指でつまむと，ウサギの顔がせり上がり，まるでシルクハットから飛び出たように見える．以下，ニールの動く折り紙に関する本のリストを挙げておこう．この分野での彼は，世界でも最高のクリエーターだ．

[*16] *Which Came First?* Robert Neale. British Origami Society, 2006.

Bunny Bill. Magic, Inc., 1964.

Robert E. Neale's Trapdoor Card. Karl Fulves, 1983.

Origami, Plain and Simple. Robert Neale and Thomas Hull. St. Martin's Press, 1994.

Folding Money Fooling: How to Make Entertaining Novelties from Dollar Bills. Kaufman and Company, 1997.

Frog Tales: How to Fold Jumping Frogs from Poker Cards and Do Five Tricks with Them. H & R Magic Books, 2004.

Which Came First?: A Collection of Magical Designs by Bob Neale. British Origami Society, 2006.

Celebration of Sides: The Nonsense World of Robert Neale (DVD with Michael Weber). Murphy Magic Supplies, 2006.

●日本語文献

『折り紙の幾何学 (増補版)』伏見康治,伏見満枝著.日本評論社,1984 年.当時の折り紙の幾何学的側面をまとめた,意義の深い名著.

『ビバ!おりがみ』前川淳作,笠原邦彦編著.サンリオ,1989 年.本書のシリーズは全 5 冊あるが,どれも入手はかなり困難.当時の「折り紙」の最前線が描かれている.

『多面体の折紙』川村みゆき著.日本評論社,1995 年.さまざまな多面体を折り紙で折る方法を扱っている.

『バラと折り紙と数学と』川崎敏和著.森北出版,1998 年.著者は折り鶴に関する理論で博士号を取得した.大人でも折るのが難しいと言われる「川崎ローズ」の折り方や,折り鶴に関する数学的研究が収録されている.

『オリガミクス 1』芳賀和夫著.日本評論社,1999 年.2005 年に続編の『オリガミクス 2』も発行されている.

『すごいぞ折り紙』阿部恒著.日本評論社,2003 年.著者は,折り紙で角の 3 等分問題を解く方法を発見した.折り紙の幾何についての記述が詳しい.

『折り紙の数理と科学』Thomas Hull 著.川崎敏和訳,森北出版,2005 年.214 ページの脚注で挙げた,折り紙の科学の国際会議の論文集の抄訳.

『本格折り紙』前川淳著．日貿出版社，2007 年．入手が困難な『ビバ！おりがみ』の中の「悪魔」が収録されている．これは，いわゆるコンプレックス折り紙の先鞭をつけた記念碑的作品．2009 年に続編の『本格折り紙 $\sqrt{2}$』も発行されている．

『折り紙と数学の楽しみ』加藤渾一著，ダイヤ書房，2008 年．折り紙の幾何について幅広い記述がある．巻末の文献リストも豊富．

『ふしぎな球体・立体折り紙』三谷純著．二見書房，2009 年．コンピュータデザインによる立体的な折り紙作品集．実際に切って作ると，独特の球体や卵型を作り出すことができる．

『幾何的な折りアルゴリズム』Erik D. Demaine, Joseph O'Rourke 著，上原隆平訳．近代科学社，2009 年．コンピュータサイエンスとしての折り紙の，理論的側面の研究の最新の成果を網羅した書籍．その時点での最新の研究をまとめた専門書．

『神谷流創作折り紙に挑戦！』神谷哲史著．ソシム，2010 年．TV 番組でずっと折り紙チャンピオンであった神谷氏の一般書．創作のコツなども書かれている．

『ユニット折り紙エッセンス』『ユニット折り紙ファンタジー』『ユニット折り紙ワンダーランド』布施知子著．日貿出版社，2010 年．布施知子氏の著作は膨大な数にのぼる．彼女の代表作，ユニット折り紙の集大成とも言える 3 冊の本をここに挙げる．

『おりがみ あじさい折り』『おりがみ ねじり折り』藤本修三著．誠文堂新光社，2010 年，2012 年．ねじり折りやあじさい折りなどについて，体系的な研究をまとめた本．

『折り紙のすうり』Joseph O'Rourke 著，上原隆平訳．近代科学社，2011 年．コンピュータサイエンスとしての折り紙について書かれた一般書．

『折紙の数理とその応用』日本応用数理学会監修，野島武敏，萩原一郎編．共立出版，2012 年．幅広い著者による，工学的応用も網羅した専門書．

『折紙探偵団マガジン』日本折紙学会．日本折紙学会が隔月で発行している機関紙．

『折り紙の科学』日本折紙学会．日本折紙学会が発行している論文誌．

17

正方形の正方分割

　1つの正方形を，同じものを2つ以上含まない，より小さい複数の正方形に分割できるだろうか？　この桁外れの難問は，長い間，解けないものと考えられてきたが，今は違う．この問題は，いったん電気回路の理論に移し換えて，その後でもう1度平面幾何に戻すことで，解き明かすことができるのだ．本章では，トロント大学の数学の准教授であるウィリアム・T・タット本人が，ケンブリッジ大学の3人の学友たちと，どのようにして正方形を正方分割したのか，その解決にいたる顛末を魅力的に紹介してくれる．

　これは，ケンブリッジのトリニティカレッジで1936年から1938年の間に起こった4人の学生たちの数学研究の物語である．1人は，この章の著者である．1人はC・A・B・スミスで，今ではロンドン大学の統計遺伝学者である．彼は，ゲーム理論や偽コインの問題に関する著作でもよく知られている．A・H・ストーンは，マンチェスターで点集合トポロジーの難解な一部門の研究をしている．彼はガードナーの第1巻〔本全集第1巻〕に出てきたフレクサゴンの発明者の1人でもある．4人目はR・L・ブルックスである．彼は学究の世界を離れ公務員となっている．しかし彼も数学レクリエーションに対する情熱は失っておらず，グラフ彩色に関する理論の，ある重

要な定理に名を残している．当時彼ら4人の学生は，彼らなりの謙虚さから，トリニティ数学会の「重要メンバー」と自称していた．

1936年当時，長方形を異なる正方形に分割する問題に関する結果が少しだけあった．たとえば32×33の大きさの長方形を，1辺の長さが1, 4, 7, 8, 9, 10, 14, 15, 18である9個の正方形に分割する方法が知られていた（図81）．デュードニーの本[*1]では，**正方形**を，すべて異なる複数の正方形に分割することは不可能であると暗に考えられているようであって，ストーンはそれに大いに刺激された．彼は，不可能であることを自分で証明しようと試みたが，うまくいかなかった．その代わり，大きさ176×177の長方形を11個の異なる正方形に分割する方法を見つけた（図82）．

このちょっとした成功が，ストーンと3人の仲間たちのやる気に火をつける結果となり，彼らは長方形の正方分割の構成とその議論に，多くの時間を割くことになった．彼らは，異なる正方形に分割できる長方形を「完全」な長方形とよんだ．数年後には，2つ以上の正方形（必ずしも異なるものでなくてもよい）に分割できる長方形に対する専門用語「正方分割長方形」が導入された．

完全長方形の構成は，簡単にできることがわかった．まず長方形を長方形に分割した図を大まかに描く（図83）．この図を正方分割長方形のいいかげんな描画だと思って，小さい長方形が本当は正方形だと見なし，この仮定のもとで，正方形の相対的な大きさを初等的な代数で計算する．例えば，図83で，2つの隣接する小さい正方形の1辺の長さを x, y とおいてみよう．すると，この2つの正方形のすぐ下の正方形の辺の長さは $x+y$ であり，その結果，左隣の正方形の辺の長さは $x+2y$ となり，以下同様である．このようにして，図83の11個の正方形に書き込まれた式が得られる．この数式群によって，これらの正方形はピッタリと収まるが，線分ABの部分だけが例外である．しかしこのABも，x と y が等式

[*1] *Canterbury Puzzles.* H. E. Dudeney. Thomas Nelson and Sons, 1907. 3章の文献情報を参照のこと．

17 正方形の正方分割 223

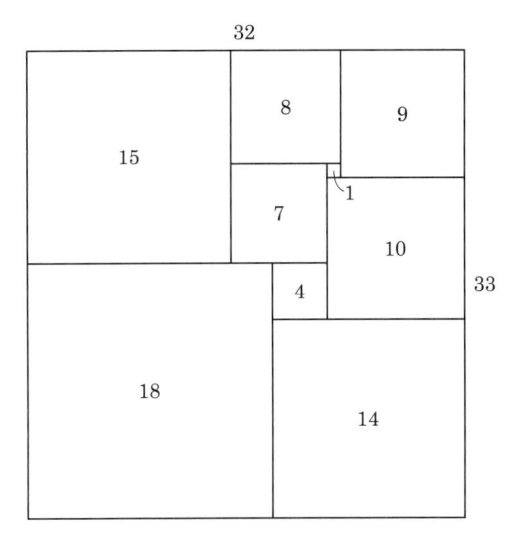

図 81

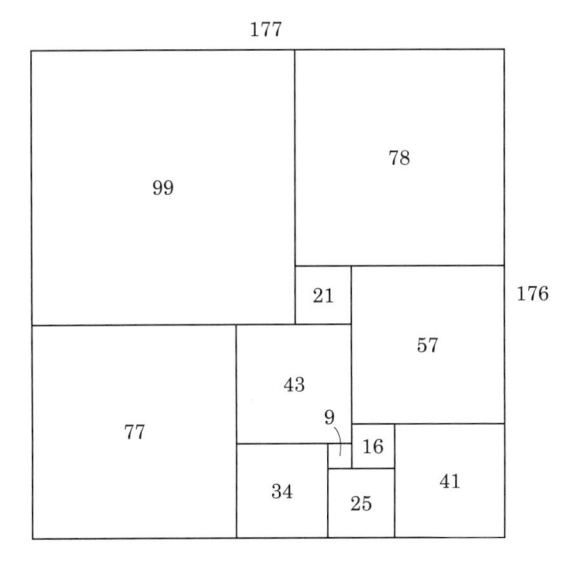

図 82

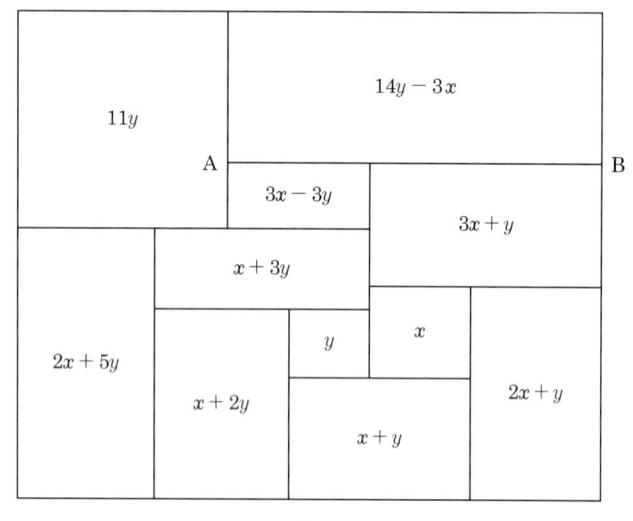

図 83

$(3x+y)+(3x-3y)=14y-3x$ を満たすようにすればよく，これを解くと $16y=9x$ を得る．したがって $x=16$, $y=9$ とすればよい．これで，ストーンが最初に見つけた図 82 の完全長方形が得られる．

　この方法で，小さな正方形の辺の長さが負の値になることがある．しかしその場合は，元々の分割図を少し変形すれば，負の正方形をいつでも正にできることがわかった．したがって，これは問題ではない．もっと込み入った分割図を使うと，3 つの正方形から始めなければならない場合があることも示された．その場合は 3 つの辺の長さを x, y, z とし，最終段階で 1 つではなく，2 つの等式からなる連立方程式を解くことになる．ときには，正方分割長方形が最終的に完全でないと示される場合もあり，そのときは，その分割は失敗に終わったと見なす．幸いなことに，それほど頻繁に失敗に終わるわけではない．私たちは，他の完全長方形を内部に含まない「単純」な完全長方形だけを記録することにした．例えば，図 81 の

完全長方形の上辺に1辺の長さ32の正方形を付け加えた長方形は完全だが，これは単純ではないため，私たちのカタログには載せない．

　研究の初期段階で，膨大な数の完全長方形が構成された．構成要素の正方形の数は9個から26個までだ．長方形の最終的な正方分割において，構成要素の各正方形の辺の長さは，公約数をもたない整数で表現できる．このようにして数多くの完全長方形を構成していけば，いずれは「完全正方形」を手に入れることができるかもしれないと，もちろん私たちの誰もが期待していた．しかし完全長方形のリストが長くなるにつれて，その希望も色褪せていった．それにつれて，長方形の生産量も減っていった．

　できあがったカタログを詳しく調べているうちに，私たちは，何かとても奇妙な現象が起きていることに気付いた．私たちが，得られた長方形を「位数」，つまりそれを構成する正方形の個数で分類していたときのことだ．同じ位数の中では，1辺の長さに特定の値が繰り返し現れる傾向があることに気付いたのだ．さらに，ある位数の長方形の半周長[*2]は，次の位数の1辺の長さとして，何度も繰り返し現れることが多いこともわかってきた．例えば，いまやわかっている完全なリストによると，位数10の単純完全長方形は6個あるが，そのうちの4個の半周長は209であり，そして位数11の単純完全長方形22個のうち，5個の1辺の長さはどれも209なのである．この「謎の繰り返し」の法則に関して，さんざん議論を尽くしたが，そのときは満足のいく説明は得られなかった．

　研究の次の段階では，私たちは実験をやめて，理論へ進むことを選んだ．まず，正方分割長方形を何種類かのダイアグラムで表現することを試みた．このうち，スミスが最後に導入したものは，本当に大きな一歩だった．他の3人の研究者はこれをスミス・ダイアグ

[*2]〔訳注〕周囲の長さの和の半分，つまりこの場合は縦の長さ＋横の長さ．

ラムとよんでいた．しかしスミスは，自分のダイアグラムは前にあったものをちょっと変更したにすぎないと言って，この名前をいやがった．それはともかく，スミスのダイアグラムは，私たちの問題を突然電気回路の理論の一部に移し替えてしまったのだ．

図 84 は，完全長方形と，それに対応するスミス・ダイアグラムである．長方形の描画における各水平線分は，スミス・ダイアグラムでは「端子」とよばれる点で表現される．スミス・ダイアグラムの端子は，長方形の中で対応する水平線を右側に延長した線上に描く．長方形の中のそれぞれの正方形要素は，上と下から 2 本の水平線で挟まれている．そこでダイアグラム中では，正方形を上下から挟んでいる水平線に対応する端子どうしをつなぐ「導線」とよばれる線分で，その正方形を表現する．ここで各導線を電流が流れる様子を想像してみよう．電流の量は，対応する正方形の 1 辺の長さと同じだとし，流れは上から下に向かうものとする．

長方形の上下の辺に対応する端子は，便宜上，それぞれ電気回

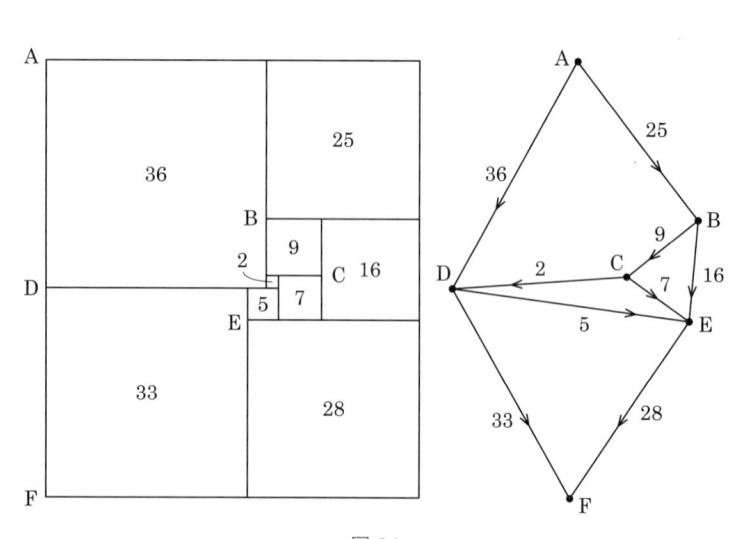

図 84

路の正極・負極とよぶことにする．

　各導線の抵抗をすべて同じ値にすると，上記のルールで割り当てた電流の量は，驚いたことにそっくりそのまま回路中の電流に関するキルヒホッフの法則に従う．キルヒホッフの第1法則は，正極・負極を除く，どの端子においても，電流の代数和は0になるというものだ．これは，与えられた水平線分に下側で接する正方形の辺の長さの和と，上側で接する正方形の辺の長さの和が一致するという事実と対応する．この場合もちろん，長方形を構成する水平線はこれに該当しない．第2法則は，回路中のどんな閉路でも，閉路全体の電流の代数和は0になるというものだ．これは，ダイアグラムで閉路を描いたとき，長方形の中での対応する高さの変化が全体として0になるということからわかる．

　回路全体に正極から流れ込む電流の総和，あるいは負極から流れ出す電流の総和は，長方形の水平方向の辺の長さに対応し，2つの極の間の電位差は垂直方向の辺の長さに対応する．

　私たちの問題をすでに確立された理論に結び付けるという意味で，この電気回路のアナロジーの発見は画期的だった．これで，電気回路の理論の結果を拝借して，一般的なスミス・ダイアグラムに流れる電流を求める式，すなわち，対応する正方形要素の辺の長さを求める式が得られた．この拝借によって得られた主要な結果は，次のようにまとめることができる．電気回路には，ネットワークの構造だけから計算できる数値があり，これはどの端子のペアを極として選ぶかには依存しない．私たちはこの数値をネットワークの「複雑さ」とよぶことにした．対応する長方形の水平方向の長さを，ネットワークの複雑さと一致するように選ぶと，各正方形要素の辺の長さはすべて整数になる．さらに，2つの極を同一視して得られるネットワークの複雑さは，長方形の垂直方向の長さと一致する．

　この単位系から得られる長方形やそれを埋める正方形要素の辺長は「充満」辺長，「充満」要素とよばれた．ときには，充満要素が，共通の因数を持つことがある．こうした場合，共通の因数で割れ

ば，「約分」した辺の長さや正方形の要素を得ることができる．私たちは約分後の辺の長さや要素をカタログに登録していたわけだ．

こうした結果を考え合わせると，極の選び方だけが違う，同じ構造を持つネットワークに対応する2つの正方分割長方形があれば，それらは水平方向の充満辺長が同じになるはずだ．また，2つの長方形がもつ2つのネットワークが，2つの極を同一視したときに同じ構造になるならば，この2つの長方形の垂直方向の辺の長さは同じだ．この2つの事実を使うと，私たちが遭遇した「謎の繰り返し」はすべて説明がついた．

スミス・ダイアグラムの発見のおかげで，単純正方分割長方形の生成と分類の手順が格段に単純化された．導線11本までの可能なすべての電気回路を列挙するのは簡単で，対応するすべての正方分割長方形も計算できた．位数9未満の完全長方形は存在せず，位数9のそれは2つ（図81, 84）しかないこともわかった．さらに位数10は6個，位数11は22個あった．そしてカタログは先に進み，もっと時間はかかったものの，位数12（単純完全長方形は67個であった）を過ぎ，位数13に突入した．

対称性の高いネットワークに対応する完全長方形を探求するのは，楽しい作業であった．例えば，立方体の角を端子，辺を導線と見なして定義されるネットワークといった具合だ．これ自体に対応する完全な長方形は構成できなかったが，1つの面の対角線に導線を追加して，平面的に描画すると，図85に示すスミス・ダイアグラムと，これに対応する図86の完全長方形が得られた．位数13の長方形の中では，これは約分後の正方形の辺の長さが極端に小さいという意味で，特に興味深い．充満要素に対する共通の因数は6である．ブルックスは，この長方形がとても気に入ったため，各ピースがその正方形要素となっているジグソーパズルを作成した．

ブルックスの母親が，この研究全体の鍵となる発見をしたのは，ちょうどまさに，この段階でのことだった．彼女はブルックスのパ

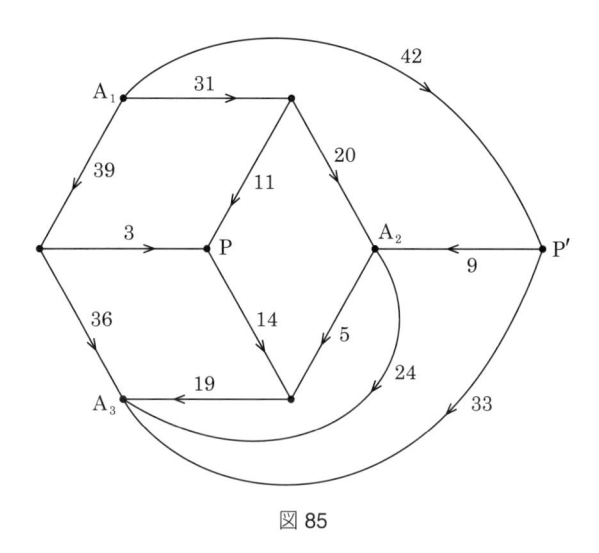

17 正方形の正方分割　229

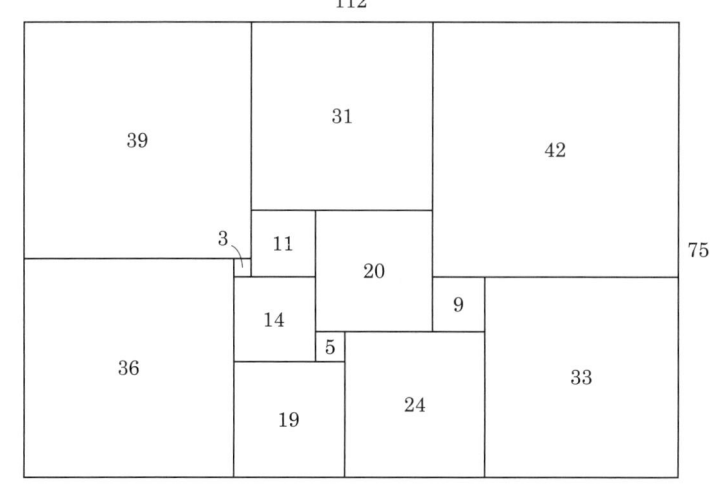

図 85

図 86

ズルで遊んでいて，ついにピースを集めて長方形を作ることに成功した．ところがこれは，ブルックスがもともと分割した正方分割長方形とは異なる分割だったのだ！　ブルックスは，ケンブリッジに取って返して，約分後の長方形の辺の長さも，正方形要素も，まったく同じであるような 2 つの異なる完全長方形があることを知らせた．これは，「謎の繰り返し」の逆襲である！　重要メンバーの緊急会議だ．

　私たちは，同じ形の異なる完全長方形が存在しないものかと考えたことがあった．同じ形の完全長方形で，約分後の正方形の要素が完全に異なるものが 2 つあったとすると，図 87 に示した構成方法で完全正方形が作れるのだ．この図中の斜線を引いた部分が 2 つの完全長方形だ．そこに図のように大きさの異なる正方形を 2 つ加えれば，大きな完全正方形のできあがりだ．しかし，それまでのカタログには同じ形のものが 2 つ登録された例はなく，私たちも，こうした珍品はどうもありえないのではなかろうかと思い始めていた．ブルックス夫人の発見した 2 つ目の長方形は，約分後の正方形の要素どうしに共通部分がない方が望ましいという意味からいうと，むしろ真逆の最悪のものではあるが，彼女の発見は私たちの希望を再

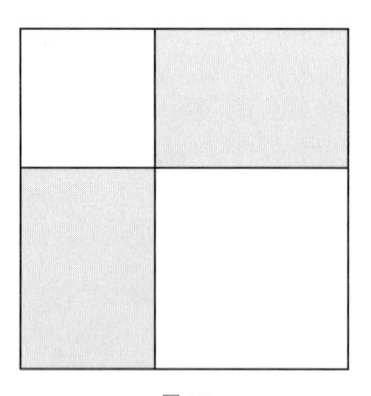

図 87

燃させてくれた.

　緊急会議は，相当に熱い議論で始まった．やがて重要メンバーたちは，2つの長方形のスミス・ダイアグラムを描くのに十分なくらいの冷静さを取り戻した．この2つの図の精査によって，じきに2つの間の関係が明らかになってきた.

　2つ目の長方形は図88に示したもので，スミス・ダイアグラムは図89である．図89のネットワークは，図85の端子PとP′を同一視して得られるものと同じであることは明白に見てとれる．図85で，PとP′がたまたま同じ電位であるため，この同一視によってそれぞれの導線を流れる電流はまったく変化せず，全体を流れる電流も変化せず，2つの極の間の電圧も変化しない．したがって，2つの長方形が同じ辺の長さと，同じ約分後の要素をもつということに，電気回路による単純な説明をつけることができた.

　しかし図85において，なぜPとP′は同じ電位を持つのだろうか．緊急会議が解散する前に，この問題に対する解答も得ることができた．これは，ネットワークが極A_1・極A_3と端子A_2だけでつながる3つの部分に分解できるという事実に基づいて説明できる．3つの部分のうちの1つ目は，A_2とA_3をつなぐ導線だけからなる．2つ目の部分はP′につながる3つの導線から，そして3つ目の部分は残りの9本の導線から構成される．このうち，3つ目の部分はPを回転中心とする3回回転対称性をもつ．しかもネットワーク中で，この部分に電流が出入りする点は，対称性のもとで同等なA_1, A_2, A_3だけである．この対称性から，A_1, A_2, A_3の電位差がどうであろうと，Pの電位はその平均値になることがわかる．ネットワークの2つ目の部分についても，同じ理由から，P′の電位はA_1, A_2, A_3の平均値となる．したがって，A_1, A_2, A_3の電位にかかわらず，PとP′は同じ電位になる．特に，ネットワーク全体のうちA_1とA_3が極に選ばれて，キルヒホッフの法則でA_2の電位が決まるときも，2点は同じ電位になる.

　次の進展は，たまたま私がもたらした．ちょうど，ブルックス夫

図 88

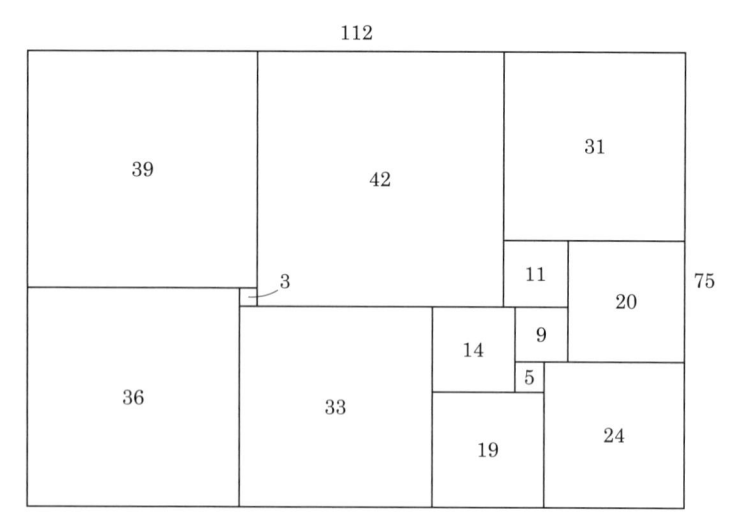

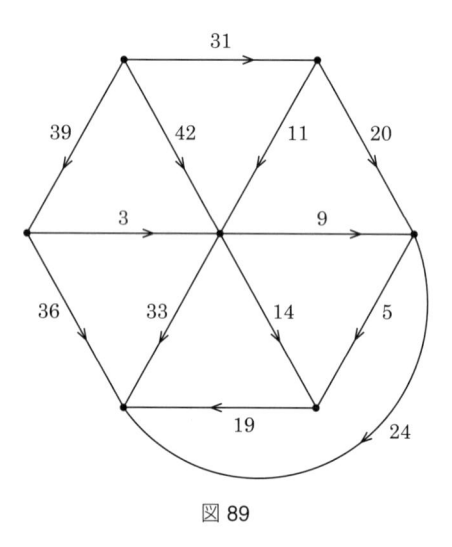

図 89

人の発見を，ネットワークの対称性の単純な性質を使って完全に説明できた後のことだ．私は，この性質を使えば，同じ約分後の要素をもつ完全長方形のペアの例を他にも作れるのではないかという気がした．このアイデアが完全正方形という最終目的の構成にとって，役に立つのか，はたまた不可能性を証明することになるのか，そのあたりについては何も説明できなかったが．ともあれ，新しいアイデアというものは，見限る前に，その可能性を徹底的に調べてみるべきだろうと思ったわけだ．

まず試してみるべきことは，図 85 のネットワークの 3 つ目の部分を，中心の端子に関して 3 回回転対称性を持つ別のネットワークで置き換えてみることだ．しかしこれは，非常に厳しい制限のもとで行なう必要がある．そこから説明しよう．

そもそも，正方分割長方形のスミス・ダイアグラムは平面的，つまりいつでも導線を交差させずに平面上に描画できるということが証明できる．さらにこのとき，どの閉路も 2 つの極を分離しないように描画することができる．逆に，もしある抵抗値をもつ電気回路をこの条件を満たすように平面上に描けるなら，それは，なんらかの正方分割長方形を表すスミス・ダイアグラムであるという定理も示されている．この定理の証明を長々と書いて本書のスペースを無駄にするのはやめておこう．しかもそれは，歴史的にも正確ではない．4 人の研究者はちゃんとした証明ができる前の段階で，論文の出版の準備に取り掛かっていた．

数学研究の過程において，このように厳密性を軽視するのは大抵の場合賢明ではない．例えば 4 色定理の証明を狙う研究であれば，こうした態度は，実際しばしば見られたように，かなり悲惨な結果に終わる．しかし私たちの研究の主な部分は実験結果であり，それは完全長方形の実物たちであった．つまり私たちの方法は，理論的な面で完璧なものとは言えなかったにしても，とりあえずは，その方法で生成された長方形で正当化されるものであった．

ともあれ，図 85 に戻り，P を中心とする対称性のある新しい

ネットワークで3つ目の部分を置き換えよう．この置き換えで得られるネットワークは，単に平面的であるだけではなく，PとP'を同一視した結果も平面的でなければならない．

いくらかの試行錯誤の後，私はこの条件を満たす，よく似た2つのネットワークを見つけた．対応するスミス・ダイアグラムを図90と図91に示す．期待どおり，どちらのダイアグラムもPとP'を同一視することができ，それぞれが約分後も同じ要素をもつ2つの正方分割長方形を与えてくれた．しかし，4つの長方形すべてが約分後の辺の長さも同じであったのは，予想だにしていないことであった．

この新しい発見のポイントは，図90と図91に対応する長方形が，約分後の要素がすべて同じというわけではないにもかかわらず，全体としては同じ形をしている，ということである．この結果に対する単純な理論的な説明は，じきに得られた．この2つのネットワークは，極の選択を別とすれば同じ構造をしており，そのため長方形の水平方向の辺の長さは同じになる．さらに，極を同一視したときもネットワークはやはり同じ形をしているので，2つの長方形の垂直方向の辺の長さも同じになる．しかし，この解釈は，回転対称性についてまったく考えていないので，現象を十分な深さまで掘り下げたという感じのしないものであった．

最終的に私たちは，この新しい現象を「ロータ・ステータ」[*3] 同値性とよんで研究する合意を固めた．これは，以下の性質をもつ2つの部分「ロータ」と「ステータ」に分解できるネットワークに関するものである．まずロータは回転対称性を持ち，ロータとステータが共有する端子はすべてロータの対称性のもとで同値である．またどちらの極もステータの端子でなければならない．例えば図90では，P'をA_1とA_2とA_3につないでいる3本の導線と，A_2と

[*3] 〔訳注〕どちらもモーターの部品の名前．コイルが巻いてあり内部で回転する部品がロータで，外側の回転しない部品がステータ．日本語では回転子，固定子とも言う．

17 正方形の正方分割 235

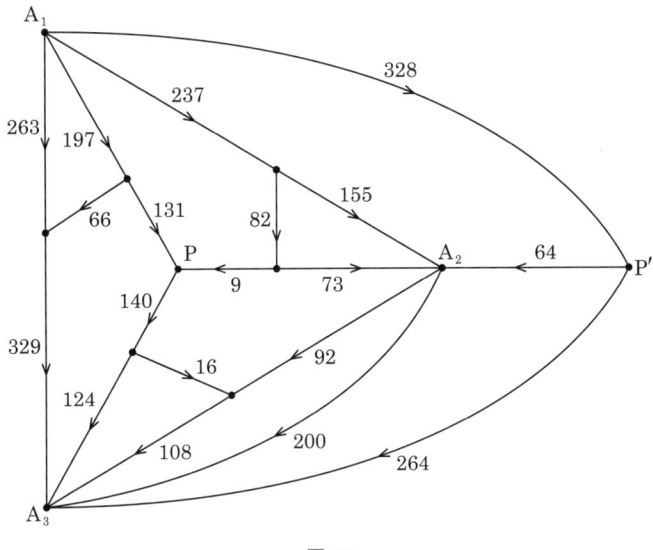

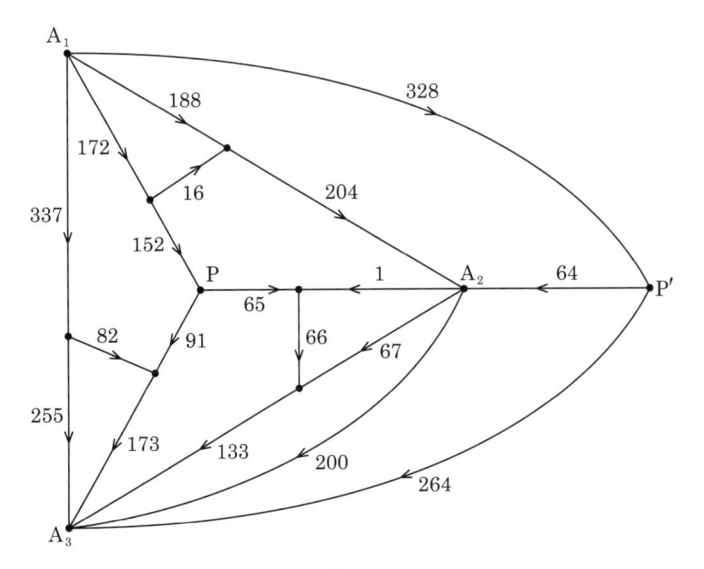

図 90

図 91

A_3 をつなぐ導線がステータを構成している．このとき，ロータの「裏返し」とよばれる操作で 2 つ目のネットワークが得られる．この操作は，きちんと描かれた図では，ロータを中心線に沿って裏返すという形で表現できる．図 90 から始めると，ロータを線分 PA_3 に沿って裏返して，図 91 のネットワークが得られるというわけだ．

いくつかの例についてロータ・ステータ同値性を研究した後，私たちは，ロータを裏返しても長方形全体の大きさは変わらず，ステータの導線を流れる電流も変わらないということを確信した．しかしロータの中の電流は変わるかもしれない．こうした結果に対する満足のいく証明は，後々の研究段階にいたるまで得られなかった．

結局，ロータ・ステータ同値性は，ブルックス夫人が発見した現象とそれほど深い関連を持つわけではなかった．これは，部分的に回転対称性を持つネットワークに関する別の現象にすぎない．ブルックス夫人の発見の意義は，それが私たちをこうしたネットワークの研究に誘ってくれたことだ．

ここで，非常に興味深い疑問が浮かんできた．ロータ・ステータのペアから作られる 2 つの完全長方形に共通する要素の個数は，最小でどのくらいだろう．図 90 と図 91 に共通する要素は 7 個[*4]で，そのうち 3 つはロータの中の電流に対応する．同じロータにステータとして 1 本の導線 A_2A_3 だけをつけたものは，共通の要素を 4 つ持つ位数 16 の完全長方形を 2 つ与える．ここで 1 本の導線だけをステータとして使うのなら，理論的には，その導線に対応する値を唯一の共通の要素とするような，2 つの完全長方形が得られても不思議ではない．もしそれが実現可能なら，そこからすぐに完全正方形が得られる可能性がある．私たちが研究してきた 3 回回転対称ロータでは，導線 1 本のステータはいつでも対応する長方形の角の要素に対応していた．もし角の要素だけが共通の 2 つの完全長方形が得られれば，図 92 に描いた構成方法で，完全正方形が作れそう

[*4] 〔訳注〕具体的には 16, 64, 66, 82, 200, 264, 328.

17 正方形の正方分割 237

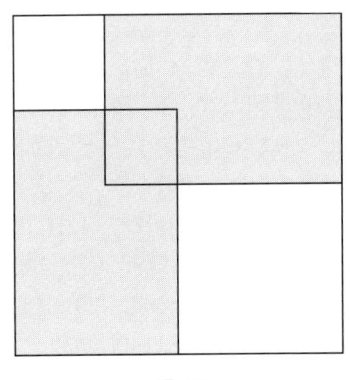

図 92

だ．図中，影のついた領域が2つの長方形を表している．重なり部分の正方形は，角の共通の要素である．

　早速ロータ・ステータのペアに対する計算に取り掛かるのは，当然の成行きだろう．私たちは，ロータをできるだけ単純なものにして，面倒な計算を減らし，なるべく少ない要素数の完全正方形を得られるようにしようと努力した．しかし，ロータの共通の要素がうまくいかないという失敗を散々繰り返し，だんだんと志気が下がってきた．まだ探求していない，なんらかの理論的な障壁でもあるのだろうか？

　仲間内に，私たちのロータは単純すぎるのではないかと思う者が出始めた．もっと複雑な方が，むしろ良いのかもしれない．複雑さがそれぞれの数をより大きくして，その結果，数どうしが一致するという偶然が起きにくくなるかもしれないではないか．そこでスミスとストーンは，机に向かって，込み入ったロータ・ステータのペアについての計算に取り掛かることになり，ブルックスは，大学の別の場所でひっそりと違う場合を研究することにした．数時間後，スミスとストーンは，ブルックスの部屋に飛び込んで「ついに完全正方形ができたぞ！」と叫んだ．それに対してブルックスは「こっ

ちもだ！」と返した．

このときの正方形は，どちらも位数が 69 であった．しかしブルックスはさらにより単純なロータで調査を続けて，位数が 39 の完全正方形を得た．これに対応するロータを図 93 に示す．この完全正方形を簡潔に表現すると，次のようになる．

[2378, 1163, 1098], [65, 1033], [737, 491], [249, 242], [7, 235],
[478, 259], [256], [324, 944], [219, 296], [1030, 829, 519, 697],
[620], [341, 178], [163, 712, 1564], [201, 440, 157, 31],
[126, 409], [283], [1231], [992, 140], [852]

この記述方式では，それぞれの角カッコは，完全正方形の分割パターンの水平線分の 1 つを表現している．水平線分群は上から順に並んでいて，最下辺は記されていない．角カッコの中に並んだ数は，対応する線分上に上辺が並んでいる正方形の辺の長さを表している．並び順は左から右だ．完全正方形の約分後の辺の長さは，最初の角カッコの中の数の合計，つまり 4639 である．

ここで使った記述方法は，C・J・バウカンプによる．この記法を使って，彼は位数 13 までの単純正方分割長方形のリストを公開し

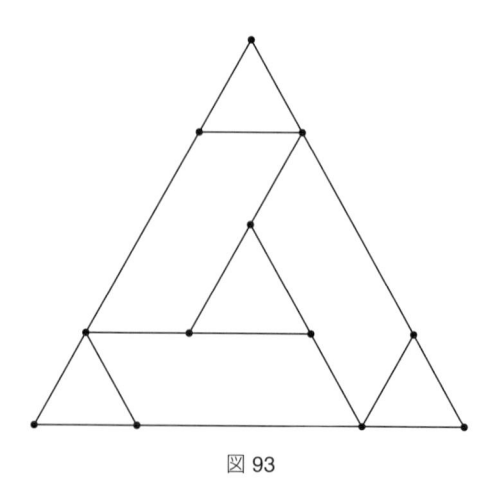

図 93

ている．

　これで，特別チームがどのように完全正方形の問題を解いたかというお話は，実質的には終わりだ．しかし私たちは，その後もこの問題に引き続き取り組んだ．それには理由がある．ロータ・ステータ方式で得られた完全正方形はどれも，ある性質を持っていて，私たちはそれを欠点だと思っていた．まず，どれを見ても，内部に小さい完全長方形を含んでいた．つまり，これは単純ではない．また，どれも必ず，4つの正方形要素が集まっている点，つまり「十文字」を含んでいた．さらに，正方形の要素の中には，全体の正方形の対角線によって奇麗に2等分されて，しかも全体の正方形の角の部分ではないものが存在した．その後，ロータのもっと進んだ理論を使って，最初の2つの欠点を持たない完全正方形を得ることができた．さらに数年後，まったく異なる種類の対称性に基づいた方法で，私はこれら3種類の欠点をまったく持たない位数69の完全正方形を構成した．この結果に関して興味のある読者は，私たちが書いた学術論文[*5]を参照してもらいたい．

　完全正方形の歴史については，あと3つほど言及すべきエピソードがあるが，どれも，これまでのものほどは面白くないかもしれない．まず，私たちは位数13の単純完全長方形のリストを更新し続けていた．そしてある日，このうちの2つの長方形が同じ形で，しかも共通の要素がまったくないことに気付いた．ここから，図87に示した構成方法で，位数28の完全正方形が得られた．その後，私たちはさらに，ある位数13の完全長方形に，別の位数12の完全長方形と，さらにもう1つ正方形を組み合わせて，位数26の完全正方形を構成した．完全正方形の良さを位数の小ささで測るなら，完全長方形のカタログを充実させるという実験に基づく方法が，私たちの美しい理論的な方法よりも優れていると分かったこと

[*5] "A Simple Perfect Square."〔文献欄参照〕

になる．

　他の研究者たちも実験による方法を用いて，目覚しい成果を出している．ベルリンのR・スプラグは，数多くの完全長方形を極めて巧妙に敷き詰めて，位数 55 の完全正方形を作り出した．これは，出版された完全正方形としては初めて（1939 年）のものである．単純なものや完全なものに拘らない正方分割長方形のカタログを作っていたブリストルのT・H・ウィルコックスは近年，位数 24 の完全正方形を得た（図 94）．これを前出の記法で書くと，次のようになる：

　　　[55, 39, 81], [16, 9, 14], [4, 5], [3, 1], [20], [56, 18], [38],

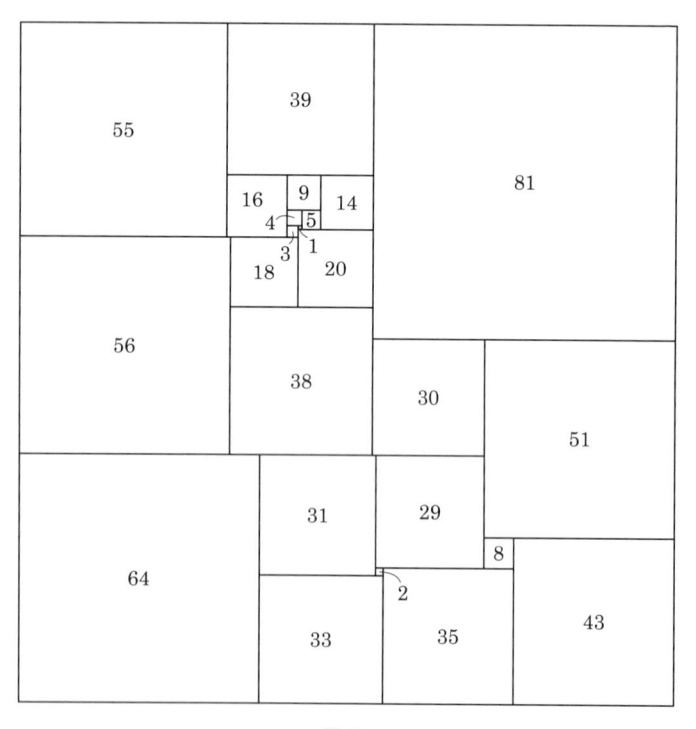

図 94

[30, 51], [64, 31, 29], [8, 43], [2, 35], [33].
この完全正方形は，いまなお位数の最小記録である[*6].

　理論的な方法と違って，実験に基づく方法では，これまでのところ単純完全正方形は1つも得られていない．

　自分でも完全長方形に対してなんらかの貢献をしてみたくなった読者のために，未解決問題を2つ紹介しよう．1つ目は，完全正方形を作ることができる位数の最小値を決定することだ．2つ目は，単純完全長方形で，水平方向の辺の長さが垂直方向の辺の長さの2倍になるものを見つけることだ．

——W・T・タット

[*6] 〔訳注〕付記にもあるとおり，最小値は 21 であることがわかっている．

追記	1960年，C・J・バウカンプは，位数15までのすべての単純正方分割長方形（つまり，より小さい正方分割長方形を内部に含まない正方分割長方形）のカタログを出版した．コンピュータ（IBM-650）の助けを借りて，彼と彼の同僚たちは次の結果を得た．

長方形の位数	9	10	11	12	13	14	15
不完全長方形	1	0	0	9	34	104	283
完全長方形	2	6	22	67	213	744	2609

不完全な単純正方分割長方形とは，同じ大きさの正方形を2つ以上含んでいるものである．完全なものは，正方形の大きさがすべて異なっている．位数15までの単純正方分割長方形の個数の合計は4094個である．位数10や11の単純正方分割長方形に，不完全なものが存在しないという事実は興味深い．位数9の唯一の不完全な長方形は以下のように記述できる：[6, 4, 5], [3, 1], [6], [5, 1], [4]．これは美しい対称性をもち，子供向けの敷き詰めパズルとして，すばらしい．

サム・ロイドやH・E・デュードニーのパズル本には，いくつかの正方分割長方形が載っているが，どれも単純でもなければ，完全でもない．完全だが単純ではない位数26の正方分割正方形がヒューゴ・ステインハウスの本[*7]と，モリス・クライチックの本[*8]に載っている．私の知る限りでは，正方分割長方形が敷き詰めパズルとして発売されたことはない．読者の1人であるカリフォルニア州アーリントンのウィリアム・C・スピンドラーは，19個のコンクリート製の正方形ブロックを，幅2インチの赤いセコイア材で区切って敷き詰めた，自作の見事な長方形パティオの写真を送ってくれた．

単純で完全な正方形で，出版されている最小のものは，R・L・

[*7] *Mathematical Snapshots*. Hugo Steinhaus. G. F. Stechert & Co., 1938. （Dover社からの第3版が2011年に出ている．）〔邦訳：『数学スナップ・ショット』H・ステインハウス著，遠山啓訳．紀伊國屋書店，1976年．〕

[*8] *Mathematical Recreations*. Maurice Kraitchik. W W Norton & Co., 1942. 〔邦訳：『100万人のパズル（上・下）』モリス・クライチック著，金沢養訳．白揚社，1968年．〕

ブルックスが発見した，位数が 38 で 1 辺の長さが 4920 の正方形である．1959 年には，これはイギリスのブリストルの T・H・ウィルコックスによる，位数 37 で 1 辺の長さが 1947 の正方形によって改善された．立方体を，大きさがすべて異なる有限個の小さな立方体に分割することは可能だろうか．「重要メンバー」は，それは不可能であることの美しい証明を与えた．これは文献リストの 2 つ目の論文に載っている．証明は次のとおり．

あなたの目の前のテーブルに，複数の立方体に分割された立方体が乗っているところを想像してもらいたい．複数の立方体の中には同じ大きさの物は 2 つとしてない．全体の立方体の底面は，もちろん正方分割正方形である．分割された正方形の中には，最小の正方形が存在する．この最小正方形が，立方体の底面である，全体の正方形の辺に接していないことはすぐにわかる．したがって，テーブルの上に直接乗っている立方体の中で最も小さいもの（これを立方体 A とよぼう）は，四方を他の立方体に囲まれている．立方体 A を取り囲んでいる立方体の中に，A よりも小さいものは存在しないので，A の上には壁に囲まれた空間がある．したがって立方体 A の上には，さらに小さい立方体たちが乗っているはずだ．この小さい立方体群は，立方体 A の上の面の正方分割正方形を形成しているはずである．この正方分割正方形の中には，最小の正方形があり，立方体 A の上に直接乗っている最小の立方体（これを立方体を B とよぼう）の面である．

同様の議論により，立方体 B に直接乗っている最小の立方体 C が存在する．以下これを繰り返せば，いくらでも小さい立方体に果てしなく進んでいくことになる．これは，スウィフト司祭のおなじみの蚤の話[*9]と同様，無限に

[*9]〔訳注〕スウィフト司祭とは『ガリバー旅行記』の著者ジョナサン・スウィフトのことで，同書に出てくる寓話を指す．日本で言えば親亀の上に子亀，子亀の上に孫亀といったところか．

続いてしまう．したがって，1つの立方体を，すべて大きさが異なる有限個の立方体に分割することはできない．

4次元立方体は，その「面」が立方体である．もし仮に4次元立方体が4次元立方体分割できるなら，その面は立方体分割された立方体であり，それは不可能である．したがって4次元立方体は4次元立方体分割できない．同様の理由で，5次元立方体も大きさの異なる小さい5次元立方体に分割できず，さらに高次元の立方体についても同じである．

位数無限大の完全正方分割長方形の例が8章の図47にある．

付記
(2008)

正方分割正方形に関する最も重大な新しい結果は，単純完全正方分割正方形の位数の最小値が明らかになったことだ．それは21である．これは論文[*10]と，本全集第14巻の11章に掲載されている．

辺の比が 2：1 の単純完全長方形を見つけるという問題に対する最初の解答は，R・L・ブルックスが与えた[*11]．その論文の正方形の数は，なんと1323個だ！ 同じ号にはP・J・フェデリコの位数 23, 24, 25 の例も載っている．フェデリコによる，このテーマに関する非常に優れた解説論文が書かれた文献[*12]もあり，そこには73編もの参考文献が挙げられている．

クリフォード・ピックオーバーは著書[*13]の中で，5個の異なる正方形がメビウスの帯状の長方形を形成すること，その一方で円筒状の長方形を形成するには9個必要になってしまうこ

[*10] "Simple Perfect Squared Square of Lowest Order." A. J. W. Duijvestijn in *The Journal of Combinatorial Theory*, Series B, Vol. 25 (1978): 240-243.

[*11] "A procedure for dissecting a rectangle into squares, and an example for the rectangle whose sides are in the ratio 2：1." R. L. Brooks in *The Journal of Combinatorial Theory* 8 (1970): 232-243.

[*12] "Squaring Rectangles and Squares." P. J. Federico in *Graph Theory and Related Topics*, eds. J. A. Bondy and V. K. Murty, Academic Press, 1979.

[*13] *The Möbius Strip*. Clifford Pickover. Avalon, 2006. 〔邦訳：『メビウスの帯』クリフォード・A・ピックオーバー著，吉田三知世訳．日経BP社，2007年．〕

とを示した．彼によれば，クラインの壺や射影平面における同様の結果は知られていないようだ．

文献

"Beispiel Einer Zerlegung des Quadrats in Lauter Verschiedene Quadrate." R. Sprague in *Mathematische Zeitschrift* 45 (1939): 607-608.

"The Dissection of Rectangles into Squares." R. L. Brooks, C. A. B. Smith, A. H. Stone, and W. T. Tutte in *Duke Mathematical Journal* 7 (1940): 312-340.

"Question E401 and Solution." A. H. Stone in *American Mathematical Monthly* 47 (1940): 570-572.

"On the Dissection of Rectangles into Squares (I–III)." C. J. Bouwkamp in *Koninklijke Nederlandsche Akademie van Wetenschappen, Proceedings* 49 (1946): 1,176-1,188 and 50 (1947): 58-78.

"On the Construction of Simple Perfect Squared Squares." C. J. Bouwkamp in *Koninklijke Nederlandsche Akademie van Wetenschappen, Proceedings* 50 (1947): 1,296-1,299.

"A Simple Perfect Square." R. L. Brooks, C. A. B. Smith, A. H. Stone and W. T. Tutte in *Koninklijke Nederlandsche Akademie van Wetenschappen, Proceedings* 50 (1947): 1,300-1,301.

"The Dissection of Equilateral Triangles into Equilateral Triangles." W. T. Tutte in the *Proceedings of the Cambridge Philosophical Society* 44 (1948): 464-482.

"A Class of Self-Dual Maps." C. A. B. Smith and W. T. Tutte in *Canadian Journal of Mathematics* 2 (1950): 179-196.

"Squaring the Square." W. T. Tutte in *Canadian Journal of Mathematics* 2 (1950): 197-209.

"A Note on Some Perfect Squared Squares." T. H. Willcocks in *Canadian Journal of Mathematics* 3 (1951): 304-308.

Catalog of Simple Squared Rectangles of Orders Nine Through Fourteen and Their Elements. C. J. Bouwkamp, A. J. W. Duijvestijn, and P. Medema. Department of Mathematics, Technische Hogeschool, Eindhoven, Netherlands, 1960.

18

メカニカルパズル

　メカニカルパズルとは，紙と鉛筆で解く各種のパズルと違って，手で操作できる，何らかの専用の器具が必要とされるパズルのことだ．こうしたパズルの器具は，ときには数片の厚紙のピースにすぎないこともあれば，そこらの日曜大工レベルでは到底複製できないくらい精巧に作り込まれた木や金属の工作物のこともある．おもちゃ屋などで売られているメカニカルパズルは，ときには数学的な視点から極めて興味深いため，レクリエーション数学の徒の収集の対象になることがある．私が知る最大のコレクションの持ち主は，ニューヨーク州ニューロシェル在住の防火技術者だったレスター・A・グライムズである（図 95）．（総数では少し劣るが，19 世紀のパズルと古い中国のパズルではこれを上回るコレクションの持ち主がオンタリオ州ベルヴィルのトーマス・ランソンだ．）グライムズのコレクションは，ざっと 2000 種ものさまざまなパズルからなり，その多くは非常に珍しいものだ．本章を書くにあたっては，彼のコレクションに大いに世話になった．

　パズルの一種であるタングラムは 19 世紀初期の中国に起源をもち，中国では七巧とよばれている[*1]．このパズルの流行は，東洋の国々だけでなく，西洋にまですぐに広がった．かのナポレオンも流

---

*1　〔訳注〕七巧図，七巧板ともよばれている．

図95 ニューヨーク州ニューロシェルのレスター・A・グライムズと彼の2000個のメカニカルパズル．（写真はジェリー・スローカム，The Slocum Puzzle Foundation 提供）

刑の無聊をこれでなぐさめたといわれ，そのタングラムは現在パリの博物館に収蔵されている．タングラムという名前は，おそらくアメリカかイギリスの無名のおもちゃメーカーがつけたものだろう．これまでタングラムに関しては多くの本が出版されているが，サム・ロイドによる小冊子では歴史が誇張されていて，何千年も前のものであるという，まことしやかな伝説が書かれている．

いつの時代にもタングラムのようなシルエットパズルは生まれては消えていった（古代ギリシャやローマの時代には，長方形を14片に分割したアルキメデス作と称される[*2]パズルが遊ばれていたようだ）が，タングラムは，その中を生き延びてきた．その理由を理解するには，丈夫

[*2]〔訳注〕正確には，アルキメデスが当時あったパズルを手稿のなかで紹介しているもので，アルキメデスの考案ではないとする説が有力．

な厚紙の正方形から「タン」のセットを切り出して，いくつかのタングラムのパズルを解いて自分の力量を測ってみたり，さらには自分で新しい図案を考えてみたりすれば十分だろう．図 96 に，正方形から切り出すための線を示す．平行 4 辺形のピースは表裏とも黒く塗っておいて，必要に応じて裏返して使えるようにしておくとよい．どの図案も，7 枚のタンをすべて使わなければならない．幾何的な図案だけは，解くのに多少苦労するかもしれない．絵画的な図案を含めたのは，優美な印象も与えられることを示すためである．

この手の単純なシルエットパズルは，ときには，そう簡単には解けない数学的な問題をよび起こすことがある．例えば，7 枚のタンを使って作ることのできる異なる凸多角形（180 度を超える内角が存在しない多角形）を，すべて見つけたいとしよう．あなたが仮に膨大な試行錯誤の果てにすべてを見つけたとしても，それが本当に可能なすべてであることを証明するには，いったいどうしたらよいだろう．中国の国立浙江大学の 2 人の数学者は，まさにこの問題に関する論文を 1942 年に出版した[*3]．彼らの解法は非常に巧妙だ．大きい 5 枚のタンは，どれも 2 つの小さいタンと合同な直角 2 等辺 3 角形に分割できるので，7 枚のタンをすべて集めた形は，16 枚の合同な直角 2 等辺 3 角形から作ることができる．巧みな議論を積み重ねることで，2 人の中国人数学者は，16 枚のこうした 3 角形から作ることのできる凸多角形は，（回転や裏返しで同じ形になるものを除いて）20 種類であることを突き止めた．この 20 種類の多角形のうち，ちょうど 13 種類だけがタングラムで作れることを証明するのは，それほど難しくはない．

13 種類の凸タングラム図形のうち，1 つは 3 角形で，6 つは 4 角形である．そして 2 つは 5 角形で 4 つは 6 角形である．唯一の 3 角形と 3 つの 4 角形は，図 96 に描かれている．残りの 9 種類を見つけるのは，決して容易ではなく，楽しいパズルである．どれも解は

[*3] "A Theorem on the Tangram." Fu Traing Wang and Chuan-Chih Hsiung in *The American Mathematical Monthly* 49: 9 (1942): 596-599.

18 メカニカルパズル 249

図 96 中国のタングラム（左上）と，7枚のタンで作れるいくつかの図案．

2通り以上あるが，6角形の1つは他の12の図形と較べると，格段に難しい．

〔解答 p. 254〕

もう1つ，その起源を何世紀も前にまで遡ることができるよく普及したメカニカルパズルは，決められた規則にしたがって，コインやペグをボード上であちこち動かして，与えられた配置に移動させるものだ．ビクトリア朝のイギリスで広く売られていた，この手のパズルの傑作の1つを図97に示す．このパズルの目的は，黒いペグと白いペグを最少手数で入れ換えることだ．この場合のペグを動かす「1手」とは，（1）隣の空いたマスに移動するか，（2）隣のペグを飛び越えて，そのまた隣の空いたマスに移動するかのどちらかである．ペグを飛び越すとき，隣のペグの色は同じでも違っていてもかまわない．すべての移動はチェスのルーク（将棋の飛車）と同様で，対角線方向の斜めに動かしてはならない．52手の解答を与えているパズルの本が多いが，イギリスのパズルの達人ヘンリー・アーネスト・デュードニーは，46手のエレガントな解答を見つけた．図のペグが描かれたところに小さなコインを置けば，あなたもパズルで遊ぶことができる．解答の記録の助けとなるよう，各マスに番号をつけておいた．

〔解答 p. 254〕

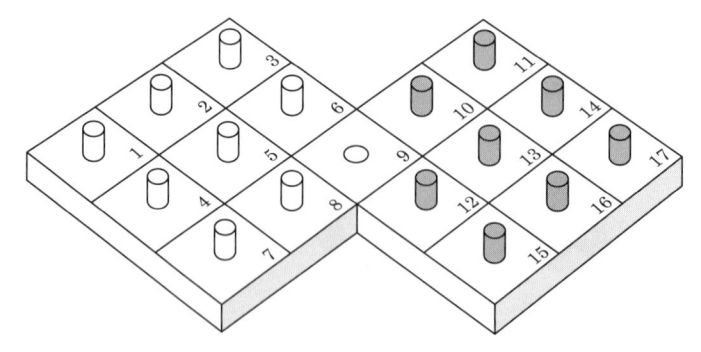

図97　黒いペグと白いペグを入れ換えるのに必要な最少手数は？

これら2つのパズルを特に取り上げたのは，読者がさして労せずに自作できるからである．グライムズのパズルコレクションには，簡単には自作できないものが多い．それらは手にとって鑑賞してもらうほかないようなものなので，ここでは大雑把な紹介だけでよしとせざるをえない．隠された方法を見つけ出さなければ開けられないパズルボックス，財布，各種容器／バラバラにすることを目的とする，奇妙な形のワイヤの知恵の輪／互いに絡み合った複数の部品からなる，銀のブレスレットや指輪／物体に絡んだ紐を切ったり解いたりせずに外すパズル／透明ケースに入っていて，回転させたり振ったりして望みの場所に中のものを移動する器用さを求めるパズル／棒から輪を外すパズル／卵を立たせるパズル／3次元迷路／木の部品が絡み合った中国のパズル／駒を動かしたり，ブロックをスライドさせたりするパズル／何百もの分類不可能な興味深いパズル．これらの考案者は誰だろう．こうしたパズルの起源を追いかけようとしても無理であろう．そもそも，どこの国で生まれたのかすらわからないパズルが数多くある．

　幸運な例外もある．グライムズのコレクションの一角は，バージニア州ファームヴィルの引退した獣医であるL・D・ホイッティカーが考案・製作した200余りの優れたパズルで占められている．こうしたパズルは，良質な木で美しく仕上げられていて（ホイッティカーは地下の作業場でこれらを作った），極めて複雑で悪魔的に巧妙なものが多い．典型的なパズルの一例は，天板に穴の空いた箱で，そこに鋼のボールを落とすものだ．パズルの目的は，箱の横に空いた穴からボールを取り出すことだ．箱をどのように操作しても良いが，もちろん箱を壊したり分解してはいけない．内部に隠された通路にボールを転がすためには，単に箱を揺すったりするだけではうまくいかない．まず正しい方法で箱を叩いて，内部の障害物をどけなくてはならない．別の障害を，磁石を使ったり小さな穴に息を吹き込んだりして持ち上げなくてはならないこともある．さらに内部に置かれた磁石が，ボールを捕まえて動けなくする．しかもそのことに

気がつかないように，ダミーのボールが入っていて中で転がる音が聞こえるようになっている始末だ．箱の外側には，さまざまなタイプのハンドルやレバー，押し込むためのピンなどがついている．この中には，ボールを箱の中でしかるべき場所に動かすために操作しなければならないものもあれば，単に混乱させるためだけについているものもある．目立たないところにある穴には，しかるべきタイミングでピンを差し込む必要があるかもしれない．

グライムズとホイッティカーの間では，数年間，定期的に新しいパズルをグライムズが受け取るという申し合わせがあった．彼が1か月以内に解けば，それをタダでもらえたが，そうでなければ代金を払って買わなければならなかった．ときには，別途の賭け金が大胆に設けられることもあった．あるときグライムズは，ほとんど1年近くかけてホイッティカーのパズルを壊さずに挑戦し続けた．彼は小さな方位磁針を使って，中に隠された磁石の位置を調べた．また曲げた針金を使って，探れるところはすべて注意深く探った．ボトルネックになっていたのは，押し込まなければならないピンで

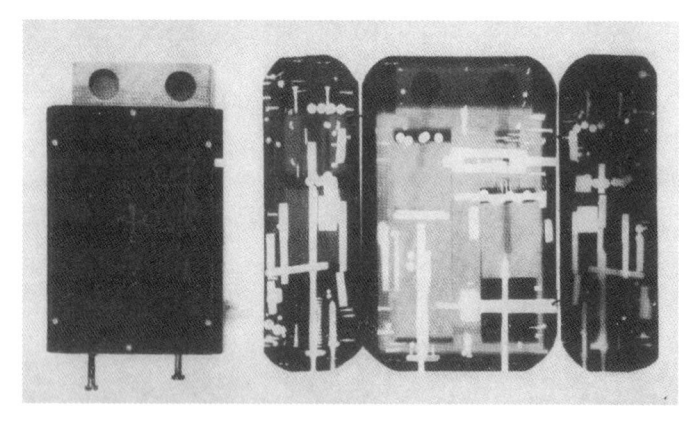

図 98 グライムズは，パズル（左）を解いて入手するために，X線で撮影しなければならなかった（右）．

あったが，どうも内部で鋼のボールがいくつか，そのピンを邪魔しているらしかった．グライムズは，こうしたボールを経路からどけなければならないということまでは正しく推理したのだが，それを実行するための企ては，ことごとく失敗した．ついに彼は，このパズルを X 線撮影して解いた (図 98)．この撮影により，4 つのボールを転がしこむ 1 つの大きな穴と，5 つ目のボールを落としこむ小さな穴があることがわかった．5 つのボールが塞いでいた道が開くと，ピンは動いた．

　そこさえ過ぎれば，このパズルの残りはそれほど難しくはなかった．ただし手が 3 本必要なところがあった．左右の手でしかるべきところを押さえ付けておいて，強いスプリングがついた別のピンを引き出さなければならないのだ．グライムズは，ヒモの一端をピンに結んで，他方を足にくくりつけて，ついにこれを攻略した！

| **解答** | ● 13 個の可能な凸タングラム図形の中で，最も難しいタングラム 6 角形を図 **99** に示す．この解は，グレーの部分を裏返せることを除けば，これ以外の並べ方はない．

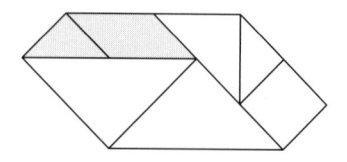

図 99　難しい多角形．

● ペグジャンプのパズルは，次のように動かせば 46 手で入れ換えができる：10, 8, 7, 9, 12, 6, 3, 9, 15, 16, 10, 8, 9, 11, 14, 12, 6, 5, 8, 2, 1, 7, 9, 11, 17, 16, 10, 13, 12, 6, 4, 7, 9, 10, 8, 2, 3, 9, 15, 12, 6, 9, 11, 10, 8, 9．ちょうど中間地点で，白黒のペグが盤面上で対称なパターンを作る．その後の動きは，前半分の動きを逆回しにしたものだ．

多くの読者がこれ以外の 46 手のエレガントな解答を寄越してくれた．ニューヨーク州スケネクタディのジェイムズ・R・ローソン (14 歳) は，本質的に異なる 46 手の解答を 48 通りも見つけてくれた．

| **付記**
(2008) | 私の知る限りでは，雑誌『ホビー』に私が書いた短い記事[*4]がメカニカルパズルのコレクションについての初めての出版物である．私がそれを書いたときは，まだ 20 歳で，私はコレクションを少ししか持っていなかったし，それも後年，シカゴ大学のビジネススクールの教授で，有名なシャーロック・ホームズ研究家であるジェイ・フィンリー・クライストにあげてしまった．クライストは私よりも大きなコレクションを持っていた．彼もそれを，ノベルティ会社ファン社の設立者でマジシャンのジュール・トラウブに売り払ってしまった．

こんにちでは，メカニカルパズルのコレクションは，北米を

[*4]　"A Puzzling Collection."〔文献欄参照〕

はじめとする世界各地において，本章で私が書いたものを遥かに上回っている．現役のパズルコレクターの中でも突出しているのは，カリフォルニア州ビバリーヒルズのジェリー・スローカムだ．その豪勢なコレクションはあまりにも膨大なため，彼はそれを収めるための2階建ての家を建てた．この家には窓がなく，宝物を守るために温度や湿度や照明をコントロールできるようになっている．

スローカムはコレクションに基づいた美しい本を数冊書いている．1986年にジャック・ボタマンズと書いた本[*5]を皮切りに，さらに2冊の本を著した[*6]．また子供向けの本も2冊出している[*7]．2003年に書いた本[*8]は，タングラムの歴史についての初めてのものだ．

2006年にスローカムとソンネフェルトが書いたのは，1880年代に熱狂的にはやった14-15パズルの歴史の本[*9]だ．サム・ロイドは，偉大なパズル作家だっただけではなく，なかなかの策略家でもあった．彼は，自分が14-15パズルの発明者であるという主張をしたが，実際にはそうではなく，単に解に賞金をかけたにすぎない[*10]．この賞金についても，このパズルには

[*5] *Puzzles Old and New*. Jerry Slocum and Jack Botermans. Washington University Press, 1986.〔邦訳：『パズル その全宇宙』ジェリー・スローカム，ジャック・ボタマンズ著，芦ヶ原伸之訳．日本テレビ放送網，1988年．〕

[*6] *The New Book of Puzzles*. Jerry Slocum and Jack Botermans. W H Freeman & Co., 1992.〔邦訳：『パズルの世界——解き方・つくり方101例』ジェリー・スローカム，ジャック・ボタマンズ著，芦ヶ原伸之訳．日経サイエンス社，1993年．〕／ *The Book of Ingenious and Diabolical Puzzles*. Jerry Slocum and Jack Botermans. Three Rivers Press, 1994.〔邦訳：『悪魔のパズル』ジェリー・スローカム，ジャック・ボタマンズ著，芦ヶ原伸之訳．日経サイエンス社，1995年．〕

[*7] *The Puzzle Arcade*. Jerry Slocum. Klutz, 1996. ／ *Swipe This Pencil*. Jerry Slocum. Klutz, 2004.

[*8] *The Tangram Book*. Jerry Slocum, et al. Sterling Publishing, 2003.

[*9] *The 15 Puzzle: How It Drove the World Crazy*. Jerry Slocum and Dic Sonneveld. Slocum Puzzle Foundation, 2006.

[*10] 〔訳注〕この文章を読むと，ロイドが解に賞金をかけたのは1880年代のことと思うかもしれないが，それは違う．ロイドが賞金をかけたのはもっとずっとあとのことであり，また，賞金をかけるというアイデア自体，ロイドがはじめて思いついたものではない．ともかくロイドは，パズルを発明していなかっただけでなく，当初のブームに何の貢献もしていなかったのである．

解が存在しないことが証明できるため，支払いに関する心配はいらなかった．スローカムの本は，この狂乱の完全な歴史を網羅して，本当の発明者についても探り当てている．

2005 年，スローカムは自分の 3000 個以上のパズルコレクションと，同じくらいの数のパズルの関連書籍をインディアナ大学の図書館に寄贈した[*11]．このコレクションは 2006 年 7 月に一般公開されたが，直前に行なわれた式典には世界中からパズルマニアが訪れた．マーガレット・ヴェルトハイムがレポートした式典の様子が，2006 年 6 月 25 日発行のニューヨーク・タイムズ紙の科学欄に掲載されている．またジュリー・マホメドによる別の記事がインディアナ・デイリー・スチューデント紙の 2006 年 8 月 2 日号に載っている．さらにインディアナ州ブルーミントンのヘラルド・タイムズ紙の 2006 年 8 月 3 日号にも，ニコル・カウフマンによる記事がある．またジュリアン・ヒンチクリフが編纂した，この式典を記念した立派な小冊子も，大学のリリー図書館から出版されている．

2007 年のスローカムの最新刊は，ジャック・ボタマンズと共著のオランダ語で書かれた本[*12]で，彼のコレクションから選りすぐったパズルの美しい写真と，歴史，そして一部の作り方を示したものだ．英語版は 2009 年に出版される予定である[*13]．

私が記事を書いた頃，すばらしいメカニカルパズルの新作が毎年何十個も，特に日本で発売されていた．最初にコマのように回転させなければ解けないパズルもある．ある木製のパズルは簡単には分解できないのだが，絨毯の上で転がすと，あっというまに全体がバラバラになってしまう．紐の絡んだ新しいパズルの多くは，トポロジー的である．10 回，あるいはそれ以

[*11] 〔訳注〕実際にはスローカムは 30000 個以上のパズルと 4000 冊以上の書籍を寄贈している．

[*12] *Het Ultieme Puzzelboek*. Jerry Slocum and Jack Botermans. Terra, 2007.

[*13] 〔訳注〕*The World's Best Paper Puzzles*. Jerry Slocum and Jack Botermans. Sterling Innovation, 2011. ただしこの英語版はオランダ語版の抄訳であり，本自体はかなり薄くなっている．その一方で，紙のおまけパズルがいろいろついている．

上（!）正しい順序で動かした後でないと開かない秘密箱も売られている．こうした新しいメカニカルパズルを完全に網羅しようと奮闘している，英語で書かれた定期刊行誌『キュービズム・フォー・ファン』もオランダで発行されている．

子供の頃，私が探偵雑誌で読んだもので，おそらくはシリーズ物の1つであろうか，メカニカルパズルを集めている探偵の話があった．彼は，そうしたパズルを解く自分の能力を，犯罪事件の謎解きに応用することができた．著者名や雑誌名はもう思い出せないのだが，読者の中に知っている人はいないだろうか．

私はかつて，サイエンティフィック・アメリカン誌にタングラムのコラムを2度書いたことがある．本全集第12巻に再録されている．

文献

Puzzles Old and New. Professor Hoffmann (Angelo Lewis のペンネーム). Frederick Warne and Company, 1893. 著者の時代にイギリスで売られていたメカニカルパズルのほぼすべてのイラストと説明が書かれている．

Miscellaneous Puzzles. A. Duncan Stubbs. Frederick Warne and Company, 1931. 読者が自作できる，変わったメカニカルパズルが多数掲載されている．

"A Puzzling Collection." Martin Gardner in *Hobbies* (September 1934): 8.

100 Puzzles: How to Make and How to Solve Them. Anthony S. Filipiak. A. S. Barnes and Company, 1942.

"A Theorem on the Tangram." Fu Traing Wang and Chuan-Chih Hsiung in *The American Mathematical Monthly* 49 (November 1942): 596-599.

"Making and Solving Puzzles." Jerry Slocum in *Science and Mechanics* (October 1955): 121-126.

"Classification of Mechanical Puzzles and Physical Objects Related to Puzzles." James Dalgety and Edward Hordern in *The*

Mathemagician and Pied Puzzler, eds. Elwyn Berlekamp and TomRodgers. A K Peters, 1999.

"Diabolical Puzzles From Japan." Nob Yoshigahara（芦ヶ原伸之）, Minoru Abe（あべみのる）, and Mineyuki Uyematsu（植松峰幸）in *Puzzler's Tribute*, eds. David Wolfe and Tom Rodgers. A K Peters, 2002.

"The Box Wizard." Tom Cutrofello in *Games* (April 2007). ケイゲン・シェイファーによるパズル・ボックスの詳細. 開けるのに 50 手以上（！）かかるものもある.

"The Precision Puzzlemaker." Tom Cutrofello in *Games* (July 2007): 66-67. マイケル・トゥールーズが作ったメカニカルパズルについて.

以下の 4 章は，どれも次の本に載っている：*Tribute to a Mathemagician*, eds. Barry Cipra et al. A K Peters, 2005.

"Nob Yoshigahara." Jerry Slocum. 日本で最も独創的なメカニカルパズルの開発者の 1 人，芦ヶ原伸之に対する賛辞.

"Nobuyuki Yoshigahara (1936–2004)." Bill Ritchie. もう 1 つの賛辞.

"Chinese Ceramic Puzzle Vases." Norman L. Sandfield.

"Mongolian Interlocking Puzzles." Jerry Slocum and Frans de Vreugd.

●日本語文献

『Play Puzzle パズルの百科（Part 1-3）』高木茂男著. 平凡社, 1981 年，1982 年，1986 年. なお 2012 年に復刊ドットコムから復刻版が発売されている.

『究極のパズル』芦ヶ原伸之著. 講談社, 1988 年.

『知恵の輪読本』『キューブパズル読本』『絵と形のパズル読本』『数のパズル読本』秋山久義著. 新紀元社, 2003-2006 年.

『The メカニカルパズル 130』仕掛屋定吉監修. 三推社, 2006.

19

確率と曖昧性

　かつてチャールズ・サンダース・パースは，数学の分野で確率論ほど，エキスパートでも簡単に間違いを犯してしまう分野は他にないと述べた．それは歴史が証明している．ライプニッツは，サイコロを2つ投げて和が12になる目の出やすさは，11になる目の出やすさとちょうど同じだと考えていた．18世紀のフランスの偉大な数学者ジャン・ル・ロン・ダランベールは，1枚のコインを3回投げることと，3枚のコインを同時に投げることが同じ結果をもたらすと理解することができなかったし，(多くのアマチュアギャンブラーがそうであるように) コインの表が繰り返し長く出た後には，裏が出やすいと信じてもいた．

　こんにちの確率論は，こうした類の単純な疑問には，明確で疑う余地のない解答を与えてくれるが，それは行われる実験の手順が正確に定義されているときに限る．こうした厳密性の欠如が，偶然や可能性を扱ったレクリエーション数学の多くの問題における混乱の，共通した原因となっている．この手の問題の古典的な例が，折れた棒の問題である．ある棒がランダムに3つに折れたとき，この3つの断片で3角形を作れる確率はどのくらいだろうか．この問題は，棒を折るのに使った方法に対する正確な情報が与えられなければ，答えることができない．

　一例として，互いに独立にランダムに，棒の全体から一様に2点

を選ぶという方法をとってみよう．もしこの手順に沿って折られたのであれば，答えは1/4であり，これは図を使うとうまく説明できる．まず正3角形を描き，各辺の中点を結んで，グレーの小さい正3角形を中央に描く（図100）．ここで大きな3角形の中に任意の点を選び，3辺に垂線を降ろすと，3本の垂線の長さの和は一定で，大きな正3角形の高さに一致する．この点を，図中Aのようにグレーの3角形の**内部**にとると，この3本の垂線のうち，他の2つの垂線の長さの和よりも長いものは存在しない．したがってこの3本の線分は3角形を形作る．一方，この点を図中Bのようにグレーの3角形の**外部**にとると，1つの垂線が他の2つの垂線の和よりも長くなり，この3本の線分を使って3角形を作ることはできない．

これが，折れた棒の問題の巧妙な幾何的解釈になっている．3本の垂線の和は，棒の長さに対応する．大きな3角形の中の各点は，棒の折り方を一意的に表現しており，3本の垂線のそれぞれが3本に折れた棒のうちの1つに対応している．棒がうまく折れて3角形

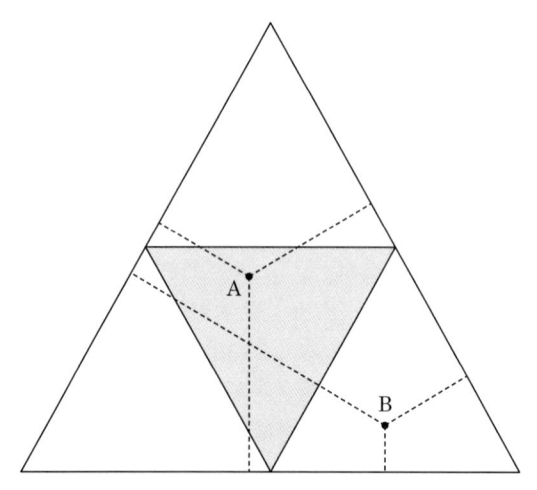

図100 棒が3つに折られたとき，これが3角形を形成できる可能性は1/4である．

が作れる確率は，点をランダムに選んだときに，この3本の垂線で3角形が作れる確率と同じである．すでに見たように，これは選んだ点がグレーの3角形の内部に入っているときに起こる．この部分の面積は全体の1/4なので，求める確率も1/4である．

しかし，「棒をランダムに3つに折る」という言明の解釈を，別のものにしたらどうだろう．まず棒をランダムに2本に折り，つぎに2本の棒のうちの一方をランダムに選び，そしてそれをランダムに2本に折るとしよう．このとき，この3本の棒で3角形ができる確率はどのくらいだろうか．

これも同じ図を使って解答を与えることができる．最初に折った後で，短い方の棒を選んでしまうと3角形は作れない．長い方を選んだときはどうだろう．図中，縦方向の垂線が短い方の棒を表すとしよう．この線分が他の2つの垂線の和よりも短くなるためには，線分がぶつかっている点が，図中の上にある小さい3角形の内部にあってはいけない．下の3つの小さい3角形の中に一様に分布することになる．今回もやはり，望ましい点の位置はグレーの3角形の内部であるが，制約条件のもとでは面積比が1/3しかない．つまり長い棒を折ったとき，うまく3角形ができる可能性は1/3である．長い棒を選ぶ確率は1/2なので，元々の問題に対する解答は$1/2 \times 1/3$で1/6となる．

この手の図も，曖昧性をはらむ場合があるので，慎重に使わなければならない．例えば，有名なフランスの数学者ジョセフ・ベルトランが議論した，こんな問題を考えよう．円の内側に弦をランダムに引いたとき，これがその円に内接する正3角形の1辺よりも長くなる確率はどのくらいだろうか．

まず次の解答が考えられる．弦は円周のどこかの点を端点とする．この点をAとして，図101の一番上の絵のように点Aのところで円に接線を引く．弦のもう一方の端点は円周上に一様に分布し，図中の点線で示したように無限に多くの弦を等確率で生成す

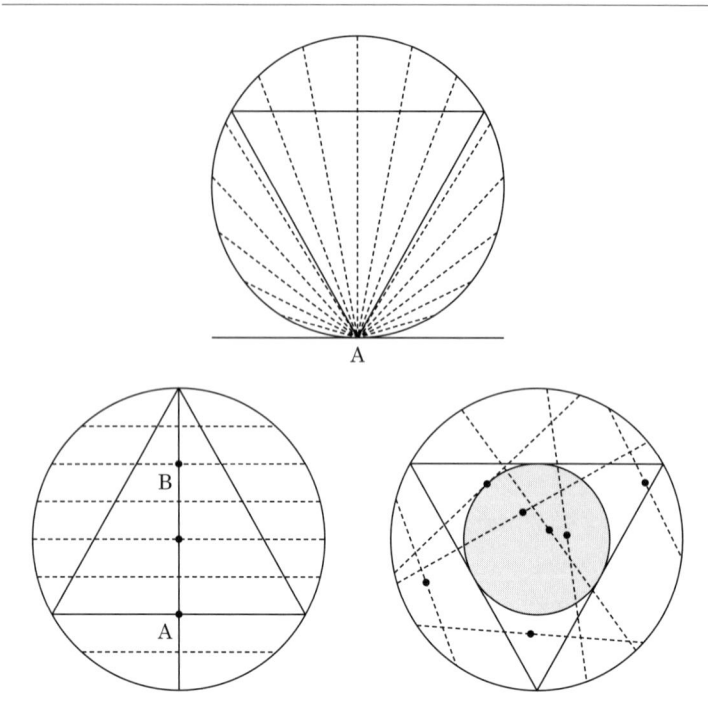

図 101 ランダムな弦が，その円に内接する正 3 角形の 1 辺の長さよりも長くなる確率の証明．それぞれ（上）1/3，（左）1/2，（右）1/4．

る．すると，3 角形を横切っている弦だけが正 3 角形の 1 辺よりも明らかに長い．点 A で接している 3 角形の角は 60 度であり，そして弦全体は 180 度の範囲で分布するので，弦が 3 角形の 1 辺よりも長くなる確率は 60/180，すなわち 1/3 である．

今度は同じ問題に対して，少し違うアプローチをしてみよう．描く弦は，円のある直径に垂直になるはずである．まず直径を描いて，そこに正 3 角形を図 101 の左下のように描き加える．この直径に垂直なすべての弦は，直径上の各点を一様に通過すると考えられる．そのような弦をいくつか図中に例示した．ここで，円の中心か

ら点Aまでの距離は，半径の半分であることを証明するのはそれほど難しくない．直径の反対側の対応する中点をBとする．すると，弦が直径上のAとBの間を通るときだけが，まさに3角形の1辺の長さよりも長くなるときだということは，すぐに見てとれるだろう．ABは直径の半分なので，問題の解答は1/2となる．

さて3つ目のアプローチだ．弦の中点は，円全体の中で一様に分布すると考えられる．図101の右下の図を少し吟味してみると，弦の中点が小さいグレーの円の中にあるときが，弦の長さが3角形の1辺よりも長くなるときだということがわかるだろう．小さい円の面積は，大きな円のちょうど1/4となるので，問題の解答は今度は1/4である．

この3つの解答のどれが正しいのだろう．ランダムな弦を描く方法を具体的にどうするかによって，どれも正しいのだ．3通りの手順は，例えば以下の方法で実現できる．

（1） 円の中心に，半径の長さの，回転する矢印を2つ置く．それぞれ独立に回転するものとしよう．これらを回転させ，それぞれが止まったところに印をつけて，それを線分でつなぐ．この線分が内接3角形の1辺よりも長くなる確率は1/3である．

（2） 道路に大きな円をチョークで描く．15メートルばかり向こうから，ホウキの柄を転がして，それが円のどこかで止まるまで繰り返す．このとき得られる弦が3角形の1辺よりも長くなる確率は1/2だ．

（3） 糖蜜で円板を描き，ハエが止まるのを待つ．止まったら，ハエが中点となるような弦を描く．この弦が3角形の1辺よりも長くなる確率は1/4となる．

こうした手順はどれも，「ランダムな弦」という意味では妥当性のある方法である．つまり，もとの問題設定が曖昧なのだ．「弦をランダムに描く」という言葉の意味が，従うべき手順の記述により

明確にされていない限り，答えようがない．実際のところ，ランダムに弦を描くように言われた人の多くは，ここであげた3種類の手順のどれともまったく似ていない方法を採用するようだ．アラバマ大学の心理学の教授であるオリバー・L・レーシーの興味深い未公刊論文「ランダムなメカニズムとしての人体」[*1]では，被験者が内接3角形の1辺よりも長い弦を描く確率は，1/2よりもずっと大きいという実験結果が報告されている．

ランダムにするための手順を特定しそこねたことで曖昧性が生じたもう1つの例は，本書第14章の2問目だ．この問題では，スミス氏に2人の子供がいて，少なくとも1人が男の子であったときに，両方が男である確率を求めよというものだった．多くの読者が正しく指摘したように，この問題の答えは，「少なくとも1人が男の子である」という情報が，どのようにして得られたかに依存する．2人の子供がいて，少なくとも1人が男の子である家族をすべて集めてきて，そこから家族をランダムに選べば，答えは1/3になる．しかし，問題文をまったく変えずに，別の手順を想定することもできる．子供が2人いる家族を集めてきて，1家族をランダムに選ぶ．もし子供が2人とも男の子だったら，「少なくとも1人が男の子である」という情報を与える．もし両方とも女の子だったら，「少なくとも1人が女の子である」という情報を与える．もし男女が揃っていたら，子供を1人ランダムに選んで，その性別に応じて「少なくとも1人が……である」という情報を与える．もしこの手順がとられたとすると，両方の子供が同じ性別である確率は，明らかに1/2だ．（これは，情報提供者が4通りの場合（男男，男女，女男，女女）のいずれかで言明を行っており，そのうち子供の性別が両方同じである場合が半分であることを考えれば簡単にわかる．）

[*1] 〔訳注〕後年，以下の論文として出版された．"The Human Organism as a Random Mechanism." Oliver L. Lacey in *The Journal of General Psychology* 66: 2 (1962): 321-325.

3人の囚人と1人の看守に関する次のちょっとした問題は，驚くほど人を混乱させるもので，曖昧性を排除して問題提起するのが，もっと難しい．死刑判決を受けた3人の男A, B, Cがそれぞれ別の房に入れられていて，統治者はこのうちの1人に恩赦を与えることにした．統治者は3人の名前を3枚の紙切れに書いて，帽子の中に入れてよく混ぜ，1枚取り出した．そして看守に電話して，幸運な男の名前を教えるとともに，数日の間はそれを秘密にしておくようにと伝えた．この噂が囚人Aの耳に届いた．看守の朝の巡回のときに，Aは誰が恩赦を受けるのか，看守から聞き出そうとしたが，看守はそれを一蹴した．

　「じゃあ処刑されるうちの1人の名前くらいは教えてくれ」とAは粘った．「もしBが恩赦を受けるならCの名前を，Cが恩赦を受けるならBの名前を教えてくれ．そしてもし俺が恩赦を受けるなら，コインを投げてBかCかを決めてくれ」

　「しかし，もし私がコインを投げたとしたら，君は自分が助かるとわかってしまうじゃないか」と看守は応じた．「それに，私がコインを投げないところを見たら，君か，名前を言わなかった方のどちらかが恩赦を受けるとわかってしまうだろう」

　「なら今でなくてもいい」とAは重ねていった．「明日の朝，教えてくれ」

　看守は，確率論については何も知らなかったが，一晩じっくりと考えた結果，たとえAの言うことに従ったとしても，彼が生き延びる確率について，何の影響も与えないと結論づけた．そこで次の日の朝，Aに，Bは死刑執行の対象であるということを教えた．

　看守がいなくなった後，Aは看守のマヌケさにほくそ笑んだ．これで，この問題において，数学者が好んで言うところの「標本空間」に含まれるのは，たった2つの等確率な要素になった．恩赦の対象はCか自分自身だ．つまり条件つき確率の法則により，自分が生き延びる可能性は1/3から1/2に上昇したのだ．

　実は看守の知らないところで，Aは水道管を叩いて，隣の房にい

るCと連絡をとることができた．そこでAは，自分が看守に言ったことと，看守が彼に言ったことをCに教えた．Cはこの知らせを同じように喜んだ．なぜなら，Aの議論と同じ理由で，自分自身が生き延びる可能性も 1/2 に上昇したからだ．

　この2人の男の推論は正しいだろうか．もし間違っているなら，それぞれの男が恩赦を受ける確率はどのように計算すればよいだろうか． 〔解答 p. 268〕

追記
(1961)

　たとえエキスパートであっても，確率計算においては，いかにやすやすと大失敗するか，あるいは図に頼る場合にどういう危険があるか．これについて，棒を折る問題の2つ目のバージョンの解答を与えた本文よりもうまい例は，なかなか見当たらないだろう．私の解答はウィリアム・A・ウィットウォースの本[*2]の問題677からとったものであり，同じ解答がもっと古い多くの他の確率の教科書にも載っているのが見つかるだろう．だが，この解答は間違っているのだ！

　この問題の1つ目のバージョン，つまり2つの折り点が同時に選ばれるときは，対応する点が図の中の大きな3角形の中に一様に分布するため，面積を比較すれば確かに正しい解答を得ることができる．2つ目のバージョンでは，まず棒が折られて，次に長い方の棒が折られる．このときにウィットウォースは，点が図の中の下の3つの3角形の中に一様に分布すると考えていた．しかし，それは違う．実は中央の3角形には，他の2つに較べて，より多くの点が分布するのだ．

　もとの棒の長さを1として，最初に棒を折ったときの短い方の棒の長さを x としよう．3角形を構成できる棒を得るためには，長さ $1-x$ の長い方の棒がしかるべき長さで折られる必要がある．このときに3角形ができる確率は $\dfrac{x}{1-x}$ である．そこで x の可能なすべての値，具体的には0以上1/2以下について，この式の平均を取る．すると平均値は $-1+2\log 2$ となり，計算すると約0.386を得る．長い方の棒が選ばれて折られる確率は1/2なので，0.386に1/2を掛けて0.193となり，これが問題の答えだ．これは，ウィットウォースの議論に従って得られる解答1/6よりも，少し大きい値である．

　とても多くの読者が，この問題に対する極めて明確な解析を送ってくれた．上に挙げた説明は，ニューヨーク州ビンガムトンのミッチェル・P・マルコが送ってくれた解答の要約だ．同

[*2] *DCC Exercises in Choice and Chance.* William A. Whitworth. G E Stechert & Co., 1945.

様の解答は，エドワード・アダムス，ハワード・グロスマン，ロバート・C・ジェイムズ，ジェラルド・R・リンチ，G・バッハと R・シャープ，デイビッド・ナフ，ノーマン・ゲシュヴィンド，レイモンド・M・レッドヘファーからも寄せられた．特にカリフォルニア大学のレッドヘファー教授がイワン・S・ソコルニコフと書いた本[*3] の 636 ページには，この問題に関する詳細が議論されている．この問題の最初のバージョンに対するいくつかの他の解法については，L・A・グレアムの本[*4] の問題 32 も参照されたい．

ニュージャージー州プリンストンの教育テストサービス（ETS）のフレデリック・R・クリング，ジョン・ロス，ノーマン・クリフも 2 つ目のバージョンの問題に対する正しい解答を送ってくれた．手紙の最後の部分で，彼らは次の 3 つの仮説の中で，どれが最も確からしいかを尋ねてきた．
（1）ガードナー氏は素朴に大失敗をやらかした．
（2）ガードナー氏は，読者をテストするため，わざと間違えた．
（3）ガードナー氏は，ダランベールと同様，熟考の末に間違えた．

解答は 3 番目だ．

解答 ●3 人の囚人の問題の解答は，A が恩赦を受ける確率は 1/3 で，C の確率は 2/3 というものだ．

看守は，誰が恩赦を受けるかに関係なく，死刑が執行される A 以外の人の名前を A に教えてくれる．したがって看守の情報は，A が生き延びる確率には何の影響も与えない．つまりこれは 1/3 のままである．

この状況は次のカードゲームに似ている．2 枚の黒いカード

[*3] *Mathematics of Physics and Modern Engineering.* Raymond M. Redheffer and Ivan S. Sokolnikoff. McGraw-Hill, 1958.
[*4] *Ingenious Mathematical Problems and Methods.* L. A. Graham. Dover, 1959.

（死刑）と1枚の赤いカード（恩赦）をシャッフルして，3人の男A, B, C（囚人）に配る．ここで4人目の参加者（看守）が，3枚のカードをのぞき見して，BかCのカードのうちの黒いカードを1枚表に返したとする．このときAのカードが赤である確率はどのくらいだろう．裏向きのカードは2枚しか残っておらず，そのうち1枚が赤なのだから，1/2と考えたい気持ちは，わからないでもない．しかしBかCのところに黒いカードがいつでも1枚はあるのだから，それを表に返したからといって，Aのカードの色が赤だということへの賭け金の価値に対しては，何の情報も与えていない．

状況を極端にすると，これを理解するのが容易になる．一揃いのトランプの中で，スペードのエースが死刑ということにしよう．トランプが配られて，Aはカードを1枚受け取ったとする．彼が死刑を逃れる可能性は51/52だ．ここで誰かがトランプをのぞき見して，スペードのエース以外の50枚のカードを表に返したと仮定しよう．いまや裏返しのカードは2枚しか残っていない．そのうちの1枚はスペードのエースだ．しかし，だからといってAの生き延びる確率が1/2に低下したりしないのは，あたりまえの話だ．この確率が低下しないのは，51枚のカードをのぞき見た人にとって，スペードのエースを含まないカードを50枚選ぶことは，いつでも可能だからである．だから，これらをすべて見つけて表に返したとしても，Aの確率には何の影響もない．もちろん，もし50枚のカードがランダムに表に返されて，そしてスペードのエースが出なかったというのであれば，Aが死刑のカードを引いていた確率は確かに1/2に上昇する．

では囚人Cはどうだろう？　AかCのどちらか一方だけが死刑になるので，彼らのそれぞれが生き残る確率を足せば1になるはずだ．そしてAが生き残る確率は1/3なのだから，Cの生き残る確率は2/3だ．これは今考えている標本空間以下の4通りのすべての要素に対して，それぞれの確率を考えれば納得できるだろう．

（1） Cが恩赦で，看守がBの名前を言う（確率 1/3）．
（2） Bが恩赦で，看守がCの名前を言う（確率 1/3）．
（3） Aが恩赦で，看守がBの名前を言う（確率 1/6）．
（4） Aが恩赦で，看守がCの名前を言う（確率 1/6）．

このうちBが死刑になることがわかるのは，1と3の場合だけだ．場合1が起こる確率は1/3で，場合3が起こる確率1/6の2倍なので，Cが生き残る可能性は2対1となり，つまり2/3である．カードゲームのモデルで言えば，Cのカードが赤である確率は2/3という意味だ．

この3人の囚人の問題は，プロアマを問わず，洪水のような手紙をもたらしてくれた．幸いなことに，すべての異議はいわれのないものだと示すことができた．コネチカット州イーストヘイブンのシーラ・ビショップは次のような熟考を重ねた解析を送ってくれた．

拝　啓

　最初，私は次のような逆説的な状況を考えて，Aの推論は間違っているという結論に達しました．まずAと看守の最初の会話はもとと変わらず行なわれたとします．しかし看守が，Bが死刑になると言いにAの房に近づいたとき，マンホールに落ちるとかいった不測の事態が起きて，メッセージを伝えるのにしくじったと仮定しましょう．

　するとAはこんな風に推論することができるはずです．「看守が，死刑になるのはBだと言ってくれたと仮定しよう．すると俺が生き延びる確率は1/2だ．ところがその一方で，死刑になるのはCだと教えてくれたとすると，やっぱり俺が生き延びる確率は1/2だ．俺は，この2つのうちのどちらかを看守が言ってくれるはずだったということを確かに知っている．したがって，いずれの場合にせよ，俺が生き延びるチャンスはちょうど1/2だ」こんな具合に考えてみると，そもそも看守に何も聞かなくても，Aが生き延びる確率が1/2であると結論できてしまうことに

なります！

　何時間か後，私はついに次のように結論しました．とてつもなくたくさんの 3 人組の囚人が同じ状況になったと仮定して，それぞれのグループごとに，看守に話しかけた人を A とします．$3n$ グループの 3 人組が一堂に会すると，n グループでは A が恩赦になって，n グループでは B が恩赦になって，n グループでは C が恩赦になります．そして $3n/2$ のグループでは看守は「B が死刑になる」と言います．このうち n グループでは C が自由の身になり，$n/2$ のグループでは A が自由の身になります．つまり C には，A の 2 倍のチャンスがあります．したがって A と C の生き残る確率は，それぞれ $1/3$ と $2/3$ になります．……

ゼネラル・アナリシス・コーポレーションのアリゾナオフィスに勤めているレスター・R・フォード・ジュニアとデイビッド・N・ウォーカーは，看守が不当に貶められていると感じたようだ．

　拝　啓

　私たちは，看守の立場から手紙を書かせてもらいます．彼は政治任用職にありますから，物議を醸す問題に自己弁護のために関わることは望まないはずです．

　あなたは彼について「看守は，確率論については何も知らなかったが……」と馬鹿にしたように述べていますが，私はここにゆゆしき不正を感じています．あなたは正しくない（そしておそらく彼を誹謗している）だけではありません．彼が長年数学，とりわけ確率論をたしなんでいると個人的に請け負うことすらできます．彼が A の問いかけに答えようと決意したのは，死刑になる人の最後の数時間を明るくしてあげようという博愛主義からくる（そう，おわかりのとおり，恩赦を受けたのは C だったのです）もので，その決意は，彼が統治者から受けている指示に矛盾するも

のではありませんでした.

彼が非難されるべき唯一の点(そしてこれについては,彼はすでに統治者から戒告を受けています)は,AがCに連絡を取ることを防げなかったことであり,その結果,Cが自分の生き延びる確率を,より正確に評価することを許してしまったところにあります.しかしそれも,Cはその情報を適切に生かすことができなかったのですから,それほどの実害はなかったはずです.

もしあなたが撤回と謝罪を公にしないのであれば,本誌の購読の中止を検討せざるをえません.

追記
(1961)

すでに書いたとおり,2人の男の子の問題は,とても注意深く問題を提示しないと,曖昧性を排除できず,正確な解を得ることを妨げてしまう.私の本[*5]の中では,白と黒の2羽のオウムを飼っている女性を想定することで曖昧性を排除している.訪問者は彼女に「雄はいますか?」と尋ねる.彼女の答えは「はい」だ.このときオウムがどちらも雄である確率は1/3である.一方,訪問者が「黒いオウムは雄ですか?」と聞いて,彼女が「はい」と答えたなら,オウムがどちらも雄である確率は1/2だ.

ハミルトン・カレッジの数学者リチャード・E・ベディエントは,囚人のパラドックスを詩の形で表現してくれた[*6].

囚人のパラドックス再訪

三囚人 静かに座り夜明け待つ
トム,ディック,メアリーあわせて三盗賊
弔いの鐘がなるのは二人分
ただ一人 誰かがそれを免れる

[*5] *Aha! Gotcha*. Martin Gardner. W H Freeman & Co., 1982.〔邦訳:『aha! Gotcha ゆかいなパラドックス(1, 2)』マーティン・ガードナー著,竹内郁雄訳.日本経済新聞出版社,2009年.〕

[*6] *The American Mathematical Monthly* 101 (March 1994): 249.

まだ若いメアリー考え口開き
　　　牢番に「冗談に聞こえそうだけど
　　　見たところ私が助かる確率は
　　　三つにたったの一つだけ

　　　仲間たちどちらか一人は死ぬさだめ
　　　そのことは尋ねなくても分かってる
　　　確実に逝くのはどちらか教えてよ
　　　それだけじゃ誰の得にもならないわ」

　　　年老いた看守はいまだ馬鹿でなく
　　　一考し「それならよし」とトムを指す
　　　「ディックと私」喜ぶメアリー
　　　「二つに一つに増えたわね！」

　　　人の良い看守は歯がみしくやしがる
　　　そうなのか？　答えは君が決めてくれ

　私が1959年10月のコラムで3人の囚人のパラドックスを紹介したとき，私の解答が誤りであると信じる数学者たちから，たくさんの手紙を受け取った．しかしこうした手紙の数は，マリリン・ヴォス・サヴァントが，彼女の有名なコラム[7]にこの問題の変種を掲載したときに受け取った何千通もの手紙と較べれば，ものの数ではない．

　サヴァント女史版のパラドックスは，モンティ・ホールが司会を務める当時有名だったテレビ番組「レッツ・メイク・ア・ディール」に基づいている．マリリンの書くところによれば，まず3つの部屋に通じる3つのドアがある．1つのドアの後ろには賞品の車がある．他の2つのドアの後ろにはヤギがつながれている．ショーに出たゲストには，車のあるドアを選ぶと，その賞品がもらえるというチャンスが与えられる．ゲストがランダムにドアを選ぶと，賞品のあるドアを選ぶ確率は明らかに

---

[7] *Parade* (September 9, 1990).

1/3 だ．ここで，ゲストがドアを声に出して選んだあと，各ドアの後ろに何があるか知っているモンティ・ホールは，選ばれていないドアを 1 つ開けて，後ろのヤギを見せてくれる．残りの 2 つのドアは閉まったままだ．車は 2 つのドアのどちらかの後ろにあるのだから，ゲストが選んだドアが正解である確率は，いまや 1/2 に上昇したと結論付ける人もいるかもしれない．そうではない！ マリリンが正しく明言したとおり，確率は 1/3 のままだ．モンティはいつでもヤギのいるドアを開けることができるので，彼がこうしたドアを開けたとしても，新しい情報がもたらされることはなく，1/3 という確率も変化しない．

さらに直感に反する話が続く．もしゲストが最初に自分が選んだドアとは違う方の閉じたままのドアに選択を変えると，賞品がもらえる確率は，2/3 に上昇する．これは，最初の選択肢の確率が 1/3 のままであることを認めるなら，当然のことと言えよう．車は 2 つのドアのどちらかの後ろにあるのだから，各ドアの確率を足すと，確かに 1 になるはずだ．一方のドアが正しい確率が 1/3 なのだから，他方のドアが正しい確率は 2/3 になる．

マリリンのところには，いらついた読者からの郵便が殺到し，その多くは彼女が確率論の基本をわかっていないと非難しており，プロの数学者からの手紙も少なくなかった．その郵便物はあまりにもすさまじく，また論議をよぶものであったため，『ニューヨーク・タイムズ』は，この騒動に対する長い特集記事を 1991 年 7 月 21 日付の第一面に掲載した．ジョン・ティアニーが書いた記事のタイトルは「モンティ・ホールのドアの後ろ：パズル・議論・解答？」だ．（後日，この特集記事に対する読者の手紙も 1991 年 8 月 11 日付の同紙に掲載された．）

怒りで顔を赤くしていた数学者たちは，のちに自分が間違っていたと認めざるをえなかったわけだが，これは一流の数学者と同じ過ちを犯していたのだ．世界で最も偉大な数学者の 1 人，ポール・エルデシュでさえ，ドアを変更することで，当たりを引く確率が 2 倍になるという事実が信じられなかった．最

近書かれた故エルデシュの2冊の伝記によると,彼の友人のロン・グレアムが辛抱強く彼に説明するまでは,エルデシュはマリリンの解析を受け入れることができなかったということだ.

このモンティ・ホール問題は,こうして有名になり,数学の論文誌に多くの論文を生み出すこととなった.本章の参考文献にもそのうちのいくつかを挙げておく.

信じがたいことに,有名なモンティ・ホール問題と同じ問題である私の3人の囚人の問題は,1959年の私の記事がどうやら出版された最初のものであるようだ.今では,この3人の囚人の問題を最初に私に教えてくれたのが誰なのか,思い出すことができない.この問題を,どうすればトランプ3枚や,サヤ3つとマメ1つを使ってモデル化できるかはすぐにわかった.ジェイムズ・マディソン大学の数学者であるジェイソン・ローゼンハウスは,1冊まるごとこの問題に関する本を書いた.タイトルは『モンティ・ホール問題』で,2009年にオックスフォード大学出版局から出版予定[*8]である.この本は,同問題の歴史の記録として素晴らしい出来栄えであり,さらに,この問題のみならず,多くの変種や一般化に関する徹底的な解析を与えている.また,100編もの参考文献があげられている!

| 文献

● 3人の囚人のパラドックス

"The Problem of the Three Prisoners." D. H. Brown in *The Mathematics Teacher* (February 1966): 181-182.

"A Paradox in Probability Theory." N. Starr in *The Mathematics Teacher* (February 1973): 166-168.

"Intuitive Reasoning About Probability: Theoretical and Experiential Analysis of Three Prisoners." S. Shimojo(下條信輔)and S. Ichikawa(市川伸一)in *Cognition* 32 (1989): 1-24.

"Erroneous Beliefs in Estimating Posterior Probability." S. Ichi-

---

[*8] *The Monty Hall Problem: The Remarkable Story of Math's Most Contentious Brain Teaser.* Jason Rosenhouse. Oxford University Press, 2009.〔邦訳:『モンティ・ホール問題——テレビ番組から生まれた史上最も議論を呼んだ確率問題の紹介と解説』ジェイソン・ローゼンハウス著,松浦俊輔訳.青土社,2013年.〕

kawa（市川伸一） and H. Takeichi（竹市博臣） in *Bahaviormetrika* 27 (1990): 59-73.

"A Closer Look at the Probabilities of the Notorious Three Prisoners." R. Falk in *Cognition* 43 (1992): 197-223.

●モンティ・ホール問題

"Ask Marilyn." M. vos Savant in *Parade*, September 9, 1990; December 2, 1990; February 17, 1991; July 7, 1991; September 8, 1991; October 13, 1991; January 5, 1992; January 26, 1992.

"Ask Marilyn: The Mathematical Controversy in *Parade* Magazine." A. Lo Bello in *Mathematical Gazette* 75 (October 1991): 271-272.

"The Car and the Goats." L. Gillman in *American Mathematical Monthly* 99 (1992): 3-7.

"Fallacies, Flaws, and Flimflams." E. Barbeau in *The College Mathematics Journal* 26 (May 1995): 132-184.

"A Tale of Two Goats ... and a Car." A. H. Bohl, M. J. Liberatore, and R. L. Nydick in *Journal of Recreational Mathematics* 27 (1995): 1-9.

"Generalizing Monty's Dilemma." J. P. Georges and T. V. Craine in *Quantum* (March/April 1995): 17-21.

"A Mathematical Excursion: From the Three-door Problem to a Cantortype Set." J. Paradis, P. Viader, and L. Bibiloni in *American Mathematical Monthly* 106 (March 1999): 241-251.

"Monty's Dilemma: Should You Stick or Switch?" J.M. Shaughnessy and T. Dick in *The Mathematics Teacher* (April 1991): 252-256.

●日本語文献

『確率のエッセンス――大数学者たちと魔法のテクニック』岩沢宏和著．技術評論社，2013 年．

『確率パズルの迷宮』岩沢宏和著．日本評論社，2014 年．

『確率の理解を探る――3 囚人問題とその周辺』市川伸一著．共立出版，1998 年．

|20|

謎の人物
マトリックス博士

　数の神秘的な意義を探る数秘術は，長く複雑な歴史をもっている．そこには，古代ユダヤ教のカバラ主義者，ギリシャ・ピタゴラス学派の人々，哲学者アレクサンドリアのフィロン，グノーシス派の人々，高名な神学者たちなどに加え，映画スターを夢見る人々に「しかるべき運気」をもつ名前をつけてあげてはボロもうけしていた 1920 年代から 1930 年代にかけてのハリウッドの数秘術師たちが登場する．私は，この手の歴史を見ては，いつもうんざりしていたことを白状しなくてはならない．だから友人が，マトリックス博士と自称するニューヨークの数秘術師にぜひ会うべきだと勧めてくれたときも，ほとんど興味をそそられなかった．

　「でも，彼のことは絶対に気に入ると思うよ」友人は主張した．「彼は自分のことをピタゴラスの生まれ変わりだと主張していて，数学について確かに何かしら知っているように見えるんだ．例えば彼は私に，1960 年が特別な年であることを指摘してくれたんだ．というのも，1960 は 2 つの平方数，14^2 と 42^2 の和として表すことができて，14 も 42 も神秘の数 7 の倍数だということなんだ」

　私は紙とペンを取り出してすばやく検算した．「何てこった，確かに正しい！」私は驚いた．「これは彼と話してみる価値がありそうだな」

電話で面会の約束をして数日後，アーモンド形の黒目が魅力的な秘書が，博士の書斎まで案内してくれた．はるか向こうにある幅広なデスクの後方の壁には，金ピカに輝く巨大な 1 から 10 までの 10 個の数字がかけられていた．その配置はこんにち，ボーリングのピンの配置として誰でも知っているが，古代ピタゴラス学派の人々が「聖なるテトラクティス」として敬っていたものだ．卓上には，12 の面のそれぞれに新年の各月が刻まれた大きな正 12 面体のカレンダーが置かれている．どこかに隠されたスピーカーから，静かなオルガンの音楽が流れてくる．

マトリックス博士がカーテンの下がった脇のドアを開けて部屋に入ってきた．彼は背が高く痩せ形で，尖った鼻と，輝く鋭い目をしていた．私に椅子に座るよう促すと，彼はシニカルな笑顔で言った．「君がサイエンティフィック・アメリカン誌に連載をもっていることは知っている．私の人となりというよりも，私の方法を調査するためにここに来たのだろうね」

「そのとおりです」と私は答えた．

博士が横の壁のボタンを押すと，木の壁のパネル部分がスライドして，小さな黒板が現れた．黒板には，Z の次に A が来るように円環状に連ねたアルファベットがチョークで書かれていた（図 102）．「ではまず，君の雑誌にとって今年 1960 年が素晴らしい年となるらしいことの説明から始めようか」と彼は言った．彼は鉛筆で文字を A から叩き始め，19 を数えるまで円上をたどり続けた．19 番目の文字は S だ．彼は T から 1 に戻ってまた始めて，円上をたどり，60 まで数えた．カウントは A で終わった．彼が示した S と A は，サイエンティフィック・アメリカン (Scientific American) の頭文字だ．

「さほどの感銘は受けませんね」私は言った．「この手の偶然の一致が起こりそうな方法は何千通りもあるわけですから，その中の 1 つくらいは，あなたがほとんど苦労せずに見つけるということだっていかにもありそうな話ですからね」

マトリックス博士は「なるほど」と言う．「しかし，すべての話

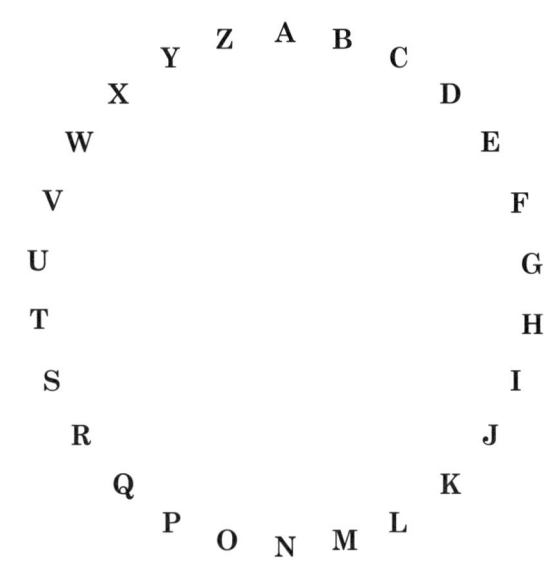

20 謎の人物マトリックス博士　279

図 102　マトリックス博士のアルファベットの輪.

がその手のものだと侮らない方がいい．こうした偶然とやらは，確率論で正当化できるよりも，はるかに頻繁に起こるものだ．君も知ってのとおり，数は，それ固有の神秘的な魂を持っている」彼は壁の金の数字の方を手で示した．「もちろん，ここにあるのは数そのものではない．数を表す単なる記号にすぎない．『神は自然数を作った．残りは人間が作った』と言ったのはドイツの数学者レオポルト・クロネッカーだったかな？」

「そうだという確信はありませんが」私は言った．「形而上学に時間を費すのは，やめておきませんか」

「大変けっこう」机の向こう側に座りながら彼は言った．「では君の読者が興味を持ちそうな数秘術的解析の例をいくつかあげてみよう．君は，聖書のキング・ジェイムズ欽定訳の翻訳の一部をシェイクスピアが秘密裡に担っていたという説を聞いたことがあるだろうね？」

私は首を振った．

「数秘術師にとっては，疑う余地のないことだ．詩篇 46 を見ると，46 番目の語はシェイク（shake）だ．この同じ詩篇の後ろから 46 番目の語を数えてみると（最後の休止（selah）の指示は韻文の一部ではないぞ），スピア（spear）という語が見つかる」

私は笑いながら「なぜ 46 なんです？」と尋ねた．

「なぜなら」マトリックス博士は続けた．「キング・ジェイムズ欽定訳の聖書が完成したのは 1610 年で，シェイクスピアはそのときちょうど 46 歳だったからだ」

メモを取りながら私は「悪くないですね」と言った．「他には？」

「いくらでもある」とマトリックス博士．「リヒャルト・ワーグナーと数 13 の場合を考えてみようか．彼の名前（Richard Wagner）は 13 文字で，1813 年生まれだ．この年の各桁の数を足すと，合計は 13 だ．彼は 13 の素晴らしいオペラを作り上げた．最も偉大な作品『タンホイザー』は 1845 年 4 月 13 日に完成し，初めて上演されたのが 1861 年 3 月 13 日だ．『パルジファル』が完成したのが 1882 年 1 月 13 日．『ワルキューレ』は 1870 年 6 月 26 日に初上演されたが，26 は 13 の 2 倍だ．『ローエングリン』は 1848 年に作曲されたが，ちょうど 13 年後の 1861 年の上演まで，ワーグナーが実演を聞くことはできなかった．彼が亡くなったのは 1883 年の 2 月 13 日だ．この年の最初と最後の数字をつなぐと，やはり 13 になるな．これはワーグナーの生涯において現れた多くの重要な 13 のうちの，ほんの一部にすぎない」

マトリックス博士は，私がメモを取る間，待っていてくれた．そして彼は続けた．「重要な日というのは，決して偶然来るものではない．原子力時代は，エンリコ・フェルミと彼の同僚が初めて核の連鎖反応を実現した 1942 年に始まった．君はもしかするともう読んだかもしれないが，ローラ・フェルミの書いた夫の伝記に，アーサー・コンプトンが，このニュースをジェイムズ・コーナントに伝えたときのことが書いてある．コンプトンの最初の一言は『イタリ

アの航海者が新世界についた』だ．君は，1942の真ん中の2つの数字を入れ換えると1492になり，この年はコロンブス，つまりさらに昔のイタリアの航海者が新世界を発見した年だということには気付いていたかね？」

「いえまったく」私は答えた．

「プロイセン王ヴィルヘルムⅠ世の生涯も，数秘術的に興味深いものだ」彼は続けた．「1849年，彼はドイツで社会主義革命を叩きつぶした．この数字を全部足すと22だ．この22を1849に足すと，1871になるが，この年にヴィルヘルムは皇帝に即位した．1871に同じ手続きを施すと1888になり，これは彼が死去した年だ．さらに同じことをすると1913となるが，これは彼の帝国が平和だった最後の年で，その後，第1次世界大戦が帝国を滅ぼした．すべての偉人の生涯には，こうした不思議な日付のパターンがついて回る．偉大な宗教画家ラファエルが4月6日に生まれて4月6日に亡くなり，これがどちらも聖金曜日であることは，果たして偶然だろうか？ ジョン・デューイとアンリ・ベルクソンの哲学において，どちらも『進化』という概念が鍵となっているのはなぜか？ それは2人が1859年，すなわちダーウィンが『種の起源』を出版した年に生まれたからだ．君は，謎を愛した魔術師フーディーニがハロウィーンの日である10月31日に亡くなったのは偶然だと思うかね？」

「偶然なのかも……」私は口ごもった．

博士は大きく首を横に振った．「君は，図書館で使われているデューイの10進分類法で，数論の本が512.81に分類されていることも，きっと偶然だと思うのだろうな」

「その数字がどうかしましたか？」

「512は2の9乗で，81は9の2乗ではないか．しかしそれより，もっと注目すべきものがある．まず，11に2を足して1を引けば12だ．これが文字の並びの上でどう意味を持つか，見せてあげよう」彼は黒板に歩み寄ると，チョークでELEVENと書いた．彼は

TWO を追記して ELEVEN-TWO として，ONE に出てくる文字を消した．残った文字は ELEVTW だ．「この 6 文字を並べ替えると……」彼は言った．「TWELVE になる」

私は額の汗をハンカチで抑えた．「666 について何か一家言ありますか」私は尋ねた．「いわゆる獣の数字（新約聖書のヨハネの黙示録 13 章 18 節）ですが．最近たまたま，安息日再臨派のカーライル・B・ハイネスという人が書いた『時代とその意味』を読んだのです．彼によると，この数は，ローマ法王のラテン語の称号の 1 つ VICARIUS FILII DEI に出てくるローマ数字[*1]を足し合わせると得られる数なので，ローマカトリック教会と結び付いているということですが」

博士は深いため息をつくと，「666 についてなら，何時間でも話せるよ」と言った．「獣の数字に対して君があげた例は，とても古いものだ．もちろん習熟した数秘術師なら，どんな名前にも 666 を見出すことができる．実際，安息日再臨派の創始者で，霊感を受けた預言者エレン・グールド・ホワイトの名前 ELLEN GOULD WHITE の W を『ダブル・ユー』つまり 2 つの V と考えて加えれば，やはり 666 になる[*2]．トルストイの『戦争と平和』（第 3 部第 1 篇 19）には，ナポレオン皇帝の名前から 666 を抽出するうまい方法が書かれている[*3]．ウィリアム・グラッドストンがイギリスの首相だったころは，政敵がグラッドストン（GLADSTONE）の姓をギリシャ文字で書いて，中のギリシャ数字を足し合わせて，666 を得て

[*1] $V = 5, I = 1, C = 100, I = 1, U = 5, I = 1, L = 50, I = 1, I = 1, D = 500, I = 1$．U を V とするのは，古代のラテン語ではそのように書かれていたからである．

[*2] $L = 50, L = 50, U = 5, I = 1, D = 500, W = 10, I = 1$．

[*3] 〔訳注〕フランスの古いアルファベット（J がない）を，最初の 10 文字を 1 の位とし，残りの文字を 10 の位として数えていくと，次のようになる．$A = 1, B = 2, C = 3, D = 4, E = 5, F = 6, G = 7, H = 8, I = 9, K = 10, L = 20, M = 30, N = 40, O = 50, P = 60, Q = 70, R = 80, S = 90, T = 100, U = 110, V = 120, W = 130, X = 140, Y = 150, Z = 160$．これによって，LE EMPEREUR NAPOLÉON（皇帝ナポレオン）の和を計算すると，$20 + 5 + 5 + 30 + 60 + 5 + 80 + 5 + 110 + 80 + 40 + 1 + 60 + 50 + 20 + 5 + 50 + 40 = 666$ となる．

いる*4．Aが100，Bが101，Cが102といったお馴染みのコード化を使うと，ヒトラー（HITLER）の名前から，その数を上手に作ることもできる*5」

「数学者のエリック・テンプル・ベルだったと思うのですが」私は言った．「彼はルーレットの上の数である1から36までの整数の和が666になることを見つけました」

「そのとおりだ」とマトリックス博士．「そしてローマ数字の最初の6つの記号を右から左に連続して並べると，こうなる」彼は黒板にDCLXVI（これは666を表す）と書いた．

「でも，これらは一体，どういう意味をもつのでしょう」と私は尋ねた．

マトリックス博士は，しばらく黙っていた．「本当の意味は，ごく限られた数秘術師だけが知っている」彼はにこりともせずに言った．「残念だが，今日ここでそれを明かすわけにはいかない」

「次回の大統領選挙戦について，何か言っておくことはないでしょうか」私は尋ねた．「例えば，リチャード・ニクソンやネルソン・ロックフェラーは共和党の指名を受けられるでしょうか？」

「それも私が答えたくない質問の1つだな」と彼は言った．「しかし，その2人に関する興味深い対照について，君の注意を喚起しておきたい．ネルソン（Nelson）はNで始まってNで終わる．ロックフェラー（Rockefeller）はRで始まってRで終わる．ニクソンの名前は，同じパターンが入れ替わっている．つまり，リチャード（Richard）はRで始まり，ほぼRで終わっていて，ニクソン（Nixon）はNで始まってNで終わっている．君はニクソンがいつどこで生まれたか知っているかね？」

私は「いいえ」と答えた．

---

*4 〔訳注〕GLADSTONE $= \Gamma\Lambda\Alpha\Delta\Sigma\mathrm{TONH} = 3 + 30 + 1 + 4 + 200 + 300 + 70 + 50 + 8 = 666$.
*5 〔訳注〕HITLER $= 107 + 108 + 119 + 111 + 104 + 117 = 666$.

「カリフォルニア (California) 州のヨルバ・リンダ (Yorba Linda) で 1913 年の 1 月に生まれた」マトリックス博士は黒板に戻ると，この日付を 1-1913 と書き，この数字をすべて足した 15 を書いた．彼は，円環上のアルファベットに戻って，ニクソンの生地の頭文字 Y, L, C に丸をつけて，それぞれから時計回りに 15 番目の文字を拾って N, A, R を得た．これはロックフェラー (Nelson Aldrich Rockefeller) の頭文字に他ならない！「もちろん」彼は続けた．「この 2 人のうちだと，ロックフェラーの方が選ばれるチャンスは大きいだろうね」

「なぜです？」

「彼の名前にはダブり文字があるからだ．20 世紀の 2 のために，この国のすべての大統領は名前の中にダブり文字がなくてはならない．ルーズベルト (Roosevelt) の OO しかり，ハリー・トルーマン (Harry Truman) の RR もまたしかりだよ」

「アイゼンハワー (Dwight David Eisenhower) はダブり文字がないと思いますが」私は言った．

「アイゼンハワーは，これまでのところの例外だね．しかし忘れてはならないのは，彼の対立候補が 2 度にわたって，やはりダブり文字をもたないアドレー・ユーイング・スティーブンソン (Adlai Ewing Stevenson) だったということだ．アイゼンハワーの頭文字が D. D. とダブっているのが，彼を優勢に導くには十分だったということだろう」

私は黒板の方を眺めた．「この円環状のアルファベットには，他にも使い道がありますか？」

「数多くある」というのが彼の返答だ．「最近の例を 1 つあげてみよう．ある日，ブルックリンから 1 人の若者が訪ねてきた．彼は，ギャング団の一員としての忠誠の誓いを破ってしまい，仲間の報復を恐れて，街を離れた方がいいだろうと考えていた．そしてどこに逃げるべきか，私の数秘術の導きを知りたがっていたのだ．私は逃亡者を意味する語 ABJURER のそれぞれの文字をアルファベット

の輪の正反対の文字に置き換えることで，どこにも行くべきでないということを確信させたのだ」

マトリックス博士は黒板上でAからN，BからOといった具合にチョークで線を引いていった．ABJURERから出てきた新しい語はNOWHERE（どこでもない）だった．「もしこれを偶然だと思うなら」彼は続ける．「もっと短い語で試してみるといい．この方法で，7文字の語から始めて別の語が偶然得られる方に賭けるとなると，オッズは天文学的な数字になるだろうね」

私は落ち着かない気持ちで腕時計をちらっと見た．「お暇(いとま)する前に，読者に出題できるような数秘術の問題をいくつか頂けないでしょうか」

「喜んで」彼は言った．「これは簡単な問題だが」私のメモの上に，彼はこんな文字列を書いた：OTTFFSSENT．

「この文字列はどんな規則で並んでるかな」彼は尋ねる．「これは私が，ネオ・ピタゴラス学の初級の学生に出す問題だ．文字列の文字数がピタゴラスという名前（Pythagoras）の文字数と同じであることに注意してくれたまえ」　　　　　　　　　　　　〔解答 p. 288〕

その下に彼は次の式を書いた．

$$\begin{array}{r} \text{FORTY} \\ \text{TEN} \\ +\ \text{TEN} \\ \hline \text{SIXTY} \end{array}$$

「この足し算のそれぞれの文字は，異なる数字に対応する」彼は説明を続けた．「この問題には解が1つしかないが，いささか頭を絞らないと見つけられないだろう」　　　　　　　　　　　〔解答 p. 288〕

ポケットに紙と鉛筆をしまうと，私は立ち上がった．オルガンの音が部屋に流れ続けていた．「これはバッハのレコードですか？」

「まさにそのとおり」博士は私をドアに誘導しながら答えた．

「バッハは，私たちの科学の熱心な学徒だった．君はレナード・バーンスタインの『音楽のよろこび』を読んだことがあるかな？ この本にはバッハの数秘術研究についての興味深い1節があってね．バッハは自身の名前の綴り（BACH）の値を知っていた．Aを1，Bを2といった具合に換算すると，この和は14になり，神聖な数7の倍数だ．彼はまた，自分のフルネームの値も知っていた．それはドイツの古いアルファベットのもとでは41になるのだが[*6]，これは14の逆並びであり，おまけに，1を素数と考えれば14番目の素数でもある．君が今聞いている小品は『われ汝の御座の前に進み出て』という賛美歌で，この14-41というモチーフを活用した音楽形式になっている．最初のフレーズは14個の音符からなり，メロディ全体は41の音符からなる．格調高いハーモニーだと思わんかね？ 現在の作曲家たちも，数秘術をいささかでも学べば，こうした天空の音楽に少しでも近づけるかもしれないのに！」

　私は，少し頭がくらくらしたままオフィスを後にした．しかし歩きながら，博士の秘書が1つのとがった鼻と2つの聡明な目をはじめとする数々(かずかず)の魅力の持ち主であることを見逃すほどには，ぼんやりしてはいなかった．

[*6] 〔訳注〕JとIを同一視してアルファベットに数を割り当てると，J. S. BACH = 9 + 18 + 14 = 41．

追記
(1961)

1960年の大統領選挙は，マトリックス博士のダブり文字の法則に関するコメントを，ドラマチックに追認する結果となった．民主党から出馬した候補者たちの中では，ジョン・フィッツジェラルド・ケネディ（John Fitzgerald Kennedy）だけがダブり文字を持っていたが，彼は予備選挙も，大統領選挙そのものも，どちらも勝利した．

マトリックス博士は，エンリコ・フェルミが初めて連鎖反応を観測したのが1942年であり，その中の94を反転して得られる1492年こそ，別のイタリア人が偉大な発見をした年であることを指摘した．バークレーにあるカリフォルニア大学の放射能研究室の物理学者ルイス・W・アルヴァレツは，この解析を新しい数秘術にまで押し進めてくれた．サイエンティフィック・アメリカン誌1960年4月号に掲載された彼の手紙は次のとおり．

前　略

マーティン・ガードナー氏がマトリックス博士を訪ねたという記事，とても楽しく拝読しました．博士が最初の連鎖反応の議論をしていたとき，彼の知る範囲では正しい筋道で話していたのですが，しかし悲しいかな，彼自身はマンハッタン計画に参加していなかったために，話の結論の中に重要な証拠を入れ損ねてしまっています．まず，戦時中に原子炉シカゴ・パイル1号が建設されたのは，プルトニウム，つまり周期表の94番目の元素を抽出するためでした．もちろん彼も，これは知っていただろうと思います．マトリックス博士がマンハッタン計画に入っていなかったために知らなかったこととは，戦時中ずっと，プルトニウムを意味する秘密コードが「49」だったということです．優れた博士のことですから，彼がもしこの事実を把握していたとしたら，この94番目の元素がカリフォルニア，つまりフォーティー・ナイナー[*7]の地で発見されたこ

[*7]〔訳注〕カリフォルニアで1848年に金が発見され，1849年に金を求めて殺到した人々をこうよんでいた．

とも指摘していたはずです．

新しい理論の試金石となるのは，理論を構築した人ですら予見できなかった新しい関係性を，その理論が予言できるかどうかですから，今回の記事で数秘術が市民権を得たものと確信できました．

解答
- 文字列 OTTFFSSENT は，1 から 10 までの数詞の英単語の頭文字を並べたものだ[*8]．
- マトリックス博士の追加問題のオリジナルはニューヨークの高校の数学教師アラン・ウェインによる[*9]．この問題を紹介するにあたって，雑誌の問題の編集者は，この手の「覆面算」が魅力的であるための 4 か条を次のようにあげている．

（1） 文字列にちゃんとした意味がある．
（2） すべての数字が使われている．
（3） 解が 1 つしかない．
（4） 退屈な試行錯誤でなく，論理的に解くことができる．

ウェインの覆面算は，この 4 つをすべて満たしている．唯一の解は次のとおり．

$$\begin{array}{r} 29786 \\ 850 \\ +\ 850 \\ \hline 31486 \end{array}$$

計算結果の和は，円周率 π を小数点以下 4 位までの概数で表したときに現れる 5 つの数字 31416 と，1 つしか違っていないことを指摘しておこう．

この覆面算をどうやって解いたらよいのだろうと悩む読者のために，サンフランシスコのモンテ・デンハムの手紙を引用しよう．この解析方法は，ウェインの問題の最良の解き方だ．

[*8] 〔訳注〕One, Two, Three, Four, Five, Six, Seven, Eight, Nine, Ten の先頭の文字をつないだもの．
[*9] *American Mathematical Monthly* (August-September 1947): p. 413.

1行目と4行目に TY が並んでいることから，N が 0 で E が 5 でなければならず，その結果 100 の位に 1 が繰り上がる．それぞれの TEN の前が二桁空いていることから，FORTY の O は 9 であり，I は 11 の 1 の位の 1 でなければならず，100 の位からの繰り上がりは 2 必要であり，また F 足す 1 は S となる．この時点で残っているのは 2, 3, 4, 6, 7, 8 である．

100 の位の和（つまり R+2T+1）は 22 以上でなければならないため，T や R は 5 よりも大きい．したがって F と S は 2 か 3 か 4 だ．F と S が連続する数になるためには，X は 3 であってはならない．つまり X は 2 か 4 で，これは T が 7 以下では実現できないことが確かめられる．よって T は 8 で，R は 7，X は 4 になる．そこから F が 2 で S が 3 であることがわかり，最後に残った文字 Y は 6 である．

| 付記 (2008)

かなり後になって，マトリックス博士と彼の娘イヴァを再訪したときのことは，本全集第 9 巻を見てもらいたい．獣の数字 666 に関するさらなる話は，私の別の記事[*10]や，ピックオーバーの本[*11]に詳しい．

| 文献

Numerology. E. T. Bell. The Williams & Wilkins Company, 1933.

"Numerology: Old and New." Joseph Jastrow in *Wish and Wisdom.* D. Appleton-Century Company, 1935.

Medieval Number Symbolism, Its Sources, Meaning and Influence on Thought and Expression. Vincent Foster Hopper. Columbia University Press, 1938.

[*10] "666 and All That." Martin Gardner in *The New Age: Notes of a Fringe Watcher*, Prometheus, 1988.

[*11] *A Passion for Mathematics.* Clifford Pickover. Wiley, 2006.〔特に 73, 74-75, 84, 90-92 ページ．〕〔邦訳：『数学のおもちゃ箱（上）』クリフォード・A・ピックオーバー著，糸川洋訳．日経 BP 社，2011 年．209, 213-214, 236, 248-254 ページ．〕

"The Number of the Beast." Augustus De Morgan in *A Budget of Paradoxes*, vol. 2, 218-240. Dover Publications, 1954.

How to Apply Numerology. James Leigh. Bazaar, Exchange and Mart, 1959. イギリスのオカルト雑誌 *Prediction* の初代編集者による，プロの数秘術師の本．

The Magic Numbers of the Professor. Owen O'Shea and Underwood Dudley. Mathematical Association of America, 2007.

第 2 巻書誌情報

● 『サイエンティフィック・アメリカン』コラム

1　5つのプラトン立体
"Diversions which involve the five Platonic solids"（1958 年 12 月号）

2　テトラフレクサゴン
"About tetraflexagons and tetraflexigation"（1958 年 5 月号）

3　ヘンリー・アーネスト・デュードニー――イギリス最大のパズリスト
"About Henry Ernest Dudeney, a brilliant creator of puzzles"（1958 年 6 月号）

4　数字根
"Some diverting tricks which involve the concept of numerical congruence"（1958 年 7 月号）

5　パズル 9 題
"A third of 'brain-teasers' "（1958 年 8 月号）

6　ソーマキューブ
"A game in which standard pieces composed of cubes are assembled into larger forms"（1958 年 9 月号）

7　レクリエーション・トポロジー
"Four mathematical diversions involving concepts of topology"（1958 年 10 月号）

8　黄金比 ϕ
"About phi, an irrational number that has some remarkable geometrical expressions"（1959 年 8 月号）

9　猿とココナツ
"Concerning the celebrated puzzle of five sailors, a monkey and a pile of coconuts"（1958 年 4 月号）

10 迷路

"About mazes and how they can be traversed"（1959 年 1 月号）

11 レクリエーション・ロジック

"'Brain-teasers' that involve formal logic"（1959 年 2 月号）

12 魔方陣

"Concerning the properties of various magic squares"（1959 年 3 月号）

13 ジェイムズ・ヒュー・ライリー興業

"The mathematical diversions of a fictitious carnival man"（1959 年 4 月号）

14 パズルもう 9 題

"Another collection of 'brain-teasers'"（1959 年 5 月号）

15 エレウシス——帰納法ゲーム

"An inductive card game, and the answers to the 'brain-teasers' in the May issue"（1959 年 6 月号）

16 折り紙

"About Origami, the Japanese art of folding objects out of paper"（1959 年 7 月号）

17 正方形の正方分割

"How rectangles, including squares, can be divided into squares of unequal size"（1958 年 11 月号）

18 メカニカルパズル

"Concerning mechanical puzzles, and how an enthusiast has collected 2,000 of them"（1959 年 9 月号）

19 確率と曖昧性

"Problems involving questions of probability and ambiguity"（1959 年 10 月号）

20 謎の人物マトリックス博士

"A fanciful dialogue about the wonders of numerology"（1960 年 1 月号）

● 英語版単行本

The Second Scientific American Book of Mathematical Puzzles & Diversions (Simon and Schuster, 1961).

The 2nd Scientific American Book of Mathematical Puzzles & Diversions (University of Chicago Press, 1987).

Origami, Eleusis, and the Soma Cube: Martin Gardner's Mathematical Diversions (Mathematical Association of America, 2008).（本書原著）

● 過去の邦訳

『新しい数学ゲームパズル』金沢養訳．白揚社，1968 年．

『おもしろい数学パズル II』金沢養訳．社会思想社，1981 年．

事項索引

あ

握手定理（handshakes and networks）54
悪魔超立方体（diabolic hypercube）155
悪魔ドーナツ（diabolic doughnut）155
悪魔方陣（diabolic square）153
アリの問題（ant problem）35
安息日再臨派（Seventh-Day Adventist）282
位数（order）225
板返し 15
色つき帽子の問題（colored-hat problem）138, 139
インパザブル（Impuzzable）78
渦巻き3角形（whirling triangle）101
渦巻き正方形（whirling squares）98
嘘つき族と正直族の問題（truth-tellers and liars problem）139
エイツ（Eights）198
エスカレーターに乗る教授（professor on the escalator）178
エルデシュ数（Erdős number）148
エレウシス（Eleusis）193–203
円環状のアルファベット（circular alphabet）278, 284
円の弦の問題（chord in circle probability problem）261
王冠と錨ゲーム（Crown and Anchor game）171
黄金3角形（golden triangle）101
黄金長方形（golden rectangle）98, 105
黄金の州（golden state）109
黄金比（golden ratio, golden section）96–112, 166
オウムガイ（chambered nautilus）101
オール・ファイブ（All Five）11
折り紙（origami）204–215
　微積分の問題 206
折れた棒の問題（problem of the broken stick）259

か

外中比（extreme and mean ratio）98
確率（probability）54, 140, 259–275
隠れ屏風 15
カジュラーホー（Khajuraho）153
カタカタ 15
カップとボール（cups and balls）21
神の比（divine proportion）98
紙袋の裏返し 20
変わり屏風 15
完全数の数字根（digital roots of perfect numbers）47
完全長方形（perfect rectangle）222
幾何パラドックス（geometrical paradox）102
記号論理（symbolic logic）135, 146
帰納法ゲーム（induction game）193, 200
9去法（casting out 9's）41
行列（matrix）135
キルヒホッフの法則（Kirchhoff's laws）227

クアドラキューブ（quadracube）73
靴ヒモと鉛筆とストローの手品
　（shoelace, pencil & straw trick）
　83
組合せ幾何（combinatorial
　geometry）70
クモとハエの問題（spider and fly
　problem）28
クリック・クラック・ブロックス
　（Klik-Klak Blox）15
群（group）155
ケーキの分配（dividing the cake）
　179, 191
ケーニヒスベルクの橋（Königsberg
　bridges）86
ゲール（game of Gale）89, 91
獣の数字（Beast's number）282
検算（check）41
硬貨のスライドパズル（sliding
　pennies）53
合同（congruence, congruent）41
コーヒーとクリームの問題（coffee
　and cream problem）168, 171
5 芒星（pentagram）97, 206
コルク栓の問題（cork plug）50

さ

最後の晩餐（The Sacrament of the
　Last Supper）105
サイコロ（dice）5
　ゲーム 43
最小の領域の問題（minimal-area
　problem）167
砂漠横断（crossing the desert）176
ザ・プロフェッサー（The
　Professor）164
猿とココナツ（Monkey and the
　Coconuts）115–122
サルボー（Salvo）200

3 人の囚人の問題（problem of the
　three prisoners）265, 268, 272
3 目並べ（ticktacktoe）89, 193
シートの折りたたみ（folded sheet）
　179
ジェイムズ・ヒュー・ライリー興業
　（The James Hugh Riley Shows,
　Inc.）164
自在蝶番（double-action hinge）14
次数（order）149
四大元素（four elements）1
七巧（ch'i ch'iao）246
シャッフルボード（shuffleboard）
　150
14-15 パズル（14-15 puzzle）255
囚人のパラドックス（prisoners
　paradox）265, 268, 272
充満（full）227
新エレウシス（new Eleusis）202
数字根（digital root）40–47
　証明 46
数秘術（numerology）277–289
ステータ（stator）234
スポット・ザ・スポット
　（Spot-the-spot）164
スミス-ジョーンズ-ロビンソン問題
　（Smith-Jones-Robinson
　problem）134, 137
スミス・ダイアグラム（Smith
　diagram）226
聖金曜日（Good Friday）281
正 4 面体（regular tetrahedron）1, 3
正 12 面体（regular dodecahedron）
　1, 6, 105
正多角形（regular polygon）1
正多胞体（regular polytope）9
正多面体（regular polyhedron）
　1–12
　5 個しかないことの証明 8

聖なるテトラクティス（Holy Tetractys）278
正 20 面体（regular icosahedron）1, 7
正 8 面体（regular octahedron）1, 5
西部の男パラディン（Have Gun – Will Travel）iv
正方形の正方分割（squaring the square）221–245
正方分割長方形（squared rectangle）222
正 6 面体（regular hexahedron）1
世界一周旅行（flight around the world）50
ソーマキューブ（Soma Cube）64–82
　不可能性の証明 70
ソーマップ（Somap）77
素数魔方陣（prime magic square）159

た

ダーウィン（Charles Robert Darwin）281
対称方陣（symmetrical square）150, 153
対数らせん（logarithmic spiral）98, 101
タウ（τ）108
裁ち合せ（dissection）26, 27, 35
タック・ティックス（Tac Tix）64
ダブり文字（double letters）284, 287
タングラム（tangrams）64, 246, 248, 254, 255
単語魔方陣（alphamagic square）159
単純（simple）224
タンホイザー（Tannhäuser）280
単連結（simply connected）126

チェス盤に描いた円（circle on the chessboard）50
地球追い出しパズル（Get off the Earth）24
チャック・ア・ラック（Chuck-a-luck）168, 171
超立方体（hypercube）155
ディアボリカルキューブ（Diabolical cube）78
ディオファントス方程式（Diophantine equation）32, 116, 117, 188
テセウス（Theseus）129
テトラキューブ（tetracube）73
テトラテトラフレクサゴン（tetra-tetraflexagon）15
テトラフレクサゴン（tetraflexagon）13
テトラフレクサチューブ（tetraflexatube）18
デューイの 10 進分類表（Dewey decimal system of classification）281
電気回路（electrical network）227
電気パズル（electrical puzzle）4
電話番号のトリック（telephone number trick）40
動的な対称性（dynamic symmetry）104
ドーナツ・スライス問題（doughnut-slicing problem）170, 173
読心術トリック（mind-reading stunt）5
ドジな窓口係（absent-minded teller）180
ドットとボックス（dots and boxes）88, 89, 93
トポロジー（topology）30, 83, 126

トランプ手品（card trick）44
鳥カゴ（ゲーム，Bird Cage）91, 92
鳥カゴ（賭博，Bird Cage）171
トリテトラフレクサゴン
    （tri-tetraflexagon）13
トリニティ数学会（Trinity
    Mathematical Society）222
取り残された8（lonesome 8）178
トレモのアルゴリズム（Trémaux's
    algorithm）127

な

ナーシク方陣（Nasik）153
ナイトの入れ換え問題 30
ナイトの巡回問題（knight tour）160
謎の繰り返し（unaccountable
    recurrence）225, 230
ニュートンの冷却の法則（Newton's
    law of cooling）171
ネットワークをたどる
    （network-tracing problem）86

は

ハーモニーの迷路（Harmony
    labyrinth）126
パイ（π）96
ハエとハチミツの問題（fly and
    honey puzzle）30
パターン（Patterns）202
パタパタ（tambling blocks）15
ハトメ返し 26, 33, 63
バトルシップ（Battleship）200
バニー・ビル（bunny bill）218
羽ばたく鳥（flapping bird）208,
    212, 214
ハムサンドイッチ定理
    （ham-sandwich theorem）169
パルジファル（Parsifal）280
パルテノン神殿（Parthenon）97

汎対角線（broken diagonal）153
反復数（repetitious number）52
ハンプトンコートの生け垣迷路
    （hedge maze at Hampton Court）
    125
反魔方陣（antimagic square）160
汎魔方陣（pandiagonal square）153
ピタゴラス学派（Pythagoreans）1,
    278
ピタゴラスの定理（Pythagorean
    Theorem）63
左手法（hand-on-wall technique）
    126
ヒモとリングのパズル（cord and
    ring puzzle）87
ヒンジ理論（hinge theory）21
ヒンバー財布（Himber Wallet）21
ファイ（φ）96
フィボナッチ数列（Fibonacci
    series）101, 109
フォーティアン協会（Fortean
    Society）105
複雑さ（complexity）227
覆面算（cryptarithm）285, 288
複連結（multiply connected）126
2人の子供（two children）176, 264,
    272
プラトン立体（Platonic solid）1
ブリジット（Bridg-it）91, 94
フリップ・フロップ・ブロックス
    （Flip Flop Blocks）15
フレクサゴン（flexagon）13, 169,
    205, 221
フレクサチューブ（flexatube）18
平方数の数字根（digital roots of
    squares）46
ヘキサキューブ（hexacube）76
ヘキサテトラフレクサゴン
    （hexa-tetraflexagon）17

ヘキサフレクサゴン（hexaflexagon）13
ペグジャンプのパズル（peg-jumping puzzle）250, 254
ヘックス（Hex）64, 89, 90
ペンタキューブ（pentacube）76
ペントミノ（pentomino）76
法（modulo）41
放物線の接線を折る（folding tangents of parabola）206
ボタンと糸の方法（buttons and string method）30
ポリキューブ（polycube）77
ボルツァーノの定理（Bolzano's theorem）170
ボルトの回転（twiddoled bolts）49

ま

マジック財布（magic billfold）16
マトリックス博士（Dr. Matrix）277–286
魔方陣（magic square）149–161
魔法の線（magic lines）157
右手法（hand-on-wall technique）126
ミクシンスキーキューブ（Miksinski cube）78
ミサイル正面衝突（colliding missiles）52
水とワイン（water and wine）181, 191
3つ巴戦（triangular duel）54
未来の記憶（Remembering the Future）44
無理数（irrational number）96
迷宮（labyrinth）124
迷路（maze）124–132
メカニカルパズル（mechanical puzzle）246–257

メビウスの帯（Möbius strip）244
メランコリア（Melencolia）150, 151
モンティ・ホール問題（Monty Hall Problem）273

や

約分（reduce）228
ヤコブのハシゴ（Jacob's Ladder）15, 22
4次元立方体（four-dimensional cube）155, 244

ら

洛書（lo-shu）149
立方数の数字根（digital roots of cubes）46
立方数の和のパズル（sum of two cubes puzzle）32
立方体（cube）1, 4
旅行に行こう（Going on a Trip）200
レッツ・メイク・ア・ディール（Let's Make a Deal）273
レディーを探せ（Cherchez la Femme）16, 22
ローエングリン（Lohengrin）280
ロータ（rotor）234
ロータ・ステータ同値性（rotor-stator equivalence）234
ロード・ダンセイニのチェス問題（Lord Dunsany's chess problem）177
ローマ（Rhoma）79
ロザモンドの離宮（Rosamond's Bower）124
"666" 282
ロレーヌ十字（two-beamed cross）106
ロンクの相対性定数（Lonc

Relativity Constant) 106
論理パズル (logic problem) 134–148

わ

ワルキューレ (Die Walküre) 280
われ汝の御座の前に進み出て (Vor deinen Thron tret' ich allhier) 286

文献名索引
(本文で日本語名でタイトルに言及しているもの)

あ

アメリカ数学月報（The American Mathematical Monthly）62, 178
インディアナ・デイリー・スチューデント（Indiana Daily Student）256
ウィニング・ウェイズ（Winning Ways）77
エウレーカ（Eureka）182
黄金比狂信（The Cult of the Golden Ratio）111
黄金分割（Der goldene Schnitt）104
恐ろしい夜の都（The City of Dreadful Night）152
オリガミアン（The Origamian）213
音楽のよろこび（The Joy of Music）286

か

カンタベリー・パズル（The Canterbury Puzzles）25, 30
カンタベリー物語（The Canterbury Tales）25
キュービズム・フォー・ファン（Cubism for Fun）257
ココナツ（Coconuts）115

さ

サイエンティフィック・アメリカン（Scientific American）vi, 81, 146, 257, 278, 287
サタデー・イブニング・ポスト（The Saturday Evening Post）115
サタデー・レビュー（The Saturday Review）iv
ザ・ロンドン・スケッチ（the London Sketch）108
3人の船乗りのギャンビット（The Three Sailors' Gambit）177
自然の調和的統一（Nature's Harmonic Unity）104
時代とその意味（Our Times and Their Meaning）282
種の起源（Origin of Species）281
すばらしい新世界（Brave New World）64
生命の曲線（The Curves of Life）104
戦争と平和（War and Peace）282
ソーマ大好き人間（Soma Addict）77

た

タングルウッド物語（Tanglewood Tales）130
ディスカバー（Discover）79
ティット・ビッツ（Tit-Bits）24
ティマイオス（Timaeus）1
デイリー・メール（Daily Mail）28

な

ニューヨーク・タイムズ（The New York Times）11, 256, 274

は

ヘラルド・タイムズ（Herald-Times）256
ホビー（Hobbies）254

ら

レクリエーション数学（Recreational Mathematics）iv
ロザモンド（Rosamond）125

人名・社名索引

あ

アーガイル（P. E. Argyle）189
アイゼンハワー（Dwight David Eisenhower）284
アインシュタイン（Albert Einstein）v
アダムス（Edward Adams）268
アディソン（Joseph Addison）124
アトウォーター（Thomas Atwater）77
アニング（Norman Anning）120
アボット（Robert Abbott）131, 193, 201, 202
アルヴァレツ（Luis W. Alvarez）287
ウィットウォース（William A. Whitworth）267
ウィッフィン（Alice Whiffin）37
ウィリアムズ（Ben Ames Williams）115, 116, 119–122
ウィルコックス（T. H. Willcocks）240, 243
ウィルソン（J. Walter Wilson）121
ウィルソン（Marguerite Wilson）79
ヴィルヘルムⅠ世（Kaiser Wilhelm I）281
ウェイン（Alan Wayne）288
ウェスティングハウス・エレクトリック社（Westinghouse Electric Corporation）178
ウェブ（William Webb）191
ヴェブレン（Oswald Veblen）149
ヴェルトハイム（Margaret Wertheim）11, 256
ウォーカー（David N. Walker）271
ウォーカー（Robert J. Walker）154, 158
ヴォゲル（Ed Vogel）80
ヴォス・サヴァント（Marilyn vos Savant）273
ウォルターズ（Kenneth Walters）109
ウナムーノ（Miguel de Unamuno）204, 211, 212, 214
エディントン卿（Sir Arthur Eddington）140, 141
エルデシュ（Paul Erdős）148, 274
オイラー（Leonhard Euler）86
オーウェン（Robert Owen）125
オサル（Euclide Paracelso Bombasto Umbugio）178
オッペンハイマー（J. Robert Oppenheimer）v
オッペンハイマー（Lillian Oppenheimer）213, 214
オバーン（Thomas H. O'Beirne）iv
オルテガ（Ortega y Gasset）212
オレレンシャウ女史（Dame Kathleen Ollerenshaw）160, 162

か

ガイ（Richard K. Guy）67
ガウス（Carl Friedrich Gauss）41
カウフマン（Nicole Kauffman）256
ガスキン（John S. Gaskin）33
カツァニス（Theodore Katsanis）73
カドン社（Kadon）82
ガモフ（George Gamow）138
カリン（Theodore A. Kalin）55
カルナップ（Rudolf Carnap）197

キーン (Lee Kean) 62
ギヴナー (Howard Givner) 201
ギカ (Matila Ghyka) 109
キナード (Clark Kinnaird) 62
キャロル (Lewis Carroll) 1, 137, 147, 148, 205
キング・ジェイムズ (King James) 279
グース (Alan Guth) 79
クーラント (Richard Courant) 169
グールド (Richard Gould) 174
クック卿 (Sir Theodore Cook) 104
クヌース (Donald Knuth) 63, 81, 160
クラーナー (David Klarner) 76
クライスト (Jay Finley Christ) 254
クライチック (Maurice Kraitchik) 33, 242
グライムズ (Lester A. Grimes) 246, 247, 251, 252
グラッドストン (William Gladstone) 282
グリスコン (C. A. Griscom) 202
グリッジマン (Norman T. Gridgeman) 171
クリフ (Norman Cliff) 268
フレデリック・R・クリング (Frederick R. Kling) 268
クルスカル (Joseph Kruskal) 214
クルスカル (Martin Kruskal) 214
クルスカル (William Kruskal) 214
クルック (Diana Crook) 37
グレアム (L. A. Graham) 268
グレアム (Ron Graham) 275
グロス (Oliver Gross) 95
グロスマン (Howard Grossman) 268
クロネッカー (Leopold Kronecker) 279

クンベル (Kumbel) 64
ケイリー (Arthur Cayley) 149
ゲーテ (Johann Wolfgang von Goethe) 112
ゲーデル (Kurt Gödel) 146
ゲール (David Gale) 89
ゲシュヴィンド (Norman Geschwind) 268
ケストラー (Arthur Koestler) vi
ケネディ (John Fitzgerald Kennedy) 287
ケプラー (Johannes Kepler) 3, 12, 98
ケメニー (John G. Kemeny) 137
コーナント (James Conant) 280
コールマン (Samuel Colman) 104
コクセター (H. S. M. Coxeter) 98
小谷善行 35
コルデムスキー (Boris Kordemski) iv
ゴロム (Solomon W. Golomb) 70
コンウェイ (John Conway) 36, 77
コンプトン (Arthur Compton) 280

さ

サイモン・アンド・シュスター社 (Simon and Schuster) vi
サクソン (Sidney Sackson) 202
サグレド (Vicente Solórzano Sagredo) 212
サローズ (Lee Sallows) 159
サンティリャーナ (Giorgio de Santillana) 152
シェイクスピア (William Shakespeare) 125, 279, 280
シェイファー (Kagen Schaefer) 258
ジェイムズ (Robert C. James) 268
ジェイムズ (Stewart James) 44
ジェイムズ (William James) 197

ジェブニング (Steven Jevning) 81
シプラ (Barry Cipra) 36
シャーフ (William Schaaf) 108
シャープ (R. Sharp) 268
ジャネット (Margery Janet) 36
シャノン (Claude E. Shannon) 91, 92, 95, 129
ジューダ (Stewart Judah) 83, 84
シュレッペル (Rich Schroeppel) 157
ショーエンフェルド (Gerald K. Schoenfeld) 58
ジョネリス (John A. Jonelis) 143
ジョンソン (David Johnson) 108
シルケ (Torsten Sillke) 82
シングマスター (David Singmaster) 36, 63, 122
スウィフト (Jonathan Swift) 243
スウィンバーン (Algernon Charles Swinburne) 124
スターン (Marvin Stern) 138
スターン (Theodore Sterne) 141
スティーブンソン (Adlai Ewing Stevenson) 152, 284
スティーブンソン (Charles W. Stephenson) 76
ステインハウス (Hugo Steinhaus) 6, 242
ストーン (Arthur H. Stone) 13, 14, 18, 20, 169, 170, 221, 222, 224, 225, 237
スパンカー (E. H. Spanker) 191
スピンドラー (William C. Spindler) 242
スプラグ (R. Sprague) 240
スマリヤン (Raymond Smullyan) 137, 139, 146, 147, 181
スミス (C. A. B. Smith) 221, 237
スローカム (Jerry Slocum) 78, 247, 255, 256
セイヤー (Tiffany Thayer) 105
ソコルニコフ (Ivan S. Sokolnikoff) 268
ソンネフェルト (Dic Sonneveld) 255

た

ダグラス・エアクラフト社 (Douglas Aircraft Company) 184
タット (William T. Tutte) 221–241
ダニエル (Wayne Daniel) 11
ダ・ビンチ (Leonardo da Vinci) 22, 98
ダランベール (Jean le Rond d'Alembert) 259, 268
ダリ (Salvador Dali) 105
ダンスキン (John M. Danskin) 121
ダンセイニ (Lord Dunsany) 177, 184
チェイス (L. R. Chase) 205
チェシン (P. L. Chessin) 178
チョーサー (Geoffrey Chaucer) 25
ツァイジング (Adolf Zeising) 104, 109
ティアニー (John Tierney) 274
ディオファントス (Diophantus of Alexandria) 116
ディラック (P. A. M. Dirac) 117
ディングル (Herbert Dingle) 140, 141
デール (Chester Dale) 105
デカルト (René Descartes) 147
デビッドソン (W. A. Davidson) 91
デューイ (John Dewey) 197, 281
テューキー (John W. Tukey) 13, 169, 170
デュードニー (Alice Dudeney) 25, 36, 38

デュードニー（Henry Ernest Dudeney）24–37, 134, 179, 242, 250
デュービンス（L. E. Dubins）191
デューラー（Albrecht Dürer）150–152
デンハム（Monte Dernham）288
ドイッチュ（Jaroslav A. Deutsch）130
トゥールーズ（Michael Toulouzas）258
トゥリープ（Anneke Treep）81
ド・ゴール（Charles de Gaulle）106
トムソン（James Thomson）152
ドメイン（Erik Demaine）217
トラウブ（Jules Traub）254
トリッグ（C. W. Trigg）10
トルーマン（Harry Truman）152, 284
トルストイ（Lev Nikolayevich Tolstoy）282
トレモ（M. Trémaux）127–129

な

ナフ（David Knaff）268
ナポレオン（Napoléon Bonaparte）246, 282
ニーモラー（Arthur B. Niemoller）33
ニール（Robert Neale）218
ニクソン（Richard Milhous Nixon）283
ネルソン（Harry Nelson）159

は

バー（Mark Barr）97, 108
バー（Stephen Barr）108
パーカー・ブラザーズ社（Parker Brothers）77
パース（Charles Sanders Pierce）259
バーレキャンプ（Elwyn Berlekamp）93
バーンズ・アンド・ノーブル社（Barnes and Noble）37
バーンスタイン（Leonard Bernstein）286
ハイゼンベルク（Werner Heisenberg）64
ハイネス（Carlyle B. Haynes）282
ハイン（Piet Hein）64, 66, 77
ハインツ（Harvey Heinz）161
バウカンプ（C. J. Bouwkamp）238, 242
バシュマコヴァ（Isabella Bashmakova）120
ハセンフィールド・ブラザーズ社（Hasenfield Brothers）91
パチョーリ（Luca Pacioli）98
ハックスリー（Aldous Huxley）64
バッハ（G. Bach）268
バッハ（Johann Sebastian Bach）285
ハフ（L. E. Hough）108
ハフマン（David Huffman）217
ハラリー（Frank Harary）148
バランタイン社（Ballantine）131
ハンブリッジ（Jay Hambridge）104
ハンラハン（J. Edward Hanrahan）77
ヒーロー（South Hero）76
ピシャリナルスキー（Stanislaw Slapenarski）178, 185
ビショップ（Sheila Bishop）270
ピタゴラス（Pythagoras）285
ピックオーバー（Clifford Pickover）36, 161, 244
ヒューム（David Hume）203

ヒルベルト（David Hilbert）26, 27
ヒンチクリフ（Julian Hinchcliff）256
ヒンバー（Richard (Dick) Himber）21
ファディマン（Clifton Fadiman）122
ファン社（Fun）254
フィッシャー（Adrian Fisher）131
フィップス（Cecil G. Phipps）183
フィリップス（Hubert Phillips）62, 177
フィルコ社（Philco Corporation）108
フィロン（Philo of Alexandria）277
フィンク（Federico Fink）201
フーディーニ（Harry Houdini）281
フーバー（Volker Huber）22
フェイディアス（Pheidias）97
フェデリコ（P. J. Federico）244
フェヒナー（Gustav Fechner）104
フェルミ（Enrico Fermi）280, 287
フェルミ（Laura Fermi）280
フォード・ジュニア（Lester R. Ford, Jr.）271
ブッチャート（J. H. Butchart）56
ブライトフィールド兄弟（Rick and Glory Brightfield）131
ブラウン（Cameron Browne）95
ブラグドン（Claude Fayette Bragdon）157
プラトン（Plato）1, 12
フランクリン（Benjamin Franklin）149
ブリューワー（John Brewer）79
ブルックス（E. E. Brooks）10
ブルックス（R. L. Brooks）221, 228, 237, 243, 244
ブルックス夫人（Mrs. Brooks）228, 230, 233, 236
フレーベル（Friedrich Froebel）212
フレデリクソン（Greg Frederickson）35
ヘス（Dick Hess）35
ペダーセン（Jean Pedersen）12
ベディエント（Richard E. Bedient）272
ベル（Eric Temple Bell）283
ベルクソン（Henri Bergson）281
ベルトラン（Joseph Bertrand）261
ベローズ（George Bellows）105
ヘロドトス（Herodotus）124
ポイザー（A. W. Poyser）10
ホイッティカー（L. D. Whitaker）251, 252
ホーソーン（Nathaniel Hawthorne）130
ボーデロン（Derrill Bordelon）174
ホームズ（Sherlock Holmes）134
ホーリー（Chester W. Hawley）33
ホール（David B. Hall）174
ボール（W. W. Rouse Ball）10, 128
ボーン（Nina Bourne）vi
ボタマンズ（Jack Botermans）255, 256
ホプキンス（Albert A. Hopkins）15
ホロヴィッツ（Al Horowitz）iv
ホワイト（Elen Gould White）282
ホワイトヘッド（J. H. C. Whitehead）117

ま

マクミラン（Brockway McMillan）145
マクレラン（John McClellan）174
マダチー（Joseph Madachy）iv
マックス（Nelson Max）111

マッシー・ジュニア（Dan Massey, Jr.）174
マトリックス博士（Dr. Matrix）277-286
マホメド（Julie Mahomed）256
マリリン（Marilyn vos Savant）273
マルコ（Mitchell P. Marcus）267
マルコフスキー（George Markowsky）111
マンハイマー（Wallace Manheimer）146
ミル（John Stuart Mill）203
ムイジェンベルグ（Peter van den Muijzenberg）82
モーザー（Leo Moser）56
モロニー（M. J. Moroney）171
モンタンドン（Roger Montandon）16
モンタンドン・マジック社（The Montandon Magic Company）16
モンティ・ホール（Monty Hall）273

や

ユークリッド（Euclid）1, 8, 98, 110
芦ヶ原伸之 258
吉澤章 212

ら

ライオンズ（L. Vosburgh Lyons）33
ライファ（Howard Raiffa）187
ライプニッツ（Gottfried Wilhelm Leibniz）259
ライリー（James Hugh Riley）164
ラッセル（Bertrand Russell）197, 203
ラピダス（I. Richard Lapidus）200
ラファーティ（V. C. Lafferty）91
ラファエル（Raphael）281
ラング（Robert Lang）217
ランソン（T. S. Ransom）23, 246
リュカ（Édouard Lucas）iv, 127
リンチ（Gerald R. Lynch）268
ルイーニ（Bernardino Luini）21, 22
ルース（R. Duncan Luce）187
ルジャンドル（Adrien Marie Legendre）32
レーシー（Oliver L. Lacey）264
レッドヘファー（Raymond M. Redheffer）268
ロイド（Sam Loyd）24, 94, 242, 247, 255
ローゼンハウス（Jason Rosenhause）275
ローソン（James R. Lawson）254
ロス（John Ross）268
ロックフェラー（Nelson Aldrich Rockefeller）283
ロッサー（J. Barkley Rosser）154, 158
ロバーツ（Gwen Roberts）62
ロバートソン（J. S. Robertson）57
ロバートソン（Jack M. Robertson）191
ロビンス（Herbert Robbins）169
ロビンソン（R. M. Robinson）76
ロリマー（George Horace Lorimer）116
ロレイン（Harry Lorayne）21
ロンク（Frank A. Lonc）105, 109

わ

ワーグナー（Richard Wagner）280
ワッサーマン（Gerald Wasserman）201

●著者

マーティン・ガードナー
Martin Gardner

1914年生まれ．アメリカの著述家．レクリエーション数学だけでなく，マジック，哲学，疑似科学批判，児童文学にも偉大な足跡を残す．
著書は，雑誌連載「数学ゲーム」をもとにした書籍をはじめ，『自然界における左と右』『aha! Gotcha』『奇妙な論理』『Annotated Alice（注釈付きアリス）』などのベストセラーを含む60冊以上．晩年も，疑似科学や超常現象を批判的に研究する団体の機関誌に定期的にコラムを書き続けた．2010年没．

●監訳

岩沢宏和
いわさわ・ひろかず

東京大学工学部卒業，東京都立大学大学院人文科学研究科博士課程単位取得．パズル・デザイナー．米NPO国際パズル収集家協会理事，パズル懇話会会員．国際パズルデザインコンペティションにて受賞多数．著書に『確率パズルの迷宮』（日本評論社，2014），『世界を変えた確率と統計のからくり134話』（SBクリエイティブ，2014）など．

上原隆平（本巻訳者）
うえはら・りゅうへい

電気通信大学大学院情報工学専攻博士前期課程修了．同大学院にて論文博士（理学）．北陸先端科学技術大学院大学情報科学研究科教授．芦ヶ原伸之氏のパズルコレクションを保有するJAISTギャラリーのギャラリー長．パズル懇話会会員．著訳書に『折り紙のすうり』（近代科学社，2012），『はじめてのアルゴリズム』（近代科学社，2013）など．

完全版 マーティン・ガードナー数学ゲーム全集 2
ガードナーの数学娯楽
ソーマキューブ・エレウシス・正方形の正方分割

2015年4月30日　第1版第1刷発行

著者────マーティン・ガードナー
監訳────岩沢宏和・上原隆平
訳者────上原隆平
発行者───串崎浩
発行所───株式会社 日本評論社
　　　　　〒170-8474 東京都豊島区南大塚3-12-4
　　　　　電話　（03）3987-8621［販売］
　　　　　　　　（03）3987-8599［編集］

印刷────藤原印刷株式会社
製本────株式会社 精光堂
装丁────駒井佑二
図版────関根惠子

© Ryuhei UEHARA 2015
Printed in Japan
ISBN978-4-535-60422-3

JCOPY 〈(社)出版者著作権管理機構 委託出版物〉

本書の無断複写は著作権法上での例外を除き禁じられています．複写される場合は，そのつど事前に，(社)出版者著作権管理機構（電話 03-3513-6969，FAX 03-3513-6979，e-mail: info@jcopy.or.jp）の許諾を得てください．
また，本書を代行業者等の第三者に依頼してスキャニング等の行為によりデジタル化することは，個人の家庭内の利用であっても，一切認められておりません．

完全版
マーティン・ガードナー数学ゲーム全集

岩沢宏和・上原隆平[監訳]

数学パズルの世界に決定的な影響を与え続ける名コラム「数学ゲーム」を，パズル界気鋭の二人が邦訳．25年以上にわたり綴られた内容を一堂に収め，近年の進展についても拡充した決定版シリーズ．レクリエーション数学はこの本抜きには語れない．

1 ガードナーの数学パズル・ゲーム 既刊
フレクサゴン・確率パラドックス・ポリオミノ　　◆本体2,200円＋税

2 ガードナーの数学娯楽 既刊
ソーマキューブ・エレウシス・正方形の正方分割　　◆本体2,400円＋税

以下続刊予定
3 ガードナーの新・数学娯楽
4 ガードナーの予期せぬ絞首刑
5 ガードナーの数学ゲームをもっと
6 ガードナーの数学カーニバル
7 ガードナーの数学マジックショー
8 ガードナーの数学サーカス
9 ガードナーのマトリックス博士追跡
10 ガードナーの数学アミューズメント
11 ガードナーの数学エンターテインメント
12 ガードナーの数学の惑わし
13 ガードナーの数学ツアー
14 ガードナーの数学レクリエーション
15 ガードナーの最後の数学レクリエーション

日本評論社
http://www.nippyo.co.jp/